KB159795

바이러스, 퀴어, 보살핌

Virology : Essays for the living, the dead, and the small things in between

VIROLOGY

바이러스, 퀴어, 보살핌

**뉴욕의 백인 게이 바이러스 학자가 써내려간
작은 존재에 관한 에세이**

조지프 오스먼슨 지음   조은영 옮김

곰
출판

내 첫 선생님 랜달에게 이 책을 바칩니다.

차례

SARS-CoV-2는 HIV처럼
사회적이고 환경적인 맥락에서 일어나는
인간관계의 과정에서 개인간에 전파되는 바이러스다.

―주디 아우어바흐

나에게는 나의 몸이,
당신에게는 당신의 몸이,
그리고 오늘 밤은 아무도 오지 않을 것 같기 때문이다.

―토미 피코

1

위험에 관하여

—

무엇을 두려워해야 하는가?

2020년 3월 16일. 뉴욕주가 셧다운을 선언하기 일주일 전. 맨해튼 로어이스트사이드의 트레이더조 마트 바깥으로 사람들이 줄을 서 있다. 후기 산업 시대의 콘크리트 회색 건물 위로 낮게 드리운 하늘마저 잿빛이다. 비가 온다. 젠장. 우산을 깜빡했지만 다시 갔다 오기는 귀찮다. 월요일 오후에 장 보러 오는 사람이 많지는 않겠지.

흩뿌리는 비를 맞고 줄을 서 있으려니 가게 안의 상황이 자못 궁금하다. 사람이 많을까? 계산대에 줄이 길까? 땅바닥에는 1.8미터 간격 표시줄이 없지만 나는 앞사람과 그쯤 떨어져 섰고 뒷사람에게도 눈치를 주었다. 모든 사람이 잠재적 감염자다. 나 자신도 마찬가지고. 나는 과학자다. 알 만큼 안다.

SARS-CoV-2*가 표면에서 생존할 수 있는 시간은 다른 코로나바이러스와 비슷하다. 바이러스를 구성하는 물질이 바이러스의 행동을 지시한다. 코로나바이러스는 인간의 세포처럼 막으로 싸여 있지만, 유전 정보는 RNA로 이루어져 있

---

* 코로나바이러스감염증-19를 일으킨 바이러스의 이름.

다. RNA는 사촌인 DNA보다 안정성이 떨어진다. 하지만 막과 RNA와 소량의 단백질로 이루어진 이 작은 주머니도 물체에 묻은 뒤 몇 시간 정도는 전염성을 유지할 수 있다.

에스컬레이터를 타고 내려가면서 텅 빈 매장을 보고 놀랐다. 하지만 바깥에 줄을 세우는 건 잘하는 일이다. 바람이 바이러스를 날려 보낼 수도 있으니. 마트에 진열된 모든 물건에 바이러스가 묻어 있는 것 같다. 쌓여 있는 아보카도, 냉동 칸에 세 판밖에 남지 않은 피자, 지금 카트에 담고 있는 적양파까지. 하지만 손으로 얼굴을 만지지 않는 한 이것들이 나를 감염시키지는 못한다. 젖은 안경을 손등으로 올렸다. 호세가 생각났다. 호세가 살아 있으면 얼마나 좋을까? 쿠바계 미국인 퀴어학 연구자 호세 에스테반 무뇨스(José Esteban Muñoz)는 2013년에 고작 마흔여섯의 나이로 세상을 떠났다. 죽기 전에 쓴 두 권의 책이 《크루징 유토피아(Cruising Utopia)》와 《탈동일시(Disidentifi-cations)》이다. 마트에서 장을 보면서도 나는 그의 죽음을 애도한다. 무뇨스라면 현재의 위기에 관해 어떤 글을 썼을까? 무뇨스는 과거 리오 버사니(Leo Bersani)의 연구를 바탕으로 퀴어에 대해 이렇게 말한 적이 있다. 퀴어는 생물학적 자손을 갖지 않기로 결정했기에 "지배 문화 안에서 미래가 없다".

지난 몇 년간 나는 기후 변화가 우리 모두를 퀴어로 만들지도 모른다고, 전 세계인을 미래가 없는 사람들로 만들지도 모른다고 부르짖었다. 그런데 상황이 또 달라졌다. 지금 우리에게는 현재도 없다. 현재와 다르리라 믿는 미래를 위해 참고 있을 뿐이다. 실내에 갇힌 삶은 보류 상태다. 나는 마트에 오는 스트레스를 간신히 견딘다. 집에서는 온종일 창밖을 바라보며 일한다. 창문은 일주일에 한 번 장을 보러 나갈 때 말고는 바깥 세상과 이어주는 유일한 통로다.

내게는 이런 상황이 얼른 어른이 되어 탈출하겠노라 다짐하며 버텼던 작은 시골 마을에서의 어린 시절과 다르지 않다.

퀴어에게 주어진 삶은 결코 충분하지 않다. 퀴어성은 단지 우리가 누구와 자는가의 문제가 아니다. 페미니스트 학자 벨 훅스(bell hooks)의 말처럼, "퀴어는 누구와 섹스하는지에 관한 것이 아니다(물론 그것도 한 측면이기는 하다). 퀴어란 주변의 모든 것과 상충하는 존재이기에 성장하고 살아갈 곳을 스스로 찾아내고 만들어야만 하는 자아에 관한 것이다."

퀴어의 어린 시절은 온전한 자신이 될―그런 자신을 '만들'―가능성을 기다리는 시간이다. 코로나로 인한 봉쇄와 격리는 목숨을 부지하려 분투하는 생명체의 욕구를 존중하고자 사회관계, 즉 남과 '함께' 자신을 '만드는' 방식의 가능성을 일체 보류하는 조치이다.

《이미지 컨트롤(Image Control)》에서 패트릭 네이선(Patrick Nathan)은 기후 변화를 겪으며 우리는 이 세상의 끝자락에 살면서 미래 없는 인간이 되어간다고 주장한다. 하지만 팬데믹 상황에서 우리는 나아질 미래를 기다리며 현재마저 기약 없이 뒤로 미룬다. 2020년은 모두에게 현재 없는 삶을 살면서 끝이 정해진 미래까지 감내해야 하는 고난을 선사했다.

언제쯤 질병과 죽음을 걱정하지 않고 밖에 나갈 수 있을까? 장바구니의 손잡이가 손안에 파고든다. 생수, 아이스커피 농축액, 맥주. 나도 안다. 순 마실 것뿐이다. 세상의 종말 앞에서 이보다 값진 게 또 있을까. 계산대에 줄이 없다. 17번 계산대로 가서 물건을 올려놓고 직원한테서 1.8미터 떨어져 선다. 이 사람은 내가 미생물학을 전공하고 뉴욕대학교에서 가르치는 걸 안다. 그래서 내게 말을 걸고 싶어 한다.

"세상에, 도대체 이게 다 무슨 일이래요?" 그녀가 물었다.

"당분간 계속 이럴 것 같아요." 내가 대답하며 되물었다. "많이 힘드시죠?"

"버틸 만해요." 그녀가 말했고, 나는 곁눈질로 바라보았다. "뭐, 괜찮아요. 어차피 달리 할 수 있는 일이 없잖아요." 그 말에 나는 고개를 끄덕였다. 나도 모르게 너무 바짝 다가간 것 같아 순간 죄책감이 들었다. 계산한 물건을 커다란 캠핑 배낭에 담았다. 에스컬레이터를 걸어서 올라가며 둘러보니 사방 1.8미터에 아무도 없었다.

갇혀 지내는 삶은 고통이다. 정신적으로 지치고…… 아프다. ("퀴어성의 쾌락과 고통은 깔끔히 양분될 수 없다.") 하지만 뒤집어 생각하면 우리는 공포와 지루함이 뒤섞인 격리 상황을 친절하고 너그러운 행위로 이해할 수 있다. 자부심을 느끼고 그 자부심에서 기쁨을 얻는다. 집 안에 머무는 것은 나를 돌보는 일이요, 격리 조치의 예외 대상인 필수 인력이라 일하러 나올 수밖에 없는 저 여성을 돌보는 일이기도 하다.

"퀴어 미래상의 퀴어성은…… 인내와 지지의 상관적이고 집합적인 양식이다." 퀴어가 된다는 것은 체제의 억압, 폭력, 살인, 바이러스성 전염병 상황에서도 발휘되는 돌봄의 유산이자 역사이다. 퀴어들은 이런 순간을 위해 훈련해왔다. 바이러스가 창궐하는 상황에서도 희생하고, 서로 돌보며, 불가능해 보이는 현재와 미래 앞에서도 즐거움을 잃지 않는 훈련 말이다. 무리한 요구라 생각할지도 모르지만, 달리 무슨 선택을 할 수 있을까?

⌒

처음으로 남성과 오럴섹스를 시도했을 때 나는 재빨리 머릿속에서 계산기를 두드렸다. 에이즈를 일으키는 인간면역결핍바이러스(HIV)에 감염될 확률은 12,000분의 1이었다. "맙소사, 엄청난데……." 술에 취해 있었지만 취한 상태에서도 계산하는 것이 내 일이다. 정확히 그 맛을 설명할 수는 없지만 좋았다는 기억은 또렷하다. 내가 그때까지 맛본 무엇보다도 강한 몸 맛이 났다. 이 바이러스가 한 번의 행위로는 잘 전염되지 않는다는 걸 알고 있었다. 콘돔을 쓰지 않고 항문 삽입을 받아도 HIV 음성에서 양성으로 혈청 전환이 일어날 가능성은 2퍼센트에 불과하다.

나는 직업적인 생물학자였고 지금도 그렇다. 박사 후 과정에서는 생물통계학도 전공했다. 남성을 만지기 훨씬 전, 미국 질병통제예방센터 웹사이트에서 관련 통계치를 확인한 바 있다.

머릿속에서 시간에 대한 확률의 그래프가 그려졌다. 두 곡선이 보인다. X축이 시간, Y축이 감염 확률이고, 그중 한 곡선은 시간이 흐름에 따라 100퍼센트에 가까워진다. 이는 거대세포바이러스(CMV)와 같은 흔한 인간 바이러스에 걸릴 가능성을 나타낸 그래프다. 거대세포바이러스는 인간 경험의 일부나 다름없는 바이러스다. 많은 사람이 태어나서 2년 안에 이 바이러스를 만난다. 두 번째 곡선은 어떻게 해서든 감염을 막아야 하는 치명적인 희귀 바이러스를 나타낸다. 이 그래프의 X축에는 나의 위험한 행동이 있고, Y축에는 0에 가까워지는 곡선이 있다. 0에 가깝다는 건 위험이 없다는 뜻이다.

나는 결코 0에 가닿을 수 없으리라는 것을 안다.

그래서 수시로 악몽을 꾸고 최악의 시나리오를 상상하며 괴로워한다. 확률과 통계에는 사악한 유머 감각이 있다. 2퍼센트의 확률이란 아득히 멀게 느껴지게 마련이다. 마침내 그 희귀한 숫자를 맞닥뜨리고 어쩌다 이렇게 되었는지 묻게 되는 순간까지는.

"딱 한 번이었는데……." 나는 자신에게 아예 하지 말라고 말하는 상상을 한다. 다른 남성 앞에서 알몸이 될 때마다 머 릿속에서는 계산기가 돌아갔다. 평생 HIV를 염려하며 살아왔 고 HIV 감염자에 대한 걱정과 낙인에서 자유롭지 못했다. 1983 년 나는 심각한 바이러스 위기 속에 태어났지만, 그럼에도 퀴 어가 되지 않을 수는 없었을 것이다. 이제 우리는 알고 있다. 유 일하게 안전한 성관계는 약물로 바이러스를 제로에 가깝게 억 제해 바이러스가 검출되지 않는 HIV 감염자와의 섹스다. 미검 출 HIV 감염자들과 섹스를 한 적 있는데 그때 내 머릿속은 온 통 내가 가장 사랑하는 동그란 숫자로 가득했다. 활짝 벌린 입 처럼 열린 0.

중학교 때 리처드 프레스턴(Richard Preston)의 《핫존: 에 볼라 바이러스 전쟁의 시작》을 읽으면서 바이러스에 집착하기 시작했다. 어른이 되면 제네바의 세계보건기구에서 일하는 바 이러스 학자가 되고 싶었다. 그래서 고등학교 때 스페인어가 아닌 프랑스어를 배웠다. 그렇게 배운 프랑스어는 나에게 새로 운 유형의 문학을 소개해주었다. 스토리를 들려주는 것에 그치 지 않고 스토리와 현실 사이의 관계를 묻고, 현실이 무엇인가 묻는 문학 말이다. 결국 나는 제네바에 가지 않았다. 과학자로 서 프랑스어를 활용한 적은 딱 한 번, 대학원에 들어가기 1년 전 프랑스 알프스 지역의 병원 실험실에서 프리온 단백질과 광우 병의 생물물리학을 공부할 때뿐이었다.

엄마는 어려서부터 내 꿈은 바이러스 학자였다고 했다. 바이러스 학자 아니면 소방관이 되고 싶다고 했단다. 핼러윈데이에는 어떤 차림을 했을까? 가정 형편이 좋지 않아 아빠가 여름에 산불을 진화할 때 입었던 소방복을 고쳐 입었다. 옷에서 아빠 냄새와 재 냄새가 났다. 어른이 된 나는 어린 내가 살 수 없었던 것들을 샀다. 하얀 실험실 가운, 보안경, 실험용 장갑.

"결국 네가 늘 원하던 일을 하면서 살고 있구나." 박사 학위 심사에 왔던 엄마의 말이다. 한때는 바이러스 학자의 꿈을 잊고 변호사, 의사, 프로 축구 심판이 되고 싶었던 적도 있다. 결국에는 다시 바이러스로 돌아왔지만.

코로나바이러스 덕분에 미국인들은 정치 문외한들까지 숫자에 민감해졌다. 사망률은 3.4퍼센트였다가 5퍼센트로 뛰었고 어쩔 때는 1퍼센트가 되기도 했다. 2020년 3월 초 트럼프 대통령의 발언처럼 독감에 해당하는 0.1퍼센트에 그친 적도 있다. 처음에는 R_0*가 2~3일 거라고 예상했으나 뚜껑을 열어보니 5~6이었다. 감염자 한 사람이 평균 5~6명에게 병을 옮긴다는 뜻이다. 심지어 델타 변이 이전의 수치다. 감염자 수는 5~6일 만에 두 배로 늘어났는데, 마침 코로나-19 평균 잠복기가 그 정도라 사람들이 더 헷갈렸다. 이 바이러스가 표면에서 살 수 있는 시간은 12시간 혹은 이틀, 유람선에서라면 17일일 수도 있다.

모두가 궁금해 미칠 지경이다. 밖에 나가도 괜찮을까? 원

---

*   기초감염재생산수, 감염병의 확산 속도를 나타내는 수치.

나잇을 해도…… 될까? 사람들은 모두 위험의 세부 사항에 갇히고 전문가조차 이해하지 못하는 데이터의 홍수에 침수되어 도무지 뭘 어찌해야 할지 갈피를 잡지 못하고 있다.

～

나에게 닥친 위험은 뭘까? 나는 마흔이 다 되었고 별다른 질환은 없다. 보고에 따르면 나 같은 사람에게 이 바이러스는 고약하기는 해도 치명적이지는 않다. 그러나 미국에서는 젊은 층 역시 코로나로 죽어간다. 모든 연령대가 심하게 앓다가 입원까지 한다. 젊은이를 포함해 증상이 수개월씩 이어지는 사람도 있다. 환자가 너무 많이 몰려 병원이 제 기능을 하지 못하면 사망률은 이탈리아에서처럼 통제 불능 수준으로 급증할 수도 있다.

기억하길. 통계에는 음침한 유머 감각이 있다. 위험은 세계를 가로질러 모두에게 확산된다.

돌봄에는 피할 수 없는 것에 대한 걱정과 자책이 필요치 않다. 완벽함도 요하지 않는다. 이런 상황에서는 누구의 몸도 완벽할 수 없으니까.

마트에 다녀올 때마다 자신을 위험에 노출했다는 죄책감에 시달린다. 하지만 그보다 불안한 건 내가 무증상 감염자로서 사방에 바이러스를 뿌리고 다닐지도 모른다는 것이다. 하지만 죄책감은 죄책감이고, 나는 나에게 끼니를 챙겨줘야 한다. 내 O자 모양 입에 먹을 것을 넣어줘야 한다. 인간인 나는 걸어 다니는 SARS-CoV-2 인큐베이터이다. 바이러스가 원하는 게 있다면 그건 나다.

사람에게는 집 밖의 세상이 필요하다. 하지만 그 세상의 모든 것에 질병의 가능성이 묻어 있다. 손을 씻고, 채소를 씻고, 소독용 알코올로 안경다리를 문질렀다. 감히 바깥세상에서 손등으로 건드린 적이 있으니까.

위험도가 0이 될 수는 없다. 필요한 게 있으면 주문해서 배달하면 되지 않을까? 물론 그럴 수 있다. 하지만 그렇게 하면 내 위험을 다른 이에게 전가하는 꼴이다. 마트에서 나 대신 장바구니를 채우고 자전거를 타고 우리 집까지 배달해줄 사람은 유색 인종이거나 나보다 경제적으로 어려운 사람일 가능성이 높다. 내 개인의 위험은 낮아질지 모르지만 위험의 총량은 그대로이고, 내 몸이 뭔가를 필요로 하는 한, 그러니까 내가 살아 있는 한 위험은 계속될 것이다.

우리는 위험과 공포의 개념을 재정비해야 한다. 위험도가 0이 되는 일은 없겠지만 우리 '모두가' 위험을 최소화할수록 두려움도 줄어든다.

위험에 관하여

"실재하는 유토피아는 교육된 희망의 영역이다"라고 무뇨스가 말했다. 그것은 "미래의 비전을 보여주는 과거에의 일별이다." 어떻게 역병의 시대에 유토피아를 운운할 수 있을까? 무뇨스의 상상 속 유토피아는 위해와 상처와 위험이 하나도 없는 세계가 아니다. 애초에 그런 세상에서는 인간의 생명 자체가 허락되지 않을 것이다. 유토피아는 되도록 많은 이들에게 위험이 최소화된 세상이다. 그곳에서 우리는 모두의 삶을, 퀴어의 삶까지 보살핀다.

　유토피아는 트럼프 전 대통령의 조작된 낙관론이 아니라 어떤 미래가 닥치든 서로를 돌보며 어려움을 헤쳐나갈 수 있다는 인식이다. 조작된 낙관론은 가해자들의 것이다. 오지 않을 걸 뻔히 알면서도 완벽한 미래(부활절 전에 코로나가 사라질 것이다!)를 약속하며 끔찍한 선물을 억지로 안긴다. 하지만 교육된 희망이란 트럼프처럼 한결같이 증거를 외면하는 것이 아니라, 그 증거를 통해 과거에서 벗어나고 현재를 거쳐 더 나은, 더 공정한 세계로 나아가는 최선의 길로 안내하는 태도다.

　임종을 앞둔 자크 데리다(Jacques Derrida)에게 자신의 작품을 "생존의 글쓰기"라고 부른 이유를 물었을 때 그는 이렇게 대답했다. "내가 나의 글쓰기를 고안했다면 그건 영원한 혁명을 위해서였을 것이다." 무뇨스가 말하는 퀴어성의 개념이 바로 그것이다. 세상에 아직 존재하지 않지만 몸속에서 필요를 부르짖는 무엇을 향한 끝없는 노력. 이성애자의 세상에서 퀴어는 언제나 거북한 상태이며 온전히 자유로운 자아일 수 없다.

무뇨스는 "지금 이곳은 그냥 충분치 않다"고 말했다. 특히 지금은 정말 아니다. 술집에서 친구와 잔을 기울이거나 클럽에서 춤을 추는 것은 고사하고 필요할 때 마트조차 갈 수 없다. "퀴어성은 세상과 시간 속에서 다른 방식의 존재를 갈망하는 것이어야 하고, 또 그럴 수 있다. 충분치 않은 것을 받아들이라는 명령에 저항하는 갈망이다."

우리는 이 세상을 지금의 모습으로도, 과거의 모습으로도 받아들이지 않을 것이다. 자기 감금의 선택을 수동적으로 받아들이는 대신 기꺼이 껴안아야 한다. 그것이 생명을 구할 것이고, 비록 아프더라도 생명은 구할 가치가 있으니.

─◦─

나와 당신이 처한 위험은 항상 제로 값보다 클 수밖에 없다. 하지만 모두가 최선을 다했다면 그때는 병에 걸리더라도 개인의 책임이 아니다. 많은 사람이 병에 걸렸고 앞으로 더 많은 이들이 아플 것이다. 이건 바이러스이고, 그게 바이러스가 하는 일이다. 이 바이러스는 우리와 함께 몇 주, 몇 달, 어쩌면 몇 년까지, 어떤 의미로는 영원히 함께할 것이다. 그런 상태를 바이러스 학자들은 엔데믹(endemic, 풍토병)이라고 한다.

그러니 퀴어가 되어라. 서로를 지원하고 보살피는 비(非)핵가족을 건설하라. 같은 집에서 또는 가까이 사는 사람들과 시작해보길. 장을 봐다 주고, 스카이프로 대화하고, 섹스팅*을 하고, 음식을 나누고, 줌으로 만나고, 벗은 몸 사진을 보내라.

신이시여, 제게 평온을 주시옵소서.

퀴어하게 살라. 강제된 격리의 순간에도 작은 즐거움을 찾으라. 불가능한 현재는 우리 앞에 닥친 불가능한 미래를 위한 훈련이다.

나는 계산을 그만두었다. 대신 밖으로 나가 이스트강을 따라 달렸다. 물론 다른 사람과 1.8미터의 거리를 두었다. 보통은 그저 아파트 옥상까지 6층 계단을 뛰어서 오르락내리락했다. 맨 처음 계단을 오르던 날, 위로 올라갈수록 왜 주위가 밝아지는지 의아했다. 나는 코로나 때문에 뛰어서 계단 오르기를 시작하고 천국을 향해(유리가 보호해주기는 했지만) 내 몸을 끌고 올라가기 전까지 그게 햇빛이라는 것을 알아채지도 못했다.

트레이더조에서 돌아와 생일 축하 노래를 세 번 부르는 동안 비누로 손을 씻은 다음, 장 봐온 채소를 씻었다. 계산기를 두드리지 않아도 내 몸에 묻어 있던 바이러스 99퍼센트가 죽었다는 걸 알 수 있다. 그게 내가 할 수 있는 최선이다. 무뇨스가 살

* sexting, 야한 메시지나 사진, 동영상 등을 주고받는 것.

아서 내 생각을 끌어주지 못한다 하여 계속 슬퍼할 수만은 없다. 진작 나서서 그의 일을 이어받았어야 했다. 이 위기가 끝날 때까지, 우리가 겪어야 할 위기가 더는 없을 때까지, 그리고 그 후로도 내가 할 수 있는 최선을 다할 것이다.

2

복제에 관하여

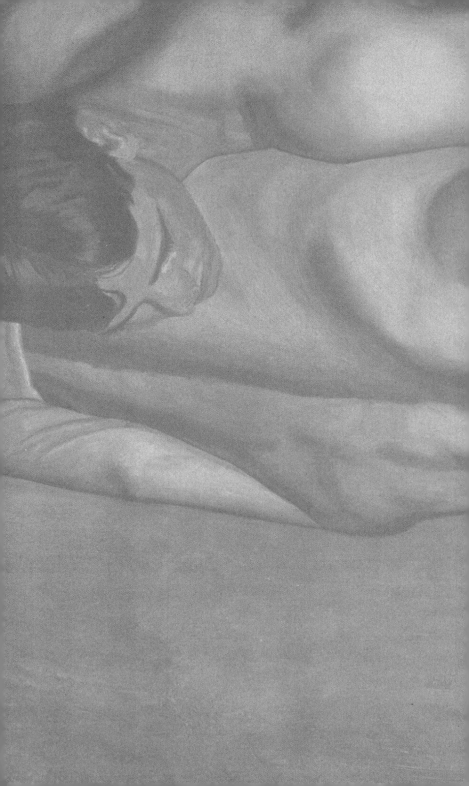

들어가는 말

미오바이러스과(MYOVIRIDAE, 박테리오파지*)
예: 박테리오파지 T4, 박테리오파지 P2, 박테리오파지 G1

자, 이렇게 상상해보자.

당신은 지금 헤엄을 치고 있다. 발바닥이 닿는 곳에서 발과 모래 사이로 짠물이 지나간다. 햇빛이 쨍쨍하고 습하고 더운 날이라 시원한 물이 아주 반갑다. 새로운 세상을 상상해보라. 당신은 아주 작은 것까지 볼 수 있다. 당신 눈은 이제 현미경이다. 세포 속까지 보인다. 당신 눈은 이제 전자현미경이다. 더 작은 것도 보인다. 그럼 무엇이 보일까? 바이러스가 보일 것이다. 여기도 바이러스, 저기도 바이러스. 바닷물 1밀리리터 안에 2억 5,000만 마리의 바이러스가, 1 액량 온스(약 30밀리리터)에 73억 9,338만 7,354마리의 바이러스가 들어 있다. 당신이 뱉

*   박테리아를 먹는 바이러스.

어낸 바닷물 한 모금에 70억 마리도 넘는 바이러스가 있다는 말이다. 이 양을 전체 바닷물 부피로 환산하면 얼마나 될까? 파도를 타고 물속에 들어가 숨을 참고 눈을 뜨면 하나밖에 없는 지구의 옥빛 수중 지대가 보인다. 달의 힘에 이끌리는 저 파도 속에 얼마나 많은 바이러스가 있겠는가.

하지만 걱정은 넣어두길. 이 바닷속 바이러스들은 오직 박테리아(세균)만 감염시킬 뿐 인간은 건드리지 못한다.

이제 해변에 누워 햇볕에 몸의 물기를 잘 말려보라. 물이 증발하고 피부에 남은 흰 가루의 사진을 찍어라. 확대하고 또 확대하면 피부 조직과 표피에서 떨어져 나간 죽은 세포까지 보인다. 그것들을 살짝 벗겨내면 이제 당신 자신의 살아 있는 세포들이 보일 것이다. 액체와 단백질, DNA와 그 사촌인 RNA 분자가 들어 있는 주머니들이다.

바이러스를 자세히 들여다볼수록 그 안에서 더 많은 의미를 찾아낼 수 있다. 인유두종바이러스(HPV), 거대세포바이러스, HIV, 몰로니설치류백혈병바이러스(MMLV). 이 바이러스가 나와 하루를 함께할 것인가, 일주일을 함께할 것인가, 아니면 영원히 함께할 것인가? 이 바이러스가 나를 죽일 것인가, 가렵게 할 것인가, 재채기를 하게 할 것인가, 아프게 할 것인가? 이 질문들의 답은 바이러스 분자와 그 표면을 보면 알 수 있다.

세상은 우리가 볼 수 없는 것들로 지어졌다. 우리가 살고 있는 몸도 눈에 보이지 않는 것들로 이루어졌다. 우리는 사람의 피부와 머리카락을 볼 수 있고 누군가의 눈을 들여다보며 감동할 때도 있다. 하지만 그 눈과 머리카락과 피부는 사실 단백질과 지방의 단위체가 질서 있게 반복된 것에 불과하다. 생각이라는 것도 결국 뇌세포와 몸속 세포에서 염류가 지질성 막을 빠르게 통과할 때 일어나는 화학 작용일 뿐이다.

"삶에서 중요한 일은 대부분 우리가 없을 때 일어난다"라고 영국 소설가 살만 루슈디(Salman Rushdie)가 《한밤의 아이들》에서 썼다. 우리도 우리가 없는 곳에서 발생한다. 우리가 내리는 모든 결정은 우리가 볼 수 없는 뇌 속의 세포 안에서 일어나며 생각과 느낌도 우리 몸의 비가시성(invisibility) 속에서 시작한다.

수백 년간 과학자들은 세상에 너무 작아서 볼 수 없는 것들이 존재할 뿐 아니라 지구상의 모든 생명체를 구성한다고 설득해왔다. 믿기지 않겠지만 사실이다. 믿음을 갖길. 우리는 머리카락과 눈과 피부를 구성하는 단백질과 지방의 단위체를 볼 수 있게 되었다. 밤하늘을 아주 오래 보다 보면 지구가 태양 주위를 돈다는 것이 확실해진다.

처음에 바이러스는 우리 눈에 보이는 것들을 죽이는 비가시적 실체로 발견되었다. 아직 바이러스 자체를 보여줄 만큼 강력한 현미경이 제작되기 전이었다. 이제 우리는 바이러스가 초래하는 물질적 결과를 알고 있고, 바이러스가 다른 생물을 죽일 수 있는 실체임을 알고 있다. 나는 어린 시절 수두에 걸려 심장 바깥의 왼쪽 가슴팍에 흉터가 남았다. 일주일간 피가 날 때까지 긁고 딱지를 떼고 또다시 긁었던 자리다.

보이지 않지만 바이러스는 지구에서 가장 풍부한 생명 형태이다.

세포 안으로 들어올 수 없다면 바이러스는 아무것도 아니다. 이때의 바이러스는 살아 있지 않다. 자신을 복제하는 능력이야말로 생물학자가 신봉하는 생명의 교의인데, 바이러스에게는 그 능력이 없기 때문이다. 자기를 똑같이 복사하기. 나라는 생명체의 세포들이 하는 일이다. 그러므로 내 세포들은 살아 있다. 세포 하나가 둘로 복제된다. 그러니까 살아 있다.

바이러스가 번식하고 복제하려면 반드시 세포의 힘을 빌려야 한다. 그러므로 바이러스는 살아 있지 않다. 하지만 죽었다고 볼 수도 없다. 박테리오파지(Bacteriophage) 또는 줄여서 "파지(phage)"는 오로지 박테리아 세포만 감염시키는 바이러스다. 인간 바이러스에게 내가 필요한 것처럼 박테리오파지는 자기를 복제하기 위해 박테리아가 필요하다. 복제는 사랑처럼 가장 깊숙한 욕망이다. 생명체는 그 욕망을 달성한다.

나는 파지 덕분에 박사가 되었다. 박사 과정에서 나는 파지 G1과 파지 트워트(Twort)를 연구했다. 둘 다 포도상구균을 감염시켜 죽이는 파지다. 이 바이러스들이 나를 건드리지 못한다는 것을 알았으므로 나는 실험실에서 장갑과 보안경, 실험복을 착용하지 않고도 이놈들을 기를 수 있었다. 바다에 풀어놓고 함께 헤엄치라고 해도 주저하지 않았을 것이다. 내가 그 물을 삼켰을 때 위험한 것은 바이러스보다는 물의 염분 때문이다. 나는 흙에서도 이 바이러스들을 골라낼 수 있었다. 이 바이러스를 통해 박테리아를 죽이는 방법을 배우고 싶었다. 나는 G1 파지에게 신세를 많이 졌다. G1 파지는 공식적으로 미오바이러스과에 속한 바이러스다.

미오바이러스과의 박테리오파지는 인체의 표면과 내부에 가장 흔히 존재하는 바이러스이며 감기 바이러스나 코로나바이러스-19보다도 많다. 지구상에서 가장 흔한 바이러스이자 가장 풍부한 생명체이며 우리 피부에, 내장에, 코와 입에, 폐와 오줌에 존재한다. 똥 1그램당 10억 개의 바이러스 입자(대부분 박테리오파지)가 존재한다. 참고로 대변의 평균 무게는 225그램 정도다. 인간의 장은 훌륭한 바이러스 발효조다.

과학자들은 바이러스가 유전자를 암호화할 때 사용하는 물질이 DNA인지 RNA인지, 그리고 지질막이 있는지를 기준으로 바이러스를 분류한다. 인간의 게놈(우리가 가진 유전자의 전체 집합. 다양한 방식으로 우리를 만든다)은 총 32억 개의 문자로 되어 있다. 우리의 게놈은 이중나선 DNA(어찌나 상징적인지 이 모티콘도 있다)로 만들어졌다. 살아 있는 모든 생명체가 자신을 DNA에 기록한다. 하지만 산 것도 죽은 것도 아닌 바이러스는 훨씬 다양한 방식으로 존재할 수 있다.

DNA는 A, G, C, T, 네 개의 문자로 정보를 암호화한다. 이 글자는 당과 인산의 단위체가 반복되어 형성되는 골격에 추가된 네 종류의 염기를 나타낸다. 인간의 DNA는 23종의 염색체에 들어 있는데, 한 줄짜리 긴 문장이 23개 있다고 보면 된다. 이 글자들은 염색체 안에 특정한 순서로 배열되어 아미노산의 서열을 암호화하고, 그 지시대로 아미노산이 모여서 단백질이 된다. 세포 속 단백질은 독특한 형태로 접혀서 많은 기능을 수행한다. 이를테면 단백질은 세포의 모양을 지탱하거나 효소가 된다. 어떤 효소는 음식 속 당분으로 세포 내 미토콘드리아에서 ATP를 만들거나, 몸속에서 ATP를 분해하여 우리가 움직이고 생각하는 데 필요한 에너지를 생성할 때 쓰인다.

정보가 저장고인 DNA에서 출발해 전달 장소인 RNA를 거쳐 실제 기능을 수행하는 단백질로 흐르는 이 규칙은 모든 생명의 근간이다. 그래서 생물학자들은 이 흐름을 분자생물학의 중심원리, 또는 센트럴 도그마(central dogma)라고 부른다. 생물이 DNA에 정보를 저장하는 것은 생명체가 작동하는 절대적 방식으로 적어도 살아 있는 동안에는 예외가 없다.

그러나 바이러스는 진정한 의미에서 살아 있지 않다. 혼자서는 복제할 수 없다. 뭔가가 필요하다. 누군가가 필요하다. 바이러스는 '우리'가 필요하다.

바이러스에도 게놈은 있다. 자신을 위한 미니 레시피랄까. 바이러스가 숙주 세포의 도움으로 자신을 복제하는 데 필요한 모든 것이 그 안에 들어 있다. 대체로 이 게놈은 우리 게놈에 비해 아주 작다. 약 1만 개 염기로 된 HIV 게놈이 이 문장 끝의 마침표 크기라면, 우리 게놈은 미생물학 교과서의 표지 넓이쯤 된다.

미오바이러스과의 파지는 외피가 없이 벌거벗은 이중나선 DNA 바이러스다. 바이러스는 막질로 둘러싸였든 노출되었든 모두 단백질 껍질인 캡시드(capsid)를 포함한다. 따라서 외피가 있는 바이러스는 지방질로 이뤄진 바깥 껍질과 단백질로 이뤄진 안쪽 껍질의 두 층의 껍질을 가진다.

미오바이러스과의 파지는 DNA로 만들어진 유전자를 갖는다. 이들 파지는 100개에서 400개의 유전자를 보유하는데 바이러스치고는 많은 편이다. 이 바이러스가 감염시키는 박테리아는 약 5,000개의 유전자를 자랑하는 더 크고 복잡한 생물이지만 자기보다 훨씬 작은 바이러스에게 죽임을 당한다. 인간의 유전자는 몇 개나 될까? 우리 몸에는 약 2만 개의 유전자가 있다.

복제에 많은 유전자가 필요한 것은 아니다. 하려는 일이 복제뿐이라면 말이다. 대개 바이러스는 꼭 필요한 유전자만 간직한 채 압축된 상태다. 생물학자는 결코 '반드시' 또는 '예외 없이'라는 말은 거의 하지 않는다. 조건을 달지 않고 '반드시'라는 말을 내뱉는 순간 예외가 튀어나와 우스운 꼴이 되기 때문이다. 나는 줄곧 이런 겸손이 삶의 값진 교훈이라고 생각해왔다.

파지 바이러스는 지질로 된 막이 없고 단백질 껍질로만 이루어졌으며 꼭 달 착륙선처럼 생겼다. 박테리아 세포에 착륙한 파지는 세포를 무단으로 점유하고 제 DNA를 주입한다. 이 장벽을 넘고 나면 파지 DNA는 세포 안에서 박테리아가 제 유전자를 복제하고 단백질을 만들 때 쓰는 모든 기계를 장악한다. 이렇게 세포의 장비를 훔쳐서 숙주 박테리아 세포와 똑같은 방식으로 자기를 복제하고 수를 늘리고 나면 작별 인사를 하고 세포를 터트린 다음 뒤도 돌아보지 않고 떠나버린다.

바이러스가 자기 유전자를 암호화하는 방식이 복제 방식을 제한한다. 미오바이러스는 자기가 감염시킨 박테리아의 DNA처럼 생긴 이중나선 DNA를 지닌다. 친애하는 달 착륙선, 안녕. 고마워요. 당신은 세상을 만드는 데 일조하고 있어요. 깊이 감사드립니다. 친애하는 단백질 껍질님, 정말 사랑합니다. 6년도 넘게 매일 당신을 생각했어요. 그게 진정한 사랑이 아니고 뭐겠어요? 잘 가요, 꼬마 바이러스. 내가 소금물과 함께 당신을 뱉어냈지요. 당신은 가장 필요한 순간 나에게 이 세상에는 너무 작아서 보이지 않는 것들이 있고 그것들이 아름답다는 걸 알려주었어요. 생각과 느낌(비록 머릿속에서 움직이는 소금에 불과하지만)처럼, 그리고 지금 이 순간에도 내 안에 있는 그대, 친애하는 바이러스, 친애하는 파지처럼.

아데노바이러스과(ADENOVIRIDAE)

예: 인간아데노바이러스 D 제13형, 인간아데노바이러스 D 제8형, 인간아데노바이러스 G 제52형, 철갑상어이타아데노바이러스 A

복제(replication)라는 단어는 "반복하다(repeat)"를 뜻하는 15세기의 영어 단어에서 왔고, 그 단어는 "뒤로 접다, 뒤로 구부리다"를 뜻하는 라틴어 동사의 과거분사인 "레플리카투스(replicatus)"로 거슬러 올라간다. "Re-"는 '다시'를 나타내는 흔한 접두사이고, "plicare"는 접는다는 뜻이다.

어린 시절 엄마는 일요일이면 저녁 식사 때 먹을 빵을 구웠다. 이 일요일 가족 저녁 식사는 우리 가족의 가장 중요한 의례였고, 축구 경기든 밴드 연습이든 어떤 이유로도 불참은 허용되지 않았다. 공식적으로는 일하지 않는 이날ㅡ창고와 텃밭, 마당에는 언제나 할 일이 산더미였지만ㅡ엄마는 아침부터 빵 반죽을 준비해 숙성시켰다가 오후가 되면 치대고 다시 부풀게 둔 다음, 오후 5시 45분 식사 시간에 늦지 않게 구워냈다.

반죽을 숙성시키면 안에서 기포가 형성돼 빵이 부드러워진다. 그 공기는 효모에서 온다. 효모는 반죽 안에서 빠르게 자라 90분마다 수가 두 배로 늘고 이때 효모의 세포 안에서는 반죽의 당분이 에너지로 바뀌면서 부산물로 이산화탄소가 발생한다.

세포 분열이 일어날 때마다 효모 세포는 한 개에서 두 개가 된다. 두 딸세포도 자신을 복사할 수 있도록 분열이 일어날 때마다 어미 세포의 DNA가 복사돼야 한다. 이것이 복제다.

효모가 한 개에서 두 개의 세포를 만드는 데 총 90분이 걸린다. 사람의 세포는 DNA를 복사하는 데만 8시간이 걸린다. 그 시간에 바이러스는 자손을 수십만이나 만들 수 있다. 바이러스의 복제는 완료까지 몇 분이면 족하기 때문이다.

바이러스는 세포의 규칙을 따르지 않는다. 세포는 분열할 때마다 한 개가 두 개가 되어 전체 개수가 둘, 넷, 여덟, 열여섯으로 늘어난다……. 그보다 빨리 분열할 방법은 없으므로 아무리 급해도 빵 반죽은 최소 한 시간은 숙성시켜야 한다.

그와 달리 바이러스는 한 번의 복제로 수천의 자손을 만든다. 바이러스는 우리 없이는 복제할 수 없지만, 우리와 함께라면, 우리에게는 아직 불가능한 일들을 할 수 있다. 세포는 하나가 둘이 되고, 넷이 되고, 여덟이 된다. 반면 바이러스는 하나가 1만이 되고, 다시 1억이 되는 식이다. 그렇게 복제를 마치면 다른 세포를 감염시킬 준비가 완료된다. 아데노바이러스는 인간처럼 이중나선 DNA를 통해 유전자를 아주 오래 살아남게 한다. 아데노바이러스도 파지처럼 몸을 둘러싸는 막으로 된 외피가 없다. 하지만 파지와 다르게 인간을 숙주로 삼는다.

아데노바이러스는 코 뒤의 아데노이드 조직에서 처음 발견된 바이러스로, 우리와 똑같은 유전물질로 만들어져서 우리 몸속에 들어와 핵까지 접근하면 박테리아 속 파지처럼 자신을 복제한다. 아데노바이러스 표면의 단백질이 우리 세포의 특정 단백질과 결합하면 안으로 들어오는 문이 열린다. 결국 바이러스가 무엇으로 만들어졌고, 표면에 무엇을 가졌는지가 바이러스의 처음과 끝을 결정한다.

복제에 관하여

바이러스 입장에서 첫 번째 단계는 세포 안에 진입하는 것이다. 자신을 복제해줄 공장으로 들어가야 한다는 말이다. 어떤 바이러스든 일단 세포 표면의 어딘가에 들러붙어야 한다. 그래야 세포막을 뚫고 안으로 들어오든지 나중에 밖으로 나가든지 할 수 있다. 아데노바이러스는 종류마다 사용하는 단백질이 다르고, 그래서 각각 일으키는 병도 다르다. 예를 들어 폐 세포에 붙는 바이러스는 폐렴을 일으키고, 눈 세포에 들러붙는 바이러스는 결막염을 일으킨다. 폐에서든 눈에서든 자신을 복제할 수 있기 때문에 병을 일으키는 것이다. 하지만 체내에서 면역계의 활동이 활발한 사람은 몸속에 바이러스가 있어도 알아채지 못한다. 면역계의 세포가 먼저 알아보고 즉시 처리하기 때문이다. 따라서 눈이 벌게질 일도, 기침할 일도 없다. 바이러스가 복제되고는 있지만 몸을 아프게 할 정도는 아니다.

　　아데노바이러스는 지금 이 순간에도 내 몸속에서 복제 중일 것이다. 이 바이러스는 그만큼 흔하다. 아동을 대상으로 한 연구에서는 80퍼센트나 되는 어린이의 몸속에서 아데노바이러스가 검출되었다. 나도 예전에 결막염을 앓은 적이 있는데 다시는 걸리고 싶지 않다. 지금은 가을철 알레르기로 연신 재채기 중이다. 내 세포는 늘 그렇듯 복제 중이고, 내 실험실에서 자라는 효모 세포도 내가 시키는 대로 착실히 복제 중이다.

헤르페스바이러스과(HERPESVIRIDAE)

예: 거대세포바이러스, 엡스타인바 바이러스. 단순포진바이러스1,

단순포진바이러스2

헤르페스바이러스는 모두를 감염시킨다. 새, 물고기, 파충류, 연체동물을 감염시키는 헤르페스바이러스가 각각 따로 있다. 인간이 된다는 것은 곧 세포들 속에 우리와 함께 복제하는 인간헤르페스바이러스를 지닌다는 뜻이다. 태어나는 순간부터 우리는 인간과 바이러스의 잡종이다.

철학자들도 이런 복제의 문제를 고민해왔고 그 역사가 철학의 존재만큼이나 오래되었다. 과거 플라톤은 복제를 상이한 두 가지로 정의했는데, 하나는 최초의 대상에 충실한 복제이고 다른 하나는 그것의 재현(representation)이다. 후자는 전자와 다르지만 여전히 최초의 대상을 가리킨다. 프랑스 포스트모던 이론가들은 여기에서 한 발 더 나아가 시뮬라크르(simulacrum)라는 것을 정의했는데, 원본이 분실되거나 더는 존재하지 않는, 복사본의 복사본을 말한다. 그렇다면 재현이 현실에 존재하는 전부다. 그게 아니라면 현실의 철저한 왜곡이다.

세포 수준에서 생물학은 그렇지 않아도 복잡한 이 개념을 더 복잡하게 만든다. 사람들은 대부분 생물학적 복제를 맨눈으로 볼 수 있는 수준에서 생각한다. 예를 들어 나는 아이를 낳을 수 있지만 그 아이는 나와 똑같은 복사본은 아니며, 원본인 나는 여전히 여기에 있다.

그러나 하나가 분열하여 둘이 되는 세포에서 둘 중 어느 것이 원본이고 어느 것이 복사본인가? 두 개의 딸세포—생물학은 세포에 젠더화된 명칭을 부여했다—는 모두 복사본이다. 이 딸세포의 이중나선 DNA는 각각 옛 가닥과 새 가닥을 한 개씩 나눠 갖고 있어서 분자 수준에서 둘 다 똑같은 부모/자식의 잡종이다.

원래 모습 그대로 남아 있는 것은 하나도 없다. 건강할 때의 나는 43조 개짜리 세포 덩어리이다. 43조 개 세포가 모두 내 첫 세포의 복사본이다. 아버지(정자)에게서 절반, 어머니(난자)에게서 절반을 받아 합친 것이 그 최초의 세포이며, 내 몸의 모든 세포가 그 세포의 믿을 만한 복사본이다. 그렇다면 최초의 세포는 어디로 갔을까? 사라졌다. 하지만 내가 살아 있는 한 그 세포의 파편은 내 몸 전체에 흩어져 있다.

바이러스는 더 많은 복사본을 만들기 위해 자신을 완전히 해체한다. 세포에 들어간 바이러스는 해체된다. 바이러스의 자손 중 누구도 부모의 분자를 갖고 있지 않다. 어디까지나 부모가 죽으면서 남긴 레시피에 따라 숙주 세포에서 만들어진 순수한 복사본이다. 따지고 보면 부모도 복사본이었다. 완벽히 포스트모던한 존재인 바이러스는 완벽히 정렬된 캡시드 껍질에 싸인 복사본의 복사본이며, 강렬한 기하학적 형상 속에 제 몸집에 걸맞지 않게 어마어마한 은유적 의미를 지닌다.

문화는 자기복제적이지만 숙주인 우리가 없이는 복제할 수 없다. 퀴어 이론가들은 수십 년간 수행(performance)과 진정성(authenticity)의 차이를 논하며 '진짜(authentic)'는 없거나, 있어도 거의 없다고 주장했다. 진짜처럼 보이는 것도 철저히 규범과 관습에 의해 강화된 것에 불과하다. 주디스 버틀러(Judith Butler)와/또는 루폴(RuPaul)이 상기시킨 것처럼, "우리는 벌거벗고 태어났다. 나머지는 모두 드랙*이다." 호세 에스테반 무뇨스는 이것을 '정체성의 픽션'이라고 불렀다. 픽션과 정체성에 힘이 없기 때문이 아니라, 둘 다 저자가 글을 쓰면서 지어낸 것들이고, 둘 다 개인의 행위성을, 그가 사는 세상의 테두리, 가능성, 관습과 결합하는 행위이기 때문이다.

삶이란 세상에 태어나서 초등학교, 중학교, 고등학교를 거쳐 대학에 가고 좋은 직장을 얻고 결혼해서 아이를 낳고 아이들을 대학에 보내고 결혼시키고 손주들과 시간을 보내고 손주의 눈이 자기를 닮았다고 확신하고 세상에 짐이 되기 전에 죽는 일련의 과정이라고 보는 선형적 인생관을 무뇨스는 《크루징 유토피아》에서 "직선적/이성애적 시간(Straight Time)"이라고 정의한다. 복제와 패러디와 믿음직하지 못한 재현은 "직선적 시간을 방해하는 새로운 가능성을 상상하는 데 도움이 된다."

내가 이성애자가 되어도—그럴 일은 없길!—최소한 내 세

---

*   drag. 사회에서 주어진 성별에서 벗어나는 방식으로 자신을 꾸미는 행위.

포들은 퀴어일 것이다. 완벽하게 복사하려는 시도가 실패한다는 뜻이다. 부모와 자식 대에서 모두. 퀴어성은 가족과 생식에 대한 단순한 (핵가족식) 설명을 거부하고 세대(부모 대 자식)와 생식(엄마와 아빠)의 개념을 어지럽히는 모든 것을 포괄한다. 내 세포들은, 그러니까 나 자신도, 매일같이 그 일을 한다.

내 세포는 분열하면서 자신을 내어주므로, 복사본도, 엄마도 남지 않고 오직 딸들만 남는다. 죽을 때까지 내 세포는 늘 새것이다.

하나의 수정란에서 비롯한 내 모든 세포를 생각해보면, 이보다 직선적 시간에 구애받지 않는 세상도 없을 것이다. 세포 차원에서 선형적인 것은 거의 없다. 생물학은 무작위로 변동하는 사건들의 평균에 따라 움직이는 과학이다. 혼돈이 삶을 좌지우지한다.

게다가 바이러스처럼 살아 있지 않은(unliving) 존재들은 말할 것도 없다. 바이러스의 경우, 다음 세대에 살아남는 원본이 하나도 없다. 바이러스는 직선적 시간을 빨리 감기 해버린다. 바이러스는 선형적으로 증가하지 않고 기하급수적으로 폭증한다. 대개는 면역계에서 알아서 처리되지만 때때로 콧물과 열을, 드물게는 인간이라는 퀴어하고 연약한 생명체에 보다 위중한 증상을 유발한다.

바이러스가 한 세포를 만나서 감염시킨다면 그 세포는 바이러스가 만나는 마지막 세포가 될 것이다. 이후에 생명 없는 상태가 될 가능성이 있는 것은 오직 그 바이러스의 복사본들뿐이다.

헤르페스바이러스도 지금까지 말한 다른 바이러스처럼 이중나선 DNA 바이러스다(기다려라. RNA 바이러스도 곧 나온다). 하지만 헤르페스바이러스에는 다른 바이러스들과 다른 점이 있다. 먼저, 헤르페스바이러스는 외피로 둘러싸여 있다. 예전에 머물렀던 세포에서 훔친 지질막으로 자신을 감싼다. 게다가 헤르페스바이러스는 뜨내기가 아니다. 한번 방문한 세포에 영원히 눌러앉는다. 이 바이러스의 DNA는 세포에 들어왔다가 실컷 수를 불리고 떠나는 아데노바이러스의 일시적인 DNA가 아니다. 헤르페스바이러스의 DNA는 우리의 것과 비슷하다. 즉 유전정보가 평생 가도록 쓰인 하나의 분자다. 그래서 헤르페스바이러스의 DNA는 세포 표면의 단백질에 들러붙어 안에 들어와 핵까지 진입하고 나면 자신을 동그라미 형태로 만든 다음 그대로 머문다. 우리의 세포가 분열할 때 이 동그라미도 함께 분열하여 모든 딸세포가 복사본을 얻는다. 유치원에 다닐 때 식수대에서 얻은 단순포진바이러스1이 계속해서 남아 대기하고 있다가 피로와 수면 부족, 지나친 음주, 추운 날씨로 면역계가 약해지면 언제든 튀어나온다.

아데노바이러스는 왔다가 가는 급성 바이러스다. 헤르페스바이러스는 한번 오면 그대로 눌러앉는 만성 바이러스다. 이렇듯 영원히 감염된 상태라면 우리는 항상 병에 걸린 걸까?

둥근 바이러스 DNA는 자신을 복제하여 더 많은 바이러스를 만들고 세포를 죽일 수 있지만, 잠자코 머물며 한 세포에서 그 딸세포로, 또 딸세포의 딸세포로 수동적으로 대물림될 수도 있다. 친구여, 당신은 이제 내 몸의 일부입니다. 내 헤르페스, 내 거대세포바이러스여, 내가 내 이름을 소리 내 말할 수 있기 전부터 당신은 항상 내 안에 있었습니다. 당신을 미워하는 것은 곧 나를 미워하는 것, 내가 너무 오랜 세월 골몰한 프로젝트.

최후의 원본이 사라진 후에도 바이러스는 남아서 복제물에 불과한 자기 자신에 흡족해하며 최종 숙주를 기다린다.

비르가바이러스과 VIRGAVIRIDAE
예: 담배모자이크바이러스

처음에 바이러스는 눈에 보이지 않는 비가시적인 존재, 설명할 수 없는 치명적인 힘으로 발견되었다. 실패를 통해 태어났으니 이 얼마나 퀴어한가. 19세기 중반에 루이 파스퇴르와 존 스노의 연구로 세균 이론(germ theory)이 탄생했다. 불균형한 체액 때문이 아니라 특정 세균에 의해 질병이 발생한다는 개념이다. 현미경 아래에서 자세히 들여다보면 병원체인 박테리아를 눈으로 볼 수도 있다. 이 세균을 옮기는 것만으로도 질병을 옮길 수 있다. 세균을 가열해서 죽이면 그 질병은 더 이상 전염되지 않는다. 감염은 세균에서 온다. 그렇다면 천연두는 어디에서 오는 걸까? 눈을 씻고 찾아봐도 세균은 보이지 않는다. 이것이 바이러스가 불러오는 좌절의 진실이다. 바이러스는 자기들끼리도 너무 다르다. 인간면역결핍바이러스(HIV)는 에볼라바이러스와 헤르페스바이러스와 간염바이러스와 파지와 리노바이러스와 노로바이러스와 분야(bunya)바이러스와 다르다. 한 바이러스에서 알게 된 사실을 다른 바이러스에 함부로 적용할 수 없다. 세포에 침투하는 방식도 제각각이요, 들어와서 복제하는 방식 또한 천차만별이다. 구체적으로 어떤 바이러스가 창궐할지 알지 못하면 대비하고 싶어도 무엇을 준비해야 할지 알 방법이 없다. 할 수 있는 일은 그저 모든 바이러스를 다 연구하는 것뿐이고, 바랄 수 있는 일은 그저 생명에 대해 배우는 것뿐이며, 그 과정에서 생명을 구하는 데 성공한다면 운이 좋았노라 여기고 용케도 잘 해낸 것에 감사하면 된다.

거의 모든 바이러스가 박테리아보다 작지만 그럼에도 역시나 질병을 일으킬 수 있다. 박테리아와 달리, 실제로 질병을 일으킨다 해도 바이러스는 적어도 광학현미경 아래에서는 볼 수 없다. 발견의 시작은 인간이 아닌 병든 식물이었다. 미국이 아닌 유럽에서 키우던 담배였다. 병든 식물은 검은 잿빛과 옅은 초록색 반점을 남겼고, 일단 한 식물에서 발병하면 밭 전체에 퍼져 농사를 망쳤다. 늘 그래 왔지만 이번에도 인간의 이익을 위해 연구가 시작되었다. 인간은 자신이 아프거나 경제적 손실이 있을 때 그 이유와 해결 방법을 찾고 싶어 한다.

크림반도의 드미트리 이바노프스키(Dmitri Ivanovsky)와 네덜란드의 마르티누스 베이제린크(Martinus Beijerinck), 두 연구자가 원인을 찾아 나섰다. 두 사람 모두 합리적 의심에 근거해 박테리아를 용의자로 지목했다. 감염된 식물을 건강한 식물에 접촉했더니, 오호라, 감염되었다. 다음에는 감염된 식물의 즙을 사용했는데 역시 전염성이 있었다. 마지막으로 박테리아를 철저히 걸러내는 필터에 이 즙을 걸러보았으나 여전히 건강한 잎에 병을 옮겼다. 이 감염은 건강한 식물 조직에서만 자랐고 도저히 걸러낼 수 없었다. 베이제린크는 '살아 있는 전염성물질'이라는 뜻에서 이 액을 "콘타기움 비붐 플루이둠(contagium vivum fluidum)"이라고 불렀다. 비붐(vivum)을 영어식으로 압축한 것이 바이러스(virus)이다. 이 액에 생명체가 들어 있다는 베이제린크의 믿음은 그릇되었지만 이름만큼은 입에 착 붙게 만들었다.

바이러스는 100년간 설명할 수 없고 눈에 보이지 않는, 박테리아의 쌍둥이로 취급되었다. 박테리아의 일족이지만 좀 더 크기가 작은 게 아닐까? 박테리아가 분비한 독소일까? 누구도 볼 수 없었기에 누구도 답을 알 수 없었다.

1939년, 전자현미경이 발명되면서 죽음의 힘을 지닌 무(無)의 실체를 드디어 볼 수 있게 되었다. 실험을 바탕으로 우리는 뭔가가 존재한다는 것은 이미 알고 있었지만 강력한 새 현미경 덕분에 비로소 그 형체를 눈으로 확인했다. 바이러스성 단백질이 둘러싸고 그 안에 RNA가 얌전히 들어앉은 길고 완벽하게 둥근 막대였다. 구조가 안정적이라 몇 시간 햇빛에 노출되어도 끄떡없고 식물의 씨 안에서 겨울을 날 수 있었으며 곤충을 통해 식물에서 식물로 운반될 수 있었다.

비르가바이러스과의 이 담배 모자이크 바이러스는 우리가 처음으로 살펴볼 RNA 바이러스다. RNA는 DNA의 사촌이라 불리는 물질로 DNA와 거의 흡사하게 생겼다. DNA는 잘 알려진 이중나선의 형태로 우리의 세포 안에 존재하며, 서로 방향이 반대인 두 가닥이 서로를 에워싸고 있어 대단히 안정적이다. 약 5만 년 전에 살았던 네안데르탈인의 발가락 화석에서 발견된 DNA가 염기서열을 완전히 밝힐 수 있을 만큼 온전한 상태였을 정도다. DNA 안에 남긴 글은, 모든 수준의 생명체에서, 영원히 남는다.

RNA는 왔다가 가버린다. 세포에 살지만 잠깐 머물 뿐이다. 바이러스는 이 분자를 사용해 글을 남기고 그것에 자신의 영속과 복제를 의존하는 지구 유일의 존재이다. 많은 바이러스가 그들의 RNA가 분해될 때 죽는다. 그게 문제가 될까? 아니. 그중에 몇이라도 살아남아 다시 복제할 수 있다면 문제는 없다.

'콘타기움 비붐 플루이둠', 이 살아 있는 전염성 액체는 사실 살아 있지 않다. 홍역, 소아마비, 천연두, 파지, 그리고 담배 모자이크바이러스의 소용돌이 모양 캡시드까지 바이러스는 지구에서 가장 수가 많은 존재이다. 바이러스는 1940년대에 전자의 폭격을 맞으면서 마침내 모습을 드러냈다. 바이러스는 우리가 그것을 이해하지 못했을 때 좀 더 치명적이었다. 사람은 눈에 잘 보이는 것만 관리할 수 있으니까.

레트로바이러스과(RETROVIRIDAE)

예: 몰로니설치류백혈병바이러스(MMLV), 양렌티바이러스, 고양이면역결핍바이러스(FIV), 원숭이면역결핍바이러스(SIV), 인간면역결핍바이러스(HIV)

RNA는 보통 단일가닥이고 DNA와 같은 나선형 구조가 아니다. 안정성도 떨어져서 시간이 지나면 금세 분해된다. RNA에 기록하는 것은 바닷가 모래사장에 글을 쓰는 것과 같다. 세포 속 RNA는 보통 몇 분 또는 몇 시간만 머물 뿐이다. RNA가 DNA보다 화학적으로 덜 안정적인 이유가 한 가닥으로 존재하기 때문만은 아니다. 화학에서 산소는 공격자다. DNA에서는 제거된 산소 원자가 RNA에는 남아 있다. 그 여분의 산소가 RNA 골격을 공격하여 분자를 둘로 쪼갠다. RNA의 화학적 성질이 자신의 파괴를 기록한다.

그러나 레트로바이러스는 이 철저한 일시성에 제 유전자와 복제에 필요한 내용을 기록한다. 자멸할 수 있는 분자에 자신을 내맡기다니 이 얼마나 쿼어한 선택인가. 물론 바이러스가 콕 집어 RNA를 선택한 것은 아니다. 그저 그렇게 진화했을 뿐이다. 운 좋게, 우연히 그 분자를 선택한 RNA 바이러스는 우리 생물들처럼 그냥 그런 채로 살아야 한다.

바이러스의 방식은 번식과 복제, 그리고 대량 생산이다. 원본 없는 복사.

이것이 바이러스가 자기를 복제하는 방식이다. 오직 양으로 승부하는 대량 생산. 바이러스는 캡시드로 제 몸을 건설한다. 캡시드는 바이러스의 형태를 결정하는 단백질로서 3D 버키볼*(buckyball)이 완성될 때까지 같은 단백질 단위를 계속해서 반복한다.

단위체가 수없이 꿰매여 요상한 모양의 축구공이 되어버린 이 대량 생산 캡시드의 형태를 보면 예술적이라는 생각밖에 들지 않는다. 단순한 것을 복사해 가치를 생산하는 행위는 1970년대와 1980년대에 뉴욕시에서 폭발적으로 유행한 팝아트 운동의 핵심이다. 레트로바이러스인 HIV가 보이지 않게 수를 불리다 어느 순간 눈에 보이게 폭발한 것처럼 말이다. 앤디 워홀의 작품은 복제를 통해 사물 자체로부터 상식과 비상식이 만들어질 수 있다는, 복제에 대한 포스트모던식 우려를 직접적으로 다룬다.

복제품의 복제품. 코믹북 영웅 그림과 스크린 인쇄 광고. 바이러스는 또한 우리가 누구와 무엇을 소비하고, 누구와 무엇

---

*　60개의 탄소가 속이 빈 축구공 모양을 이루는 큰 분자. 화학식은 C_{60}

을 옹호하는지의 집단적 가치 앞에서 우리가 자신에게 하는 거짓말을 가리킨다.

워홀이 자화상을 그리고, 장미셸 바스키아(Jean-Michel Basquiat)가 자신의 슈퍼맨을 그릴 때, 두 사람 모두 뉴욕에 살았다. 바스키아는 1988년에, 워홀은 1987년에 죽었다. 둘 다 HIV 바이러스 전염병이 처음 발생한 시기에 세상을 떠났지만 사망 원인은 다른 데 있었다. 바스키아는 약물 과다복용, 워홀은 나쁜 건강 상태, 의료 기피, 과거에 입은 총상으로 악화된, 간단한 수술의 후유증이었다.

복제의 의미가 무엇일까? 워홀과 바스키아는 복제를 통해 명명하고(소비지상주의), 비판하고(소비를 계속할 수밖에 없는 세상), 폭력(위장을 통해, 전쟁)을 세상에 드러내고, 그런 다음에는 모두가 무시하는 흔해빠진 이미지에서 새로운 의미를 재창조했다.

바이러스의 복제 능력에 어떤 의미가 있을까? 바이러스에도 제 의미와 분자가 있지만 우리 몸이 없으면 아무것도 아니다. 더하여 우리에게는 몸과 바이러스 사이의 상호작용을 바꿀 생의학(biomedicine), 약물, 백신을 추가할 힘이 있다. 바이러스와 우리 몸과 생의학, 세 가지가 합쳐졌을 때 비로소 의미가 만들어진다. 그 의미는 시간이 흘러 바이러스와 우리 몸과 생의학이 변화하면서 달라질 것이다.

먼저 바이러스와 우리 몸부터 보자. HIV는 스스로 붕괴하는 연약한 RNA를 유전물질로 사용하는 레트로바이러스(ret-rovirus)이다. 바이러스는 인체의 세포 가운데 자신이 달라붙을 수 있는 세포에만 침투할 수 있다. 세포는 종류마다 표면에 각기 다른 단백질을 지닌다. 바이러스는 붙잡을 것이 필요하다. 레트로바이러스인 HIV는 CD4라는 단백질에 결합하는데, 공교롭게도 그 단백질이 인체 면역계의 T세포에만 있다.

진입에 성공한 레트로바이러스는 제 RNA를 세포의 수프에 투척한다. 아까 말한 대로 바이러스의 RNA는 오래가지 않는다. 하지만 HIV는 생명계에서 거의 유일무이한 능력을 갖추고 있다. 불안정하고 일시적인 RNA의 정보를 안정되고 지속적인 DNA로 옮겨 적는 능력 말이다. 인간의 세포는 죽었다 깨어나도 RNA의 정보를 DNA로 복사할 수 없다. 우리의 세포에서는 정보가 늘 한 방향으로만 흐른다.

바이러스는 모든 규칙을 어긴다. 레트로바이러스라는 이름도 생활사의 이런 특징 때문에 붙었다.* 레트로바이러스에서 RNA의 정보를 DNA로 옮기는 효소를 역전사 효소(reverse transcriptase)라고 부르는데, 세포에서와 달리 정보가 거꾸로 흐르기 때문이다.

이제 세포 안에서 바이러스의 RNA는 우리와 동일한 이중나선의 바이러스 DNA가 되어 위험천만한 일이 일어난다. 헤

---

* 'retro-'는 '거꾸로', '뒤로'를 뜻하는 접두사.

복제에 관하여

르페스바이러스처럼 레트로바이러스도 우리와 평생을 함께한다. 하지만 이 바이러스 DNA는 우리의 DNA가 보관된 핵 안에 들어갈 뿐 아니라, 그 안에서 우리의 DNA를 짼 다음 자신을 삽입하는 경지에 이른다.

우리가 레트로바이러스에 감염되면 바이러스 분자는 곧 우리 자신의 분자가 되어 불가분의 존재가 된다. 우리 안에 들어온 바이러스 DNA는 과거의 바이러스와는 전혀 닮은 점이 없다. 막도 없고 캡시드도 없고 심지어 가장 성능이 뛰어난 전자 현미경으로도 볼 수 없는, 그냥 평범한 DNA이다. 그렇다면 바이러스는 어디에 있는가? 어디에도 존재하지 않으면서 여전히 우리 안에 있다. 이 바이러스 사본은 원본을 눈에 보이지 않게 한 것을 넘어서 영원히 사라지게 하였다. 하지만 사본에는 원본을 다시 만드는 데 필요한 모든 정보가 들어 있다. 그렇다면 우리가 살아 있으므로 이것들도 살아서 자기를 복사해 붙여넣기 한 것인가? 이 바이러스는 우리 세포와 함께 복제된다. 이 바이러스는 바이러스의 모습을 하지 않은 바이러스다. 과학자들은 이를 프로바이러스(provirus)라고 한다. 프로바이러스는 그저 유전자일 뿐, 그 이상은 아니다. 그러나 그 DNA 안에 쓰인 모든 정보는 언젠가 바이러스를 창조하여 캡시드를 만들고 세포막을 훔쳐 세포에서 빠져나올 때 쓰인다.

펠릭스 곤잘레스-토레스(Félix González-Torres)는 1996년에 HIV로 세상을 떠난 미국의 시각 예술가로, 상상할 수 있는 모든 장르에서 예술 활동을 했다. 하지만 곤잘레스-토레스가 가장 이름을 떨친 분야는 설치 미술이었다. 새로 연 뉴욕 휘트니 미술관에 줄에 달린 꼬마 전구들을 벽과 계단을 타고 외투 보관소까지 늘어지도록 설치한다거나, 백지를 수십 센티미터 높이로 쌓아놓고 관람객들이 집에 가져가게 했다. 그리고 알록달록한 비닐 포장지에 싼 사탕을 에이즈로 사망한 파트너의 몸무게만큼 쌓아 올려 구경꾼들이 집어가게 했다. 가톨릭 미사의 밀떡처럼 입에 넣으면 혀에서 달콤하게 녹아서 사라질 사탕을……

펠릭스 곤잘레스-토레스의 작품을 설치할 때 갤러리 측은 조명도 종이도 사탕도 받지 않는다. 받는 것이라곤 작품을 설치하는 지침이 적힌 종이뿐이다. 일종의 프로바이러스다. 갤러리 직원들은 주어진 레시피에 따라 작품을 만든다. 빛의 조각품을 만들 때 펠릭스의 몸속에는 프로바이러스가 있었다. 기억과 메아리, 구체적인 정보와 바이러스는 몸의 일부였다. 바이러스의 이미지, HIV의 기억, 질병의 물질적 결과도 문화적 몸체의 일부다.

이제 우리는 (비록 세보려 노력했지만) 셀 수 없이 많은 목숨을 앗아간 바이러스에 도달했다. 바이러스는 어떻게 우리를 죽일까? 다시 말하지만, 바이러스가 생명체를 죽이는 방법은 짜증 날 정도로 다양하다. 단, 죽일 수 있는 바이러스라면 말이다. 또한 바이러스가 죽이는 것이 세포인지 유기체인지도 저마다 다르다. 바이러스는 복제 과정 중에 세포를 죽일 수 있다. 세포의 기계를 빼앗아 복제한 다음 세포막을 찢고 밖으로 나간다. 하지만 우리 몸에는 세포가 43조 개나 있다. 인체에 감염된 바이러스는 대부분 세포 몇 개를 죽이고 마는데 그 정도 죽음이라면 가려움과 쓰라림, 염증을 일으킬지언정 우리 몸은 살아 있을 것이다.

모든 것은 바이러스가 어떤 세포를 죽이는지에 따라 달렸다. HIV는 T세포를 죽인다. T세포가 없으면 면역이 없고, 면역이 없으면, 생명이 없다. 인플루엔자는 많은 세포를 감염시켜 죽이고 폐, 심장, 표피 등의 조직에 해를 입혀 콧물이 나게 하든 죽이든 할 수 있다. 앞으로 보겠지만 코로나-19는 Ace2 수용기를 장착한 많은 종류의 세포를 죽인다. 바이러스가 접촉하는 거의 모든 세포를 죽이거나 목을 아프게 하거나 심장을 망가뜨리고 공기와 혈액 사이의 세포 한 개를 통해 거의 어디든 침투할 수 있다.

바이러스가 죽음을 불러올 수 있다는 것은, 실제로는 거의 모든 바이러스가 그렇지 않다고 해도, 인정해야 하는 사실이다. 1980년대에 태어난 나는 이것을 알았다. 나의 섹스는 언제나 쓰리섬이었다. 나와 그녀와 바이러스의 이미지. 나와 그와 바이러스에 대한 두려움.

코로나바이러스과(CORONAVIRIDAE)

예: 인간코로나바이러스 OC43(일반 감기, 인간), 인간코로나바이

러스 229E(일반 감기, 인간과 박쥐), 박쥐코로나바이러스(박쥐, 무증상), 사스바이러스(SARS-CoV-1), 중동호흡기증후군 코로나바이러스(MERS-CoV), 코로나-19(SARS-CoV-2)

벽에 사진이 한 장 걸려 있다. 생일 파티에서 찍은 친구의 사진이다. 머리에 왕관을 쓴 채 힘에 취해 하늘을 바라보고 있다. 광학현미경으로는 바이러스를 볼 수 없다. 바이러스의 형태는 웬만한 해상도로는 볼 수 없다. 가시광선으로는 불가능하다. 물리 법칙이 금지하는 탓이다.

짐작하겠지만 전자현미경은 전자를 쏜다. 광학현미경은 빛을 이용한다. 전자는 원자보다 작다. 가시광선과 달리 전자를 이용하면 마침내 바이러스의 모양에 관한 정보를 얻을 수 있다. 대학원에서 만난 한 친구는 이 기술로 바닷물에서 사진을 찍고 차이들을 기록해 새로운 파지와 바이러스를 발견했다.

제2형 중증급성호흡기증후군 코로나바이러스(SARS-CoV-2)는 코로나-19를 일으킨다. SARS-CoV-2는 바이러스다.

SARS-CoV-2는 외피가 있는 단일가닥 RNA 바이러스, 코로나바이러스다.

코로나바이러스의 게놈은 DNA가 아닌 RNA로 이루어졌다. RNA 바이러스치고는 글자가 3만 개 정도로 게놈의 크기가 꽤 크다. 1만 개 미만인 HIV와 여덟 가지 RNA 분자 전체가 총 1만 4,000개쯤으로 이루어진 인플루엔자 바이러스에 비해서도 크다.

바이러스는 스스로 쓴 규칙 말고는 어떤 규칙도 따르지 않는다. 그 오랜 시간 동안 우리가 알아낸 유일한 사실은 바이러스의 크기가 작다는 것이었다. 그러다 우리는 미미바이러스(mimivirus)를 발견했다. 미미바이러스는 세포만큼이나 큰 바이러스다. 게놈의 크기도 박테리아 수준이다. 우리가 발견했든 못했든 이놈들은 줄곧 거기 있었다. 전자현미경 아래에서 코로나바이러스는 왕관처럼 보인다. 단백질 스파이크가 사방으로 돌출한 둥근 막이다. 나는 친구의 사진을 올려다보았다. 맞다. 그날 밤 왕관을 쓴 채 희색이 만면한 그는 여왕이었다.

코로나바이러스는 DNA를 완전히 건너뛰고 오직 RNA를 사용해 정보를 저장하고 활성화한다. 이 바이러스의 RNA가 인간 세포로 들어가면 그 안의 장비를 사용해 곧바로 바이러스 단백질을 생산하기 시작한다. 그러면 그 단백질은 우리 세포에는 없는 다른 장비로 바이러스 RNA를 더 많은 RNA로 복제한다. 우리 세포는 RNA를 더 많은 RNA로 복사하지 않는다. RNA는 오직 DNA를 주형으로 만들어진다. 생명체에서 정보는 언제나 DNA에서 RNA의 한 방향으로만 흐른다. 그러나 바이러스는 생명체가 아니다. 코로나바이러스는 정보를 RNA에서 RNA로, 그리고 다시 단백질로 전달하며 그 단백질이 새로운 바이러스를 만든다. 이 바이러스는 굳이 핵까지 들어오지 않고 그럴 필요도 없다.

RNA는 일시적이라는 것을 기억하라. 코로나바이러스가 세포와 몸에서 떠나고 나면 그들의 유전자는 남아 있지 않다. 새로운 바이러스가 들어와 다시 감염할 때만 우리를 아프게 한다. 기억하라, 바이러스는 정보를 저장하고 사용하는 방식이 제한돼 있다. DNA를 만들지 않으면—코로나바이러스는 인플루엔자와 달리 DNA를 만들지 않는다—그 바이러스는 세포를 제집으로 만들 수 없다.

SARS-CoV-2는 이미 수백만 명의 목숨을 앗아간 살인적이고 사악한 작은 괴물이다. 앞서 수많은 왕관들이 그래 왔듯이 위협적인 왕관이다. 인류의 역사에서 얼마나 많은 군주가 치명적인 해를 끼쳤는가? 코로나-19가 통치하는 왕국은 바로 우리 몸이다. 스파이크로 뒤덮인 막이 세포에 들러붙은 다음 트로이의 목마를 막기 위해 설치된 해자를 뚫고 세포 안으로 들어간다.

바이러스에 어떤 의미를 부여해야 할까? SARS-CoV-2는 왕관이 없다. 이 바이러스에는 막과 단백질이 있다. 우리 세포에는 해자도 없고 현미경으로 봐도 트로이 목마는 보이지 않는다. 이 바이러스가 쓰고 있는 유일한 왕관은 우리가 씌워준 것이다. 하지만 반드시 씌워줘야 하는 것은 아니다.

어떤 의미를 부여할지는 우리에게 달렸다. 수프 캔의 가치는 무엇인가? 수프 통조림 그림*의 가치는?

바이러스는 원하는 것이 없다. 바이러스는 악마가 아니고

침략하지도 않는다. 바이러스는 그저 바이러스일 뿐이다. 바이러스는 막으로 된 주머니이고 스파이크 단백질이며 RNA이다. 바이러스는 우연한 사고다. 바이러스는 지구상에 가장 풍부히 존재하는 것이다. 누구도 생명체를 두고 논리를 말하지 않는다. 보면 볼수록 논리에 어긋나는 것이 생명이다. 바이러스에는 우리를 해치고 몸속 세포에 들러붙고 자기 복제를 하고, 그래서 우리를 죽이기까지 하는 능력이 있다.

우리가 바이러스에 부여하는 의미는 우리가 바이러스와 함께 살고, 바이러스에 맞서서 살고, 바이러스와 함께 죽고, 바이러스에 맞서다 죽는 방식에 영향을 준다. 다음에 바이러스라는 말을 들으면 자신에게 이렇게 질문하길 바란다. 그 바이러스의 수용체가 무엇이고 어느 세포에 들러붙는가? 인간, 닭, 박테리아? 폐, 심장, 뇌? 그 바이러스가 무엇으로 만들어졌는가? RNA 아니면 DNA? 세포 안에 침입한 후에 얼마나 머무는가? 각각의 바이러스와 그것이 가진 분자들은 살아 있지 않은 상태(not-living)로 전환하는 저만의 규칙을 세운다.

우리가 만나는 대부분의 바이러스는 우리를 그냥 지나친다. 어떤 바이러스는 우리와 함께 살다가 죽는다. 바이러스가 원하는 게 딱 한 가지 있다면 그건 자기 복제다. 바이러스는 더 많은 바이러스를 만들기 위해 만들어졌다. 그 욕망은 순수하고

---

*   앤디 워홀의 작품 "캠벨 수프 통조림"을 가리킨다.

단일하다. 어떤 면에서 나는 바이러스가 부럽다. 어떤 면에서 바이러스는 당신과 나와 똑같다. 어쩌면 우리가 자문해야 할 것은 '어떻게 우리의 가장 기초적인 생물학적 필요보다, 단순한 자기 복제보다 나은 존재가 될 것인가'일 것이다. 우리는 이 새로운 버전의 인간성을 실현할 때에야 우리를 해하려는 희귀 바이러스를 이기고 가장 성공적으로 살아남을 수 있을 것이다. 바이러스는 우리에게 많은 해를 끼쳤고 너무나 많은 생명을 앗아갔다. 그러나 바이러스는 생명체의 필수적인 일부다. 바이러스는 인간보다 오래전부터 이 행성에 있었고 인류가 사라진 후에도 더 오래 남을 것이다. 우리는 매일 죽음의 가능성을 안고 살아간다. 그날은 분명히 올 것이다. 가치 있는 삶은 생명과, 우리를 둘러싼 "거의" 살아 있는 것들을 자세히 살필 때 비로소 가능해질 것이다.

3

바이러스의 의미에 관하여
—
어떤 바이러스 이야기를 할 것인가?

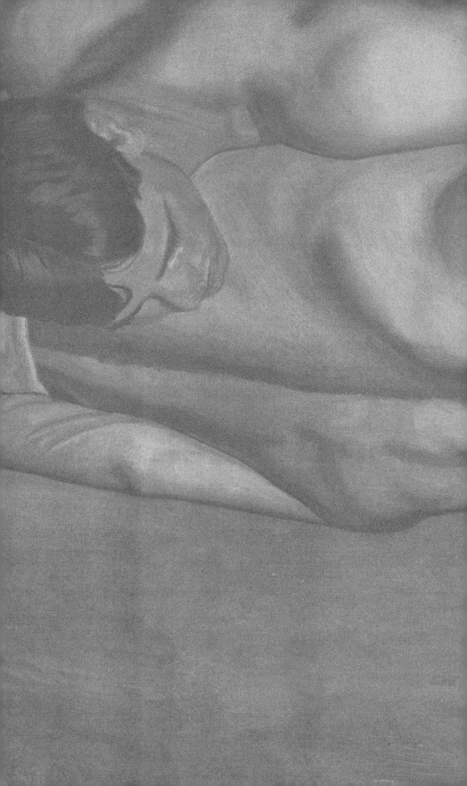

한 바이러스로 시작하자. 2020년, 코로나-19의 확산을 막기 위해 전 세계 경제가 일시적으로 정지했을 때 사람들은 모두 집에 머물며 화면만 쳐다보았다. 그리고 화면 속에서 하늘과 지구가 달라지는 모습을 보았다. 중국 우한에서는 대기오염이 사라졌다. 인도 아마다바드에서는 물이 맑아지고, 스모그가 자취를 감춘 미국 로스앤젤레스에서는 멀리 수평선 위로 산맥이 보였다. 인간이 실내에 갇히자 동물이 돌아왔다. 샌프란시스코에서는 코요테가, 라스베이거스에서는 오리가, 웨일스에서는 염소가 나타났다.

"바이러스는 우리였다"라는 밈이 트위터에 등장했다. "인간이 없으니 지구가 나아진다." 자연이 치유되고 있었다. "우리가 바이러스다"라는 은유를 보면서 나는 이 은유 속 바이러스는 무엇이며 우리는 무엇인가를 물었다. 우리 문화는 바이러스를 어떻게 이야기하며, 그 이야기가 우리의 몸과 건강, 이웃과 연인에 관한 이해를 어떻게 구성할까? "인간이 바이러스다" 이야기에서 인간은 숙주인 지구를 착취하고, 자원을 모조리 비우고 써버리며, 숙주의 용량 이상으로 확장, 번식하고, 그 결과 이제 지구는 서서히 죽어간다. 우리 몸을 함부로 쓴 다음 죽게 내버려두고 빠져나가는 바이러스처럼. 이것이 바이러스 이야기의 한 버전이다. 소모, 질병, 죽음.

사실 아닌가? 에볼라바이러스나 HIV처럼 우리는 숙주인 지구를 망쳐가며 자신과 문화를 복제하고 부를 극대화한다. 다른 이들은 이런 발상에 재빨리 에코파시스트(ecofacist)라는 꼬리표를 붙였다. 기후 변화나 지구의 필요를 이용해 마치 인구가 너무 많은 게 문제인 양 "불필요한" 인간을 제거하는 구실로 사용하려 한다는 것이다. 그리고 그 문제를 해결할 가장 확실한 방법이 존재하는데, 그것을 대량 학살이라고 부른다. 그러나 그저 사람이 너무 많은 것은 문제가 아니다. 진짜 문제는 터무니없이 많은 부를 독점한 사람이 많다는 것이다. 어쩌면 '그들' 또는 자본주의야말로 바이러스 그 자체일지도 모른다. 그것이 사실 아닐까?

이 버전의 바이러스 이야기는 진실을 전달하면서도 부작용이 있다. '바이러스로서의 자본주의', '바이러스로서의 인종차별주의' 이야기에서 우리는 바이러스를 사리사욕으로 가득하고 전체를 압도하며 죽음을 불러오고 생명 그 자체에 '반하는' 것으로 정의한다. 그것은 HIV와 함께 사는 사람, 거대세포바이러스와 함께 사는 사람, 헤르페스와 함께 사는 사람에게 어떤 의미일까? 살아 있는 이 행성에서 살아가는 모든 이에게 어떤 의미일까?

이런 은유에는 딱 한 가지 바이러스 이야기뿐이다. 죽음을 불러오는 극단적인 바이러스 이야기 말이다. 하지만 소수의 바이러스만 해당하는 이 이야기를 전체 바이러스로 확장하여 문화적 개념에 적용하면 결국 진실이 훼손된다는 것을 금세 깨닫게 될 것이다.

진지하게 들여다보면 지금까지 알려진 모든 바이러스 이야기가 산산이 해체된다. 세상에는 소모하고 죽이는 바이러스가 있지만, 그렇지 않은 바이러스가 훨씬, 훨씬 더 많다.

모두 바이러스의 분자적 생명과 관련 있는 이야기다. 세상에 모두를 대표하는 바이러스는 없다. RNA 바이러스와 DNA 바이러스가 있고, 외피가 있는 바이러스와 외피가 없는 바이러스가 있다. 바이러스는 저마다 표면에 각기 다른 단백질을 갖는데 이 단백질로 각각 서로 다른 세포와 접촉하고 상호작용하며 심지어 서로 침투할 수 있다. 어떤 바이러스는 왔다가 며칠 만에 가버리고, 어떤 바이러스는 평생 남는다. 이 모든 것이 대체로 각 바이러스의 분자생물학적 특성에 의해 결정된다. 다시 말해 각각의 특수한 이야기들이 존재할 뿐이다. 하지만 그 사실을 입에 올리는 사람은 거의 없다.

소설가이자 사회운동가였던 수전 손택(Susan Sontag)은 이렇게 썼다. "물론, 인간은 은유 없이는 생각할 수 없다." 아리스토텔레스에 기반하여 손택은 은유를 "한 사물이 이러하다거나 또는 이러하지 않다고 말하는 것"으로 정의했다. 따라서 "우리는 바이러스다"라는 말은 한 사물을 다른 사물로 부르는 은유이다. 언어는 단어가 그것이 표상하는 사물을 대신하는 방식이라는 점에서 은유이다. "탁자"라는 단어는 탁자가 아니다. 하지만 그 단어는 탁자를 그려내고, 또 어느 정도 탁자가 된다.

미생물학은 실제 세계이며 미생물은 실재하는 물질이지만 탁자와는 다르다. 우리가 "박테리아" 또는 "바이러스"라고 말할 때 그 단어는 눈에 보이지 않는 물질, 너무 작아서 볼 수 없는 물질을 떠오르게 한다. 길 가는 사람을 붙잡고 "탁자"와 "포도상구균"이라는 단어를 들었을 때 각각 어떤 이미지가 떠올랐는지 물어보아라. 탁자는 젠장, 그냥 탁자이다. 하지만 포도상구균에 어떤 의미가 있다면, 그건 상처나 감염이지 박테리아가 아니다. 그러나 황색포도상구균은 건강한 사람 30~50퍼센트의 피부나 코에 살면서 감염을 일으키지도 해를 끼치지도 않는다. 그렇다면 포도상구균은 무엇인가? 미생물의 언어도 은유로 만들어졌다. 왕관처럼 보이기에 코로나이고, 껍질이 보이기에 외피이며, 가시가 돋아 있기에 스파이크 단백질이다. 포도상구균은 현미경 아래에서 포도송이처럼 보이기에 고대 그리스어로 아직 덩굴에 붙어 있는 포도를 뜻하는 'staphylo- '가 붙었다. 보기에 따라 상처와 관련이 있을 수도 있고 없을 수도 있다.

그러나 건강에 관해서라면 사고와 언어에서 은유를 완전히 걷어내야 한다고 손택은 요구한다. "그러나 은유란 단지 삼간다고 하여 거리를 둘 수 있는 게 아니다. 노출되어 비판받고 매를 맞고 소진돼야 한다." 미생물의 은유는 언어 속에 완전히 자리 잡았기 때문에 소진하기가 불가능하다. 미생물의 은유는 늘 존재한다. 그렇다면 우리를 해치는 존재가 아닌 치유하는 능력이 있는 미생물로서의 은유와 이야기를 '선택하는' 것이 급선무이다.

HIV는 바이러스, 즉 물질적인 것이다. 현재의 HIV는 1981년의 HIV와 정확히 같은 염기서열은 아닐지도 모르지만 기능상 대체로 같은 바이러스이다. 같은 순서로 배열된 같은 유전자가 같은 세포에 결합하여 같은 방식으로 복제하고 같은 효과를 낸다. 다만 오늘날 HIV의 '의미'는 1981년, 1987년, 1997년, 2007년의 의미와는 같지 않다.

바이러스 이야기는 바뀔 것이고 이야기의 알맹이도 예전과는 달라질 것이다.

바이러스에 대한 해로운 은유를 소모하는 한 방법은 먼저 그 은유가 참인지를 묻는 것이다. 그러나 참인 은유도 해를 끼칠 수 있다. HIV는 사람들을 죽이지만 가장 전형적인 바이러스는 아니다. 코로나-19는 사람을 죽인다. 인플루엔자는 내 친구 사라를 죽였다. 하지만 바이러스는 언제 어디에서나 우리 주위에 존재하며 대부분 해를 끼치지 않는다. 온순한 것들과 반대되는 소수의 치명적인 '예외'만 일반화하여 은유와 서사를 만드는 것은 온전한 진실을 말하지 않으려는 게으름에 불과하다. 이 이야기들—나도 몇 가지 해보려 한다—이 거의 진실에 가깝지만 해롭다면, 우리는 또한 우리가 살고 있고 '또' 만들고 싶은 세상을 설명하는 보다 일반적이고, 보다 신중하며, 보다 사랑을 담은 이야기와 은유를 말해야 할 것이다.

∾

　바이러스로 누군가를 잃다. 2009년 2월 11일, 실험실에서 한참 파지와 씨름하고 있는데 평소 연락하지 않는 대학 때 지인에게서 전화가 왔다. 덜컥 불안한 생각이 들었다. 지난 몇 년간 한 번도 연락이 없던 친구가 왜 평일 오전 11시에 전화를 했을까? 나는 일어나서 창고로 들어갔다. 뻥 뚫린 실험실에서 유일하게 사생활이 보장되는 공간이다. 가로 세로 2.5미터쯤 되는 작은 방의 철제 선반에는 페트리 접시나 피펫 팁, 버퍼 살균용 필터 등 실험 도구가 든 상자가 쌓여 있다. 나는 서둘러 창고로 달려가 음성 메시지로 넘어가기 전에 전화를 받았다. 선반에 기댄 큰 상자 위에 앉았다.
　"어젯밤에 사라가 죽었어." 그녀는 울고 있었다.
　나는 전화를 끊자마자 아래층에서 일하는 안드레이에게 전화했다. "지금 바로 창고로 좀 올래? 다스트 연구실 창고." 안드레이는 2분 만에 달려와 나를 안아주었다.
　"자기야, 무슨 일이야?" 가까운 친구의 죽음은 처음이었다. 뭐라고 설명할 수 있었겠는가?

사라 틸먼은 대학 시절 가장 친하게 지내던 친구였다. 사라가 세상을 떠나기 불과 몇 주 전에 나는 버스를 타고 워싱턴 DC에 가서 사라를 만났다. DC에 있는 동안 사라네 집 소파에서 잤다. 둘 다 생물학 전공에 프랑스어를 부전공했고, 졸업 후 사라는 공립 고등학교에서 생물학을 가르쳤고 나는 2년 전에 박사 과정을 시작했다. 우리는 스터디 그룹에서 만나 금세 친구가 되었다. 사라에게 반했지만 물론 깊이 발전하지는 않았다. 사라는 미니애폴리스 출신에 아버지는 생태학 교수였다. 미네소타에서 이사 온 후 동부에서는 차가 필요치 않다며 팔아버렸고 아이들을 좋아해 고등학교 선생님이 되었다. 워싱턴 DC 교사 봉사단에서도 활동했는데 티치 포 아메리카(Teach For America)* 프로그램이 형편없다고 생각했기 때문이다. 거기서는 멍청한 애들이 2년간 학생들을 가르치는데, 그 형편없는 초임 교사들은 2년을 채우고 나가서 정책 따위와 관련된 일을 했다. 사라는 DC 교사 봉사단에 최소 10년 넘게 몸담았고, 그 과정에서 실력이 늘었고 아이들에게 더 많은 것을 줄 수 있었다.

지금까지가 세상을 떠난 내 친구에 관한 사실이다. 사라가 가장 좋아한 색깔을 이야기하고 싶지만 잊어버렸다. 잠깐만 실례하겠다. 가서 물 한 잔 마시고 와야겠다.

---

* 명문대 졸업생들을 선발해 교육 낙후 지역에서 2년간 학생들을 가르치게 하는 미국의 비영리 단체.

두 달 후, 나는 실험실 근처 스타벅스에서 한 변호사를 만났다. 그녀는 내게 사라에 관해 이것저것 물었다. 사라가 대학원에 진학할 생각이었나요? 네. 학교에는 얼마나 더 있을 계획이었나요? 최소한 2~3년은 더요. 교육대학원과 생물학 학위 중에 어느 쪽으로 갈지 고민 중이었어요. 사라는 이렇게 일찍 죽으면 안 되는 사람이었다. 머리를 위로 묶고 짙은 회색 정장을 입은 저 변호사는 사라가 살았을 미래의 가치를 따져보기 위해 나를 만나러 왔다. 나는 이 사람이 싫었지만 억지웃음으로 애써 괜찮은 척했다. 평범한 수요일 오후, 평범한 스타벅스에서의 평범한 만남이었다. 세상을 떠나기 몇 주 전 사라를 만나러 갔을 때 나는 장래 계획에 대해 장시간 설명을 들었다. 변호사에게 필요한 정보가 그거였다. 그래야 그 정보로 사라의 미래 수입을 추정하고 사라를 죽음에 이르게 한 의사들이 가족에게 얼마를 지불해야 할지 결정할 수 있기 때문이었다. 나는 변호사의 머릿속에 펼쳐진 스프레드시트와 숫자들을 보았다. 내 친구는 돈이 되고 있었다.

사라는 독감으로 죽었다. 2주 전 우리는 함께 술을 마시러 나갔다. 사라는 겨울철 바이러스가 기승을 부린다며 교사로서 걱정이 컸다. 우리는 비타민 C 가루를 보드카와 얼음에 타서 마셨다. 얼음을 넣기 전에 가루부터 섞어야 한다는 걸 그때 처음 배웠다. 가루가 찬물에서는 잘 녹지 않았다. 우리는 다 같이 그 사실을 배웠다. 그 자리에 다른 친구도 있었는데 누군지는 잘 기억나지 않는다. 스물일곱 한창나이에 우리 세 사람은 보드카와 비타민 C를 마시고 게이바에서 춤을 췄다.

사라는 인플루엔자 A 바이러스로 죽었다. 바이러스가 심장을 감염시켰다. 드물지 않은 일이지만 병원에서는 사라의 혈압이 크게 떨어진 걸 알지 못하고 그냥 집으로 돌려보냈다. 몇 시간 후 몸이 심상치 않다고 느낀 사라가 구급차를 부르고 집에서 나오려고 몸을 일으킨 순간 혈압이 위험 수치 이하로 내려가면서 심장마비가 왔다. 바이러스가 장악한 심장은 다시 뛰지 않았고 그렇게 사라는 세상을 떠났다.

2004년 어느 수업 시간에 나는 사라와 나란히 앉아 인플루엔자에 대해서 배웠다. 인플루엔자는 일종의 바이러스성 염색체인 여덟 개의 분리된 RNA 분자로 이루어졌으며 돼지와 새, 인간을 감염시킨다. 우리는 이 여덟 개의 분자가 서로 뒤섞여 탄생한 고위험 바이러스가 1918년에 수백만 명을 몰살한 호흡기 전염병을 일으켰다는 사실도 알게 되었다.

하지만 사라는 대유행 전염병으로 죽은 게 아니었다. 나는 견디기 힘들 만큼 슬펐다. 장례식이 끝나고 모두가 사라에게 천국에서 다시 만나자고 말했지만 나는 그런 것을 믿지 않았고 사라도 믿지 않았을 거라고 생각한다. 믿지 않는다는 것이 그때만큼 힘든 적이 없었던 것 같다. 사람은 자기가 믿고 싶을 때에만 골라서 믿을 수 없고 믿으려면 한결같이 믿어야 한다고 생각했던 기억이 난다. 나는 그렇게 할 수 없는 사람이었다. 노력은 해봤다. 교회에 앉아서 울었다. 사라는 열린 관 속에 누워 있었지만 차마 죽은 사라의 몸을 볼 수 없었다. 그것이 마지막 작별 인사라는 걸 알았다. 하지만 돌이켜보면 나는 사라를 기억할 때마다 번번이 작별 인사를 하고, 그러면서 사라가 여기 없다는 사실을 다시 기억하는 것 같다.

"틸먼 사건"이라는 제목으로 변호사가 보낸 이메일이다.

이 사건은 금요일에 종결되었고 따라서 귀하에게 재판 출석을 요청하는 일은 없을 것임을 알려드립니다. 유가족이 판결에 전반적으로 만족했으며 이대로 마무리할 것으로 보입니다. 훌륭한 분들입니다. 이번 사건에 도움 주시고 기꺼이 시간을 내어 사라에 관해 말씀해주신 점 깊이 감사드립니다. 큰 도움이 되었습니다.

앞으로 좋은 일만 있으시길 바랍니다.

나는 바이러스가 무슨 일을 할 수 있는지 안다. 바이러스는 내 가장 친한 친구를 빼앗아 갔다. 그렇다고 계속 바이러스에 화를 내는 것은 계속 세상에 화를 내는 것이다. 사라가 죽은 건 의사들이 제대로 보살피지 않았기 때문이다. 제때 치료를 받았다면 살 수 있었을 것이다. 그랬어야 했다. 이 바이러스가 지배하는 세상에 필요한 것이 바로 그 보살핌이다.

사라 변호사 이야기를 이렇게 길게 하는 건, 사라의 외모를 묘사하려 하면 다시는 그녀를 보지 못할 거라는 사실이 떠오를 게 뻔하기 때문이다. 그 변호사는 키가 크고 말랐고 머리는 검은색이었다. 눈썹이 가늘고 눈빛은 친절했지만 아무래도 연습한 것 같았다. 사라는 키가 작고 아주 말랐고 머리는 갈색이었는데 생머리일 때도 있었지만 원래는 자연스러운 곱슬머리였다. 웃을 때면 얼굴 한쪽이 다른 쪽보다 아주 조금 더 올라갔는데 그건 연습한 게 아니라는 뜻이었다. 그건 진짜 미소였고, 사라는 우리를 보고 웃고 있었다.

～

바이러스를 떠올려보라. 전자현미경을 통해 처음으로 바이러스를 보기 몇 년 전, 작가 조라 닐 허스턴(Zora Neale Hurston)이 바이러스에 대해 쓴 글이 있다. 소설 《그들은 신의 눈을 보고 있었다》 후반부에서 주인공 재니는 첫 번째 남편과 헤어지고 두 번째 남편은 땅에 묻은 후 세 번째 남편인 티 케이크를 만나 행복하게 살고 있었다. 두 사람은 퇴비 농장을 운영했는데 어느 날 허리케인이 몰아닥쳐 세상이 온통 진흙탕으로 변한 와중에 티 케이크가 광견병에 걸린 개에게 물린다. 폭풍은 잠잠해졌지만 광견병은 티 케이크의 몸속에서 또 다른 폭풍을 일으켰다.

"티 케이크는 눈을 감고 누워 있었고 재니는 그가 잠들기를 바랐다. 그는 잠이 오지 않았다. 무시무시한 공포가 그를 사로잡았다. 뇌에 불을 지르고 쇠 손가락으로 목을 움켜잡은 이것은 무엇일까? 어디서 왔고, 왜 그의 주변을 맴도는가?"

"티 케이크는 그날 밤 두 차례 심한 발작을 일으켰다. 재니는 그의 표정이 변하는 것을 보았다. 티 케이크는 가버리고 낯선 것이 그의 얼굴을 하고 나타났다."

광견병바이러스가 재니에게서 티 케이크를 빼앗아 가고 있었다. 하지만 그를 데려가기 전에 완전히 다른 존재로 바꿔놓았다. 비록 살아 있었지만 그는 사라져버렸고, 그의 육체는 더는 제 뜻대로 움직이지 않았다.

광견병바이러스는 한 가닥짜리 RNA 바이러스로, 근육세포와 뉴런을 감염시킨다. 뉴런은 뇌에서 정보를 주고받게 하는 세포다. 그래서 광견병이 아직 죽지도 않은 감염자를 미리 데려가는 것이다. 뇌에 도착한 바이러스는 뉴런을 파괴한다. 그러나 바이러스가 뉴런을 무작위로 죽이는 것은 아니다. 진화에 힘입어 광견병바이러스는 감염자가 공격적인 행동을 보이고 물 말고는 아무것도 두려워하지 않도록 뇌의 특정 영역을 골라서 죽이게 된 듯하다. 이어서 다음 숙주를 찾아가려면 바이러스는 침샘을 공략해야 한다. 물어뜯으려는 공격적 행동과 아무것도(침조차) 삼키지 않는 증상은 바이러스가 다음 숙주로 이동하는 것을 돕는다.

재니는 이런 상태에서도 티 케이크를 보호한다. "만약 동네 사람들이 그의 상태를 보았다면 티 케이크에게 몹쓸 짓을 했을 것이다. 미친개처럼 취급하면서 세상 누구도 더는 그에게 친절을 베풀지 않았을 게 뻔했다."

그러나 그 바이러스에게도 제 RNA 게놈에 적어둔 자기만의 이야기가 있다. "티 케이크가 몸속의 미친개를 없애지 않는 한 자신으로 돌아올 수 없다. 하지만 살아서 그 개를 없앨 방법은 없다. 그가 죽어야만 개를 없앨 수 있다."

그때나 지금이나 광견병이 반드시 사람을 죽이는 것은 아니다. 허리케인 이후에 재니가 만난 의사는 다른 결말의 가능성을 암시했다. "개에 물린 직후에 주사를 맞았다면 바로 나을 수 있었을 겁니다." 오늘날 광견병으로 죽는 사람은 거의 없다. 광견병에 걸린 동물에게 물린 후 바이러스가 뇌에 도달해 최악의 짓을 벌이기 전에 예방주사를 맞으면 된다. 광견병은 아직 세상에 존재하고, 동물 사이에서 퍼지기 때문에 앞으로도 계속 존재할 테지만 과학과 의학 덕분에 최종 결정권을 바이러스에 맡기지는 않아도 된다.

이는 바이러스에 침범당해 자아를 잃고 사실상 '좀비'가 될 거라는 두려움에서 비롯한 공포다. 뇌를 갉아 먹으면서도 죽지 않게 놔두고, 뇌를 접수한 채 "도망가! 뛰어! 물어!"라고 속삭이면서도 물을 마시지는 못하게 하는 무언가. "그리고 그녀는 티 케이크의 몸에 있는 이 이상한 것에 공포를 느끼기 시작했다." 허스턴은 재니에 관해 이렇게 썼다. 이 '이상한 것', 이 악몽, 이 바이러스가 우리를 자기와 같은 존재로 바꾸어 놓는다. 살아 있지 않지만 죽은 것도 아닌 존재로.

～

'바이럴 타기'*에 관하여. 바이러스에는 많은 뜻이 있지만 여기서 바이러스성 창궐은 두려움이 아니라 갈망의 대상이다. 수전 손택은 "우리 사회에 내재된 한 가지 메시지"에 관해 썼다. "소비하라. 성장하라. 하고 싶은 것을 하라. 자신을 즐겨라." 후기 자본주의 사회에서 우리는 노동을 돈으로 바꾸고 그 돈을 물건과 경험으로 바꾼다. 손택은 "신체의 기동성과 물질적 번영의 형태로 가장 소중히 추앙되는 자유를 유례 없이 허락한 이 경제 시스템은 사람들에게 한계에 도전하도록 부추김으로써 돌아간다"라고 썼다.

손택이 성장과 소비라는 이름으로 부르는 이 영원히 충족되지 않는 열망이야말로 우리가 사용하는 바이러스 은유의 핵심이다. 어떤 바이러스는 한 세포를 감염시킨 다음 이어서 몇 시간 만에 100개, 1,000개의 세포를 감염시켜 자기를 복제한다. 온전히 살아 있는 생명체는 도저히 할 수 없는 어려운 일이다.

---

*   going viral. 인터넷상에서 사진이나 영상 등이 입소문을 타고 바이러스처럼 빠르게 확산하는 현상.

이런 기하급수적인 생장은 인터넷을 통해 퍼져 나가는 정보의 능력에서도 나타난다. 한 사람이 공유한 영상을 세 사람이 공유하고, 그 영상을 받은 사람들이 각각 세 명과 공유한다면 영상 속 당신은 경악할 만큼 빠른 시간 안에 수없이 많은 눈과 머리에 도달하게 될 것이다.

현대에 정보가 문화를 통해 흐른다는 사실을 바이러스 은유를 사용해 묘사하는 현상은 아마 《이기적 유전자》에서 리처드 도킨스가 '밈(meme)'을 정의하면서 시작된 듯하다. 도킨스의 프로젝트는 혁명적이면서도 심각한 문제를 안고 있다. 그는 다윈의 적자생존 법칙을 당신과 나 같은 개별 유기체가 아닌 우리가 보유한 유전자 단위에 적용한다. 살아서 생각하는 인간은 진화적 필요라는 진정한 폭군의 힘없는 운반체일 뿐이다. 도킨스가 그렇게 경멸스러운 인종차별주의자가 된 것이 나에게는 놀랍지 않다. 한편 사회진화론자들은 다윈의 적자생존 이론을 사회구조로 확장한다. 가난한 이들은 적자가 아니므로 죽어 마땅하다는 것이다. 도킨스는 가장 미시적인 수준인 유전자에, 사회진화론자들은 가장 거시적인 수준인 문화에 적자생존의 원리를 적용한다. 둘 다 은유를 진실의 가능성 너머 명백하고, 측정할 수 있고, 믿을 수 없을 만큼 뻔한 해악으로 확장한다.

도킨스의 개념은 타당한 측면도 있다(그가 주장한 것처럼 바이러스의 염기서열은 "이기적으로" 진화했을 가능성이 아주 크다).

이놈의 시스젠더* 백인 남자들! 그들의 상상 속에서 생명이 집합적이고 공동체적일 가능성은 없다. 그들의 은유는 늘 개인주의적이고 이기적이며, 제한된 자원을 두고 벌이는 잔혹한 전쟁이며, 선택은 혼자 죽거나 혼자 살아남거나이다. 진화가 유전자가 아닌 개체(그리고 심지어 집단)에 작용하는 경우는 실제로 수없이 존재한다. 그러나 도킨스는 밈을 문화 속에 흐르는 정보 조각으로 정의한다. 생각과 행위는 시간이 지나면서 복제와 변형, 경쟁과 변이를 거쳐 생명처럼 진화한다. 최고의 밈은 경쟁을 통해 가장 빨리 가장 멀리 이동할 것이다. 즉 가장 많이 클릭되는 것이 살아남는다.

바이러스와 '바이럴 타기'은 2020년 초에 코로나-19가 보여준 바로 그 기하급수적 무한 생장을 약속한다. 살아 있는 유기체는 복제와 번식의 규칙을 따라 하나는 둘이 되고 넷이 되고 여덟이 되지만, 바이러스는 그따위 법칙은 알지 못한다.

트위터에서는 팔로워가 고작 2,000명, 아니 고작 200명인 사람도 완벽한 트윗을 쓸 수 있다. 예전에 사귀었던 한 작가가 하루는 내게 카다시안 가족이 자기 트윗을 읽었다고 말했다. 그들이 그 트윗을 리트윗하는 순간…… 그가 다음에 어떤 일이 날 거라 생각했는지는 나도 잘 모르겠다.

브리트니를 내버려둬! 찰리가 내 손가락을 물었어! 치과

---

* cisgender. 자신이 느끼는 성별 정체성이 생물학적 성별과 동일한 사람.

에 다녀온 데이비드! "브리트니를 내버려 둬"를 해시태그해(#FreeBritney)! 그리고 앙투안 도슨(Antoine Dodson)! 여동생이 자신과 함께 살던 집에서 성폭행당할 뻔한 다음 날 지역 뉴스에서 앙투안 도슨을 인터뷰한 영상이 폭발적으로 확산되었다. 흑인 퀴어의 분노와 쾌활함이 뒤섞인 영상이 입소문을 타고 바이럴을 탔다. 몇 주 사이에 그는 아이튠즈에 음원을 올렸고 NBC 방송에 출연했으며 관련 상품과 웹사이트까지 내놓았다. 그는 성범죄자 위치 추적 앱을 공개적으로 지지했다. 도슨의 목표는 돈을 모아 가족이 안전한 동네에서 지내는 것이었다. 몇 개월 만에 그의 가족은 소원대로 이사했고, 2년 뒤에는 〈비벌리 힐빌리즈(Beverly Hillbillies)〉* 방식의 리얼리티 쇼에 출연해 가족이 로스앤젤레스로 이사하려는 과정을 보여주었으나 성공하지는 못했다. 2018년에 도슨은 자신의 영상에 나왔던 유명한 문구를 이용해 부동산 사업을 홍보하는 영상을 유튜브에 올렸다. 2020년 CelebrityNetWorth.com에서는 그의 순자산을 10만 달러로 평가했는데 이는 앨라배마 헌츠빌에서 현재 살고 있는 집값의 절반도 되지 않는 액수다.

물론 예외는 있다. 바이럴리티**를 이용해 15초짜리 유명세로 그치는 것이 아니라 지속적이고 창조적 플랫폼을 제작하

---

* 테네시의 벽촌에 살던 가족이 캘리포니아의 부촌 비벌리힐스로 이사하는 내용을 다룬 1960년대 미국 시트콤.

** virality. 이미지나 영상이 급속도로 전파되는 현상.

는 야무지고 재능 있는 예술가들도 있다. 내가 제일 좋아하는 사람은 릴 나스 엑스(Lil Nas X)이다. 그의 틱톡은 배꼽 빠지게 웃기고 음악은 중독성이 있으며 유명세도 유쾌하게 치른다. 그는 자신의 "몬테로(Montero)" 영상을 보고 지옥에나 가라고 비난한 사람들에게 보여주려고 정말로 자신이 지옥으로 꺼져버리는 영상을 제작해서 올렸다. 그는 우리에게 과분하다.

그러나 릴 나스 엑스는 특이한 사례다. 인터넷상의 수많은 성공 사례가 결국 전과 다름없는 삶으로 돌아가는 가족 시트콤으로 끝난다는 사실이 관심을 받고 싶은 대중의 이런 집단적 욕구를 잠재우지는 못하는 것 같다. 나도 늘 다스리려고 하지만 그런 욕망을 느낄 때가 있다. 이왕이면 바람직한 일로 입소문을 타고 유명해지길 바라지만—이를테면 좋은 글로, 카메라 앞에서 바나나 껍질을 밟고 넘어지는 것 말고—어쨌거나 바이럴을 타기 바란다. 바이럴이 된 이야기는 생명의 규칙을 깨고 상상조차 할 수 없을 만큼 빨리 확산된다. 우리 대부분에게, 도슨 같은 우리 동향 사람들에게 지옥 같은 삶에서 벗어날 방법은 극히 제한돼 있다. 인터넷상에서 유명해지는 것은 꽝인 줄 알면서도 혹시나 하고 쥐고 있는 로또의 종잇조각 같은 것이다.

바이럴 타기는 또한 전통적인 미디어 밖에서 이름을 알릴 가능성(곧 돈을 버는 능력)을 제공한다. 유명 배우의 자녀가 아니어도 에이전시 등 미디어 산업 관계자의 눈에 들 수 있다는 말이다. VH1 리얼리티쇼에 출연할 필요 없이 인스타그램이나 트위터, 트위치나 틱톡에만 가입하면 된다. 여기서는 인종, 계급, 젠더의 측면이 확실히 드러난다. 많은 소수자들이 바이럴을 탔고 이를 이용해 지속적인 경력을 쌓았다. 작가 키에세 레이먼(Kiese Laymon)은 온라인 미디어 Gawker.com에 올린 글이 언론의 홍보 없이 유명해진 후로 자신의 첫 책을 "인터넷"에 바쳤다. 레이먼은 그의 이야기가 팔리지 않을 거라 생각한 주류 출판계에서 수년간 무시받았다. 인터넷—바이럴리티—은 그에게도 독자가 있다는 것을 보여주었고 출판사가 책을 읽으리라 미처 생각하지 못했던 사람들에게 책을 팔 수 있었다. 바이럴이 특히 퀴어와 유색인종에게 성공으로 가는 새로운 경로를 제공하면서 미성숙하다, 병적이다, 깊이가 없다는 등의 당연한 조롱과 무시가 쏟아졌다.

바이럴이 되어야만(아니면 프로 운동선수가 되거나 수십만 달러의 학자금 대출을 받아야만) 좋은 삶을 살기 위한 자원을 손에 넣을 수 있다면 바이럴리티에 목숨을 거는 사람들의 열망이 아니라 우리의 생활 환경과 우리가 이룬 문화적 몸체에 문제가 있는 것이다. 그런 환경에 맞춰 살아가려는 평범한 이들의 일상에 무슨 잘못이 있겠는가? 우리에게는 자원과 경제적 안정, 직장과 상관없는 의료, 일하고 놀 권리, 예술을 창작하고 소비할 기회가 너무 부족하다. 키에세 레이먼은 이것을 건강한 선택권과 두 번째 기회라고 불렀고, 모두에게 그 두 가지를 누릴 자격이 있다. 누가 그것들에 접근할 수 있는가는 젠더, 성적 지향, 인종, 계급, 사회적 지리에 달려 있다. 여기서도 바이러스의 은유는 엉뚱한 대상을 해악으로 지목한다. 이미지와 영상이 바이러스처럼 확산하는 현상은 병적이지 않고 바이럴리티에 대한 욕망도 마찬가지다. 이토록 많은 사람이 일상적으로 죽음과 가까이 지내는 우리 문화야말로 근본적으로 병적이다.

하지만 이런 갈망과 집착은 죽음을 야기하는 세상에서 제대로 살아남지 못한 자신을 비난하는 그 순간에 우리를 돌아버리게 할 수 있다.

바이러스를 관찰하라. 유명한(그러나 그다지 훌륭하지는 않은) 미국 영화 〈나는 전설이다〉에서 윌 스미스는 치명적인 바이러스 전염병에서 살아남은 섹시한 바이러스 학자로 등장한다. 그는 지하 실험실에서 치료제를 개발하기 위해 실험용 쥐로 임상 실험을 하고 라디오로 다른 생존자들을 찾는다. 밤이면 어둠의 추종자라고 부르는 좀비들이 밖으로 나와 감염되지 않은 육체를 사냥한다. 그 바이러스는 원래 암 치료제로 개발되었지만, 결과적으로는 인류의 대부분을 죽이고, 살아남은 자들도 서로에게 등을 돌리게 했다. 여느 좀비 영화에서처럼 이것은 죽음보다 못한 죽음이자 끝나지 않는 죽음이며, 한때 사랑했건 미워했건 산 사람을 포식하는 죽음이다. 이 바이러스

이야기 속 은유는 바이러스가 우리를 우리가 아닌 다른 것으로, 늘 새로운 숙주에 굶주린 바이러스 자신의 이미지로 바꾼다는 측면에서 광견병바이러스 이야기의 연장선에 있다.

〈나는 전설이다〉는 또한 가장 흔한 바이러스 이야기를 차용한다. 암 백신이 돌연변이를 일으켜 백신 미접종자들을 죽이기 시작하는 팬데믹 초기를 회상하는 장면에서 윌 스미스의 아내가 묻는다. "점프하는 바이러스인가요? 공기로 전염되나요?" 공기 매개 바이러스는 눈에 보이지 않을 뿐 아니라 어디에나 존재하기 때문에 막을 방법이 없다. 리노바이러스, 홍역, 인플루엔자, 코로나바이러스를 비롯해 많은 바이러스가 공기를 타고 다니며 전염된다. "점프하는 바이러스인가요?" 신체 접촉이 없어도 공기를 통해 몸에서 몸으로 옮겨 가는가? 그렇다면 이제 어떻게 하지? 뭘 해야 하지?

나는 바이러스 학자이고 개를 키우고 있다(윌 스미스의 저 먼셰퍼드와 달리 맥스는 고작 7킬로그램 나가는 소형견이고 바람에 날리는 비닐봉지만 보고도 겁을 먹는다). 〈더 로드〉나 〈워킹 데드〉에서 그려지는 종말 이후의 세계에서도, 사람들이 떼로 죽어 나가는 〈나는 전설이다〉의 세상에서도 나는 살아남지 못했을 게 분명하다. 어쩌다 살아남는다고 해도 견디지 못했을 것이다. 나는 가족의 죽음을 눈앞에서 보고 나서도 치료법을 찾아 헤매는 그런 바이러스 학자는 못 된다. 아마 가족과 함께 죽는 편을 택했을 것이다.

이 이야기 속 은유로서의 바이러스는 인류의 오만함을 상징한다. 종말은 바이러스로 암을 치료하여 인간이 자연을 정복하려는 시도에서 시작된다. 여기서 바이러스는 언제나 자연이 이긴다는 것을 보여주기 위한 장치다. 인간이 만들어낸 바이러스지만 자연과 마찬가지로 통제할 수 없다. 윌 스미스는 몇 년 만에 처음 만난 사람에게 이렇게 외친다. "신이 한 일이 아니야! 우리가 한 거라고!"

수백 년간 매독은 현대인이 광견병이 한다고 상상하는 일을 했다. 제3기 매독은 인간의 뇌를 감염시켜 세포를 죽이기 때문에 행동과 감정에 영향을 주고 우리를 살아 있는 비-자기(non-self)로 바꿀 수 있다. 하지만 20세기에 항생제가 개발되면서 떠나버린 박테리아의 자리를 바이러스가 채웠다. 허스턴의 실재하는 광견병바이러스에서 윌 스미스의 가상의 크리핀바이러스까지, 인간의 공포는 뇌 없는 몸, 껍데기뿐인 몸을 만들어냈다. 바이러스는 이런 공포를 전달하는 도구다.

나는 할아버지가 점차 껍데기로 변하여 돌아가시는 것을 지켜보았다. 할아버지는 말을 하지도 걷지도 못했다. 그리고 나를 기억하지 못했다. 왜 우리는 육체만 남고 정신이 사라지는 것에 대한 인간의 근원적인 두려움을 이미 우리가 그런 식으로 잃어간 사람들의 실화로 이야기하지 않는가? 우리 할아버지는 윌 스미스처럼 셔츠를 훌렁 벗을 수도 없었고 카메라 앞에서 하체를 들어올린 채 턱걸이를 할 수도 없었다. 치매는 사람을 물어뜯게 할지는 몰라도 좀비처럼 쫓아다니게 만들지는 못한다. 치매는 부분적으로 유전이며, 사촌뻘인 광우병과 달리 전염되지도 않는다. 바이러스는 우리가 치매 같은 병으로 잃은 수많은 목숨을 빼놓고 인지 능력의 상실을 이야기하는 한 방식이 되었다. 우리는 치매에 걸린 많은 사람의 이야기를 가치 없게 여기는 것 같다. 치매에는 영웅이 없다. 구해야 할 세상도, 고칠 방법도, 자기를 죽일지도 모르는 존재와 맞서 싸우는 근육질의 과학자도 없다.

리처드 매드슨(Richard Matheson)의 원작 소설 《나는 전설이다》에서는 사람들을 좀비로 만드는 것이 바이러스가 아닌 박테리아 감염이다. 원작(1954년)과 영화(2007년) 사이에 우리는 HIV와 에볼라와 사스를 겪었다. 광견병은 걸리면 죽기 전에 사람이 좀비처럼 변하는 진짜 바이러스이지만 사람들의 집단의식 속에서 퇴색했다. 미국에서 광견병은 사람에게 아주 드물게 나타난다. 현실의 바이러스는 무슨 짓이든 할 수 있는 바이러스, 은유적인 바이러스로 대체되었다. 저 끔찍한 2020년에도 우리가 상상한 것은 실제 자연에서 가능한 최악보다도 끔찍했다.

＿＿＿＿＿＿＿＿

바이러스의 냄새를 맡아보아라. 나는 맡아본 적이 있다.

1996년에 처음으로 《핫존: 에볼라 바이러스 전쟁의 시작》을 읽었다. 손에 쥔 페이퍼백의 감촉이 기억난다. 10대 초반의 조숙한 독서광이었던 나는 이 책을 읽고 두렵기보다는 호기심이 생겼다. 이 책은 새로운 감염병이 발생했을 때 발병 지역에 가서 병원체인 바이러스를 찾는 바이러스 사냥꾼의 이야기였다. 나는 워싱턴주 시골의 우리 집 소파에 앉아 책을 읽었지만 마음은 중앙아프리카의 박쥐 동굴에 있었다. 해가 뜨면 학교로 가는 버스를 탔지만 머릿속에서는 워싱턴 DC 외곽의 원숭이 시설에 있었다.

《핫존》은 에볼라바이러스를 포함해 생물안전등급 4등급의 출혈열바이러스를 연구하는 사람들의 이야기를 상세히 다루었다. 생물안전등급 4등급 실험실은 우리가 아는 가장 치명적인 바이러스들을 차단하기 위해 할 수 있는 모든 조처를 한다. 연구자들은 양압 슈트를 착용하고, 에어 로크가 출입구를 보호하며, 사람을 포함해 실험실에 들어간 모든 것은 오염물질을 제거해야만 밖으로 나올 수 있다. 생물안전등급은 비병원성 대장균처럼 해를 끼치지 않는 생물을 나타내는 1등급에서부터 가장 위험한 4등급까지 있는데 4등급 실험실에서는 과학자들이 세계에서 가장 치명적인 병원균에 감염된 환자들의 샘플을 연구한다. 출혈열바이러스는 감염자 50~90퍼센트의 목숨을 앗아갈 수 있으며 죽음의 과정은 대단히 끔찍하고 유혈이 낭자하다.

《핫존》의 뒤를 이어 1990년대에 더스틴 호프만과 르네 루소가 두 명의 아주 매력적인 바이러스 학자로 나온 영화 〈아웃브레이크〉가 개봉해서 히트를 쳤다. 영화는 미생물학자인 조슈아 레더버그(Joshua Lederberg)의 말을 인용하며 시작한다. "인간이 지구상에서 지배를 이어 나가는 데 단연 최대의 위험은 바이러스다." 조슈아 레더버그와 아내인 에스더 레더버그(Esther Lederberg)는 위스콘신대학교에 있을 때 박테리오파지 람다를 발견했다. 아마 이들은 아침에 일어나 모닝커피를 마시는 시간부터 칵테일 한 잔과 함께 잠자리에 들기 전까지 바이러스 이야기만 했을 테지만 람다 파지는 좀 더 나중에 발견되었다.

영화 〈아웃브레이크〉와 〈나는 전설이다〉에서 바이러스와의 전투에 참가한 것이 군 소속 과학자인 것은 놀랍지 않다. 미국의 팬데믹 대응 상당 부분을 미국 국가안보국과 군 조직에서 맡고 있는 것은 사실이다. 그리고 군은 실제로 숙련된 바이러스 학자와 백신 과학자를 고용한다. 우리 정부의 이런 방식과 레더버그의 인용문은 시사하는 바가 크다. 인간은 지배하는 존재이며 바이러스는 인간의 지배를 위협하는 존재라는 것이다.

조슈아 레더버그가 바이러스의 위험을 언급했을 때 그의 몸속에는 확실히 거대세포바이러스가 살았을 테고 적어도 한 종류의 헤르페스바이러스가 거의 확실히 있었을 것이다. 그의 몸은 당시 이미 내인성 레트로바이러스로 이루어져 있었다. 그는 다른 모든 인간처럼 지구의 대기로 나와 맨 처음 숨을 쉬고 울음을 터트린 순간부터 바이러스와 알고 지냈다. 우리는 어떤 바이러스 이야기를 전하고 있으며, 어떻게 그것은 전쟁과 지배, 식민주의, 그리고 우리 스스로 기존에 발명한 죽음의 이야기 구조에 부합할까?

〈아웃브레이크〉와《핫존》은 둘 다 인류를 멸망시킨 돌연변이가 일어난 바이러스 이야기이다.《핫존》에서 바이러스는 원숭이 한 마리의 몸속에 잠입해 국회의사당과 백악관에서 고작 1.5킬로미터 떨어진 해안가에 아무도 모르게 도착한다. 〈아웃브레이크〉에서는 기존 바이러스가 돌연변이를 일으킨다. 에볼라바이러스 같은 출혈열 바이러스처럼 감염된 체액을 통해서만 이동하던 바이러스에서 새로운 스파이크가 확인되었다. 생물안전등급 4등급의 노란색 안전복을 입은 더스틴 호프만이 병원 천장의 환풍기를 보더니 카메라로 얼굴을 돌리고 나직한 목소리로 황급히 말한다. "공기로 퍼지고 있습니다." 바이러스에 변이가 생겼고, 우리는 바이러스를 볼 수 없고, 바이러스는 공기를 타고 돌아다니며, 고작 며칠 만에 사람을 죽이고, 내장을 곤죽으로 만들며(한 여성이 쓰레기통에 피를 토하는 장면이 호프만과 함께 잡힌다), 이 바이러스는 자연이 풀어준 것이고, 콩고의 정글에서 왔고, 우리가 두려워하는 모든 것이며, 여기에 있고 이미 이곳을 돌아다닌다.

에볼라와 출혈열바이러스는 HIV 팬데믹이 절정에 오른

1990년대 중반에 등장했다. HIV와 에볼라 둘 다 중앙아프리카에서 시작했는데, 조지프 콘래드(Joseph Conrad)의 《어둠의 심연》에서는 두 바이러스에 관해 전달하려는 메시지가 명확하게 드러난다. 중동과 중국에서 시작한 코로나바이러스, 2009년 북아메리카 돼지에서 재조합된 H1N1(A형 인플루엔자바이러스 H1N1 아형), 미국 남서부의 사슴쥐에서 시작한 한타바이러스까지 바이러스는 항상 동물에서 인간으로 옮아간 다음 전 세계로 퍼진다. 더구나 이야기는 식민국의 렌즈를 통해 전달된다. 바이러스는, 자연에 근접해, 사람 손이 닿지 않는 밀림에서 처음 아프리카 흑인 부족에게 전달된 다음 최종적으로 "우리" 해안가에 도달한다. 수전 손택은 우리에게 "질병의 상상과 외래성(foreignness)의 상상 사이에 연결 고리가 있다"고 상기시킨다. 바이러스 확산의 진실은 동물과 인간이 만나는 곳이면 여기를 포함해 어디서나 시작될 수 있고 실제로 그렇다는 것이다. 그러나 우리가 지어낸 이야기 속에서는 《핫존》의 "중국 바이러스"처럼 "저쪽에서" 일어나 여기로 도착하는 것이 진실이다. 이것이 외래 바이러스라는 폭력적 은유이며, 이 은유는 우리가 코로나-19의 책임을 아시아 이민자에게 돌리고 HIV의 원인을 아이티 이민자들에게 돌리는 외국인 혐오 공격으로 이어진다.

따라서 미국의 식민주의 조직인 군대가 우리의 바이러스 이야기에 등장하는 게 이상하지 않다는 것이다. 코로나-19 활동가로서 나는 (줌으로) 군 연구소의 백신 연구자들과 만나왔다. 미군은 자국의 병사를 안전하게 지키는 것에 지대한 관심을 쏟는다. 간단히 말해 미국인의 사망과 직접적인 연관이 없다는 이유로 국내의 다른 곳에서는 거의 중지된 말라리아 연구가 국방부에서는 수십 년간 계속되고 있는 이유이기도 하다.

역사학자 짐 다운스(Jim Downs)는 남북전쟁 이후 재건 시대에 미국 남부에서 과거에 노예였던 사람들 사이에서 퍼진 천연두 확산에 관해 썼다. 1862년에서 1868년까지 6년 동안 아프리카계 미국인 수천 명이 죽었다. 다운스의 주장에 따르면 이 전염병은 굼뜬 대응, 비효율적인 격리, 열악하거나 전무한 의료 체계, 남북을 막론한 정부와 언론의 무관심 때문에 여느 천연두 발병보다 많은 생명을 앗아갔다. 전염병 발생에 격리 조치로 대응한 것은 군이었고, 전염병 발생의 원인을 애초에 자유에 걸맞지 않은 이들을 풀어준 '당연한 결과'라고 본 것도 군이었다. 백인성은 늘 그랬듯 해칠 자유, 목숨을 빼앗을 힘을 의미했다. 군대는 늘 그랬듯 그 해악을 행하는 메커니즘 가운데 하나였다.

말라리아에서 천연두까지 감염병에 대한 필수적인 연구를 국방부에서 맡는 것은 우리가 국가체(natural body)를 위협으로부터 보호하기 위해 얼마나 기꺼이 투자할 의지가 있는지를 보여준다. 말라리아로 인한 사망은 해외에서만 발생한다. 게이츠 재단이 서양 국가에서 말라리아 연구를 후원하기 전까지 이 병을 연구하는 사람은 거의 절대적으로 군 연구소 소속이었으며 표면적으로는 자국의 병사, 위험에 처한 국민을 위한 관심에서 지속되었다. 식민주의로 인해 세계의 여러 국가가 자국민에게 직접 영향을 미치는 질병을 연구할 수 있는 자체적인 과학 인프라를 발달시키지 못했다. 전 세계에서 매년 말라리아로 죽어가는 수백만의 사람들은 미국이라는 나라와 그 육체적 구현인 병사들보다 보호할 가치가 적다고 간주된다.

현재 우리의 국가 거버넌스를 고려할 때, 군은 위기 상황에 신속하고 강력하게 대응할 수 있는 유일한 조직이다. 그 이유가 뭘까? 군에는 자금이 있기 때문이다. 사실상 돈이 무제한으로 지원된다. 전쟁은 실용성을 따지고 들 수 없는 유일한 영역일 것이다.

이들 군 연구소는 다른 사람을 죽이는 것이 아니라 생명을 살리는 일에 전념한다. 나는 그 아이러니를 외면할 수 없다. 하지만 꼭 이런 방식일 필요는 없다. 현재 우리가 '국방'을 위해 하는 방식으로 생명을 구하는 데 투자할 수 있을 것이다. 국방을 단지 국경이나 국가체를 방어하는 것이 아니라 모든 국민이 오래도록 최고의 삶을 살게 하는 것으로 재정의할 수 있다. 전쟁이 아니라 돌봄이어야 한다. 지리적 경계가 아니라 각자의 몸, 피부와 위장과 폐의 경계를 지키는 것이어야 한다. 얼마나 많은 돈을 쏟아부어야 이만하면 비상사태에 대한 대비가 완료되었다고 할 것인가? 한계는 없다. 비상사태란 무엇인가? 팬데믹은 비상사태다. 그러나 친구의 암 진단과 친한 친구의 독감도 다르지 않다.

　내가 상상한 팬데믹 영화에서는 정체불명의 바이러스가 나타나 사람들을 죽이는데 이때 생물안전등급 4등급의 방호복을 입고 등장하는 사람들은 군인이 아닌 소중한 신체의 보안을 책임지는 국립 건강 센터 소속 연구자들이다.

　리처드 프레스턴이 《핫존》에서 표현한 것처럼 에볼라바이러스는 감염자의 내장을 녹여 끝없이 똥을 싸고 토하게 만든다. 이는 바이러스 이야기, 그중에서도 흔한 이야기다. 불시에 공격해 숨이 끊어지기도 전에 사람을 소화시켜버리는 바이러스. 엄습과 대학살. 우리를 안에서부터 통째로 집어삼키는 그것. 끝에 남는 것은 웅덩이뿐이고, 땅에 묻을 것조차 남지 않는다. 집으로 가는 버스에서 《핫존》의 유난히 섬뜩한 장을 읽고 있는데 나보다 두 칸 뒤에 앉아 있던 아이가 갑자기 멀미로 토하기 시작했다. 나는 책에 몰입해 콩고에 가 있던 탓에 소리는 하나도 들리지 않았지만 냄새는 났다. 한 에볼라 환자가 검은색 물질과 뒤섞인 피를 토하는 장면이 지금까지도 기억에 남는다. 그때 내 세계에서 책 밖의 유일한 감각적 경험은 냄새였기에 책 속 세상이 더 실감 나게 다가왔다. 머리를 차가운 버스 유리창에 대고 파란 하늘을 보았다. 그러고는 내가 토해낸 내장의 피를 보고 내가 몇 시간이나 더 살 수 있을지 궁금해하는 상상을 했다.

바이러스를 사용하라. 18세기 후반에 전자현미경 아래에서 바이러스를 직접 확인하기 수백 년 전, 프랑스 소설가 피에르 쇼데를로 드 라클로(Pierre Choderlos de Laclos)가 먼저 바이러스를 사용했다. 라클로의 서간체 소설《위험한 관계》는 각색되어 1999년에 내가 아주 좋아하는 영화인 〈사랑보다 아름다운 유혹(Cruel Intentions)〉으로 개봉했고 당시 내가 미처 이해하지 못한 것들을 느끼게 해주었다. 원작에서 메르테유 부인과 발몽 자작은 대부분 재미로 음모를 꾸민 것 같다. 대학 때 원작을 읽으면서 '난봉꾼(libertine)'이라는 말을 처음 배웠는데, 시대의 관습에 어긋나게 살면서 사회가 용인하는 도덕률을 무시하는 사람을 가리킨다.

메르테유 부인은 발몽을 시켜 당스니와 사랑에 빠진 세실을 유혹하는 계획을 세운다. 그러나 발몽은 투르벨을 유혹하려고 시도했다가 도리어 진정한 사랑을 느낀다. 발몽은 메르테유 부인에게 복수하려고 세실을 유혹하고, 메르테유 부인은 이를 역으로 이용하여 그 사실을 당스니에게 알린다. 당스니가 결투에서 발몽을 죽이고, 죽기 전에 발몽은 당스니에게 메르테유의 계략을 알리는 서신을 남긴다. 메르테유 부인은 수치심에 도망친다.

"메르테유 부인이 병에 걸렸습니다. 열이 아주 심했는데 처음에는 야만적인 치료 때문이라고들 했지요. 하지만 지난밤 천연두라는 진단이 나왔다고 합니다. 융합성 변종에 아주 악성이라는군요. 차라리 그렇게 죽는 것이 다행일지도 모르겠습니다."

너무도 잔인하고 고통스러워서 차라리 죽는 게 더 나은 바이러스.

하지만 그렇지 않다. 바이러스가 항상 사람을 죽이는 것은 아니다. 며칠 뒤, "마침내 메르테유 부인의 운명이 결정되었습니다. 그녀의 원수들은 분노와 연민 사이에서 갈등하고 있습니다. 차라리 천연두로 죽는 것이 다행일 거라는 제 말은 옳았습니다. 부인은 회복했지만 끔찍하게 문드러진 모습이 되었습니다. 특히 한쪽 눈을 잃었죠. 이후로 부인을 본 적은 없지만 몰골이 아주 흉측하다고들 하더군요."

라클로는 이렇게 썼다. "그녀의 병이 그녀의 내면을 끄집어내어 이제 그 영혼이 얼굴에 드러나 있었다."

바이러스는 부인을 죽이지 않았지만 겉모습을 추하게 만들어 내면의 자아와 육신을 일치시켰다. 발몽이든 메르테유든 (투르벨이든 세실이든) '난봉꾼'에게 해피 엔딩은 없었다. 라클로의 이야기에서는 천연두가 최후의 정의를 실현했다. 교활한 여성인 메르테유는 고통받아 마땅하다. 여성에게는 미모의 힘을 빼앗는 것만큼 치명적인 방법도 없다. 남성에게는 죽음을, 여성에게는 아름다움이 없는 삶을.

바이러스는 무엇이든 될 수 있다. 라클로의 손에서는 심지어 비틀린 형태로 실현된 정의가 되었다. 이제 바이러스 이야기에 고정된 핵심은 없다.

_ℓ_

이 글을 시작한 곳에서 끝낼 생각이다. 바이러스. 하지만 오직 박테리아만 감염시키는 바이러스. 그러니 파지로 이 글을 마무리하려 한다. 단, 미오바이러스과의 파지가 아니라 사촌인 시포바이러스과(Siphoviridae) 바이러스이다. 위스콘신 대학교의 에스더 레더버그가 1950년에 람다 파지를 발견했다. 당시 이 바이러스는 박테리아 유전학을 밝히는 기본 도구로 사용되었다. DNA가 (많은 이들의 믿음과 달리 단백질이 아닌) 유전물질이라는 사실이 막 확인되었고 DNA의 이중나선 구조가 아직 밝혀지기 전이었다. 파지는 실험실에서 기를 수 있는 단순한 재료였고 파지가 박테리아를 죽이는 활성도는 쉽게 측정할 수 있었다. 바이러스와 박테리아를 섞은 다음 박테리아가 죽어서 생긴 용균반*의 수를 세면 되었다. 용균반의 수가 많을수록 바이러스가 많거나 세다는 뜻이다. 이처럼 박테리아 세포를 용해하여 죽이는 파지를 용균성 파지라고 부른다. '용해(lyse)'라는 말 자체는 그리스어로 '느슨하게 풀다'라는 뜻의 'luein'에서 왔는

* 용균반—배지 상에서 파지가 박테리아를 죽여서 생긴 둥근 반점.

데, 이는 세포가 용해되어 풀어질 때의 모습이기도 하다. 용균성 파지는 바이러스가 박테리아 세포 안에서 증식한 다음 세포를 터트려서 빠져나온다는 흔해 빠진 바이러스 이야기이다. 용균성 바이러스는 적어도 세포 수준에서 죽이는 바이러스다.

람다 파지가 들려주는 첫 번째 바이러스 이야기. 람다 파지의 숙주는 대장균(*E. coli*)이다. 파지가 숙주인 대장균 세포의 표면의 들러붙은 다음 DNA를 세포 안으로 들여보낸다. 침입이 성공하면 바이러스 DNA는 박테리아의 기계에 인식되어 유전자가 켜진다. 바이러스의 유전자가 폭발적으로 발현하면서 점점 수가 불어나고 마침내 박테리아 세포 안에서 가장 흔한 것이 된다.

이제 바이러스는 제 DNA를 복제하는 데 필요한 효소와 제 형상을 되찾는 데 필요한 단백질을 모두 갖추었다. 바이러스의 단백질과 DNA가 생산되는 중에 박테리아 세포도 살아남기 위해 분투하지만 모든 자원과 공장은 바이러스에게 빼앗긴 채 통제력을 잃는다. 숙주 박테리아는 자기 자신도 알아보지 못하는 좀비 박테리아가 되어 바이러스의 명령을 따른다. 불쌍한 것. 운명은 이미 결정되었다.

바이러스가 박테리아 세포를 장악하여 DNA가 복제되고 단백질 생산까지 마치면 스스로 몸을 조립한 다음, 쓸모를 잃은 박테리아 세포는 죽게 내버려두고 수백 수천의 파지를 방출하여 세상으로 나가 다른 박테리아를 만나서 또 들러붙고 산 채로 먹어치울 것이다.

　람다 파지가 들려주는 두 번째 바이러스 이야기. 이번 이야기도 비슷하게 시작한다. 바이러스가 숙주인 대장균 세포를 만나 제 DNA를 밀어 넣고 세포 속 장비에 인식되어 바이러스의 유전자가 켜지고 발현되면 바이러스의 단백질이 박테리아 세포의 수프 속을 헤엄치고 다닌다.

　그러나 이제부터 아까와는 다른 일이 일어난다. 바이러스 단백질의 하나인 CII가 억제 기능을 하여 바이러스 자신의 생장에 제동을 거는 것이다. 어느 정도 충분한 양에 이르면 그때부터 CII는 바이러스가 파멸과 죽음의 길로 전진하는 것을 막는다.

　이 바이러스의 다른 유전자 세트가 뭔가 이상한 일을 한다. 바이러스와 숙주의 오랜 진화적 역사에서 아직까지 살아남은 걸 보면 다 생각이 있는 전략적 행동일 것이다. 바이러스의 DNA는 제 모습을 되찾고 세포를 파괴하는 대신 박테리아 DNA 안에 비집고 들어간다. 이제 바이러스와 숙주인 박테리아는 하나의 거대한 슈퍼 분자가 된다.

　박테리아 세포가 분열할 때마다 바이러스도 덩달아 복제본을 얻는다. 박테리아가 만든 모든 세포 안에 바이러스 DNA가 들어 있다. 이제 바이러스와 숙주의 이해관계는 하나가 된다. 박테리아가 잘 해낼수록 바이러스도 잘 산다.

　이렇게 두 종류의 바이러스 생활사를 보았다. 용균성은 죽음으로 가는 경로이고 용원성은 침묵을 유지한다.

람다 파지가 처음 발견된 것은 용원성 경로 때문이다. 어
느 날 에스더 레더버그가 실험실에서 세포에 돌연변이를 일으
키기 위해 대장균에 자외선을 쬐어 스트레스를 주었다. 실험
당시 레더버그는 이 대장균 세포가 완벽하게 정상적인 세포라
고 생각했다. 애초에 바이러스를 찾을 생각은 아니었다는 말이
다. 하지만 자외선으로 세포에 스트레스를 가하면서 뜻하지 않
게 박테리아 속 바이러스를 발견하게 된 것이다. 박테리아의
DNA로 분장하여 숨어 있던 람다 파지가 자외선에 의해 재활
성화되면 용균성 바이러스로 바뀌면서 박테리아를 용해시켜
죽인다. 스트레스가 박테리아 세포를 죽이는 것이다. 바이러스
입장에서는 어차피 스트레스 때문에 박테리아가 죽을 운명이
라면 지금이 수를 불려 탈출하기에 적절한 타이밍이다. 박테리
아가 스트레스를 받으면 람다 파지가 활성화되어 제 모습을 회
복하고 숙주인 대장균을 죽인 다음 주변 세포로 퍼지면서 모조
리 죽인다.

'용원성(lysogenic)'이라는 말은 "용해", "세포의 죽음"이라
는 라틴어 어근에 "생산"이라는 뜻의 '-genic'이라는 어미가 붙
었다. 따라서 용원성이라는 말은 죽음의 생산이라는 뜻이다.
용원성 파지는 용균성으로 바뀔 때 식별된다. 용균성일 때는
파지에 의한 박테리아의 죽음을 맨눈으로도 확인할 수 있어서
바이러스가 제 유전자를 박테리아와 함께 몇 세대씩 물려주는

침묵 상태일 때보다 측정이 훨씬 쉽다.

심지어 침묵 중일때도 바이러스는 죽음으로 명명된다. 그런 식으로 바이러스에 이름을 붙인 것은 우리다.

람다 파지 바이러스는 둘 다 할 수 있다. 죽일 수도 있고 침묵할 수도 있다. 그러나 바이러스라는 단순한 존재에게도 선택은 전략과 운이 기묘하게 뒤섞여 이루어진다. 나는 바이러스보다 크다. 운을 통제할 능력은 없지만 전략에 따라 원하는 것을 스스로 결정할 수 있고 경쟁이 아닌 돌봄을 선택할 수 있다.

나는 내 삶에 대한 통제력이 별로 없지만 적어도 바이러스에서 위안을 얻는다. 삶이 불가능해 보일 때, 마흔에 가까워지며 전날 마신 고작 맥주 두 잔 때문에 아침에 일어나자마자 물건에 발이 걸려 휘청거리고 숙취로 고생할 때, 중요하지 않은 미팅을 온종일 해야 할 때, 가장 친한 친구가 정당한 이유로 나에게 화가 났을 때, 그럴 때면 CII를 떠올린다. 어디선가 지금 이 시간에도 람다는 누군가의 장에서 숙주 세포와 만나고 있다. 이 파지가 무엇을 할 것인가? 대장균 세포는 오래 살지 못할 운명일 수도 있고, 어쩌면 CII가 세포를 살려둔 바람에 늘 그렇듯 삶과 죽음의 한복판에서 그 둘의 운명은 하나의 분자, 즉 DNA 속에서 영원히 엮일지도 모른다.

세상에 정관사를 붙일 만한 "더 바이러스(the virus)"라는 것은 없다. 에볼라는 극도로 치명적이고 순식간에 증폭하여 멀쩡했던 몸이 불과 24시간 만에 고열에 시달리고 항문으로 간이 빠져나오는 상태에 이르게 한다. HIV의 이야기는 다르다. 그것은 눈에 보이지 않게 몸속에서 몇 년 동안 대기했다가 우리를 천천히 고통스럽게, 과거에 했던 섹스에 대한 수치심으로 죽어가게 만든다.

이 두 이야기 모두 부분적으로 사실이다. 완전히 다른 별개의 이야기들이 하나로 합쳐져 '더 바이러스'라는 바이러스 전체가 된다. 바이러스가 우리에게 무슨 의미일까? 고작 120나노미터짜리 껍질 안에 전혀 다른 두 가지 악몽이 들어 있다는 사실은 그 은유가 얼마나 힘없는 것인지를 보여준다. 《핫존》에서 'HIV 전염병 시대'까지 (마치 지금은 여기에 없다는 듯이) 그 은유는 나를 비롯한 수많은 사람들에게 오랫동안 영향을 미쳤는데, 그건 그 은유가 과학적으로 정확하거나 바이러스가 하는 일과 할 수 있는 일을 가장 잘 재현하기 때문이 아니라 그저 무시무시하기 때문이었다. 공포는 우리의 관심을 끈다. 그것이 거짓일 때도, 그것이 은유에 불과할 때도.

문제는 질병에 있지 않다. 질병은 문제가 아니다. 질병은 삶의 사실이다. 문제는 모두에게 돌봄을 제공하지 못하는 무능력이다.

바이러스에 대한 이런 은유가 거짓됐다는 말이 아니다. 광견병 감염은 뇌세포를 파괴하여 사람을 몰라볼 정도로 바꿔놓은 다음 죽음으로 몰아갈 수 있다. 에볼라는 순식간에 와서 순식간에 죽이고 갈 수 있다. HIV는 십 년간 잠복해 있다가 증상이 나타난다. HIV, 코로나-19, 에볼라, 광견병 모두 사람을 죽일 수 있다.

그러나 각각의 바이러스는 행동이 완전히 다르고, 들려주는 이야기도 제각각이다. 주어진 상황에서 어떤 바이러스 이야기로 시작할지 묻는 것이 옳다. 지구에는 너무나 많은 바이러스가 있다. 사람보다 많고 박테리아보다 많다. 바이러스는 살아 있는 그 어떤 생명체보다 흔하다. 지구상에서 바이러스보다 흔한 유일한 물질은 무생물이다. 완전히 죽어 있는 것, 반쯤도 살아 있지 않은 것.

그리고 대부분의 바이러스는 아무것도 하지 않는다. 너무나 따분하다. 고통스러울 만큼 뻔하다. 누가 그런 얘기를 하고 싶겠으며, 설사 웬 멍청이가 그런 얘기를 꺼낸다 한들 누가 참고 읽어주겠는가?

우리는 위험을 무릅쓰고 바이러스의 은유를 거절한다. 공포스러운 이야기만 하는 것은 공포를 심어줄 뿐이다. 대부분의 공포 소설에는 바이러스 빼고 다 있다. 인간은 병원균 따위가 없이도 스스로가 적극적으로든 수동적으로든 다른 이들을 죽일 능력을 완벽히 갖추었다는 것을 스스로 입증해왔다.

우리는 올바른 바이러스의 개념을 회복하고, 오직 규칙에 어긋나는 예외의 바이러스들만 이야기되는 것을 막아야 한다. 만약 우리가 지금 이 순간 지구상에 있는 모든 바이러스를 조사한다면 그중 인간을 죽일 수 있는 바이러스가 몇 개나 될까?

반올림해서야 겨우 0이 아닌 값이 나올 것이다. 나는 HIV나 코로나 또는 다른 바이러스에 목숨을 잃은 사람의 수를 무시하겠다는 게 아니다. 살아 있는 한 우리는 바이러스와 함께 살아갈 수밖에 없다. 그것이 우리가 바이러스 전체에 적용할 수 있는 유일한 은유이다. 우리는 바이러스의 행성에 살고 있으며, 그들이 이 땅에 제일 먼저 발을 들였다. 우리는 손님이지 주인이 아니다. 이것이야말로 전해져야 할 바이러스 이야기이다.

바이러스는 우리를 겁먹게 할 수 있다. 우리는 행복했던 세상이 바이러스 팬데믹으로 망가지고 사람들이 죽거나 좀비가 되는 이야기를 만들어왔다. 윌 스미스는 아내와 아이들이 죽는 것을 지켜봤다. 레스톤 바이러스는 워싱턴 DC 근교에서 원숭이들을 죽였다. 영화 〈컨테이전〉에서 귀네스 팰트로는 영화 시작 5분 만에 죽는다. 그러나 이런 이야기들도 별로 유용하지는 않은 것 같다. 진짜 호흡기 전염병으로 하루에 3,000명의 미국인을 매장하는 일이 일상이 되었다는 점에서 훨씬 더 끔찍한 전염병에 제대로 대비하지 못한 것이 확인되었으니까 말이다.

《그들은 신의 눈을 보고 있었다》에서 티 케이크는 진짜 바이러스 때문에 죽는다. 그러나 재니의 반응은 정녕 사랑과 기억이 죽음보다 오래간다는 것을 상기시킨다. 티 케이크의 광견병은 삶은 언제나 소중하고 불운은 언제든지 찾아올 수 있다고 말한다. 티 케이크는 재니를 구하면서 죽었지만 그 자리에서 죽지 않았다. 광견병에 걸린 개에 물렸지만 바이러스는 물린 부위의 근육에서 뇌까지 이동하는 데 몇 주가 걸린다. 티 케이크의 죽음은 세상을 뒤엎지 않았고 인류 대부분을 몰살하지도 않았다. 그저 재니에게 가장 소중한 한 사람의 죽음일 뿐이다. 그게 이 세계에서 바이러스가 사람을 죽이는 방식이다.

자신을 죽음으로부터 구하기 위해 '티 케이크가 아닌' 티 케이크를 쏘아서 죽이면서 재니는 티 케이크의 환영을 본다. "그때 티 케이크가 그녀 주위로 껑충껑충 뛰어다녔고 한숨의 노래가 창밖으로 흘러나와 소나무 꼭대기에 불을 붙였다. 티 케이크는 태양을 숄로 삼았다. 당연히 그는 죽지 않았다. 그녀 자신이 느끼고 생각하기를 그치지 않는 한 그는 절대 죽을 수 없을 것이다."

티 케이크. 그녀 안에 있는 진짜 티 케이크는 추억이다. 철없을 적 나는 우리의 관계를 공식적으로 인정하지 않으려는 남자친구 때문에 그에게서 HIV가 감염되길 바란 적이 있다. 우리 둘 다 살아 있는 한, 바이러스는 우리가 영원히 나눠가진 DNA 염기서열로서 내 안에서 우리 관계의 기념물이 되리라 믿었기 때문이다. 그도 그것을 부정할 수는 없었을 것이다. 앞으로 결혼할 남성을 찾지 못하더라도 적어도 이렇게라도 영원히 함께할 사람은 찾을 수 있을 거라 믿었다. 하지만 시간이 지나면서 나는 그 DNA가 필요하지 않다는 것을 배웠다. 그에 대한, 그의 모든 것에 대한 나의 기억이면 충분했다.

NBC에서 방영한 드라마 〈오피스〉 마지막 시즌에서 짐이

드와이트에게 이렇게 말한다. "힘든 결정을 내려야 할 때마다 다른 걸 모두 잊게 만드는 한 가지가 있었어. 그게 본능, 합리적인 계산, 내가 안다고 생각한 모든 것을 접게 만들었지."

드와이트가 대답했다. "바이러스 같은 거?"

짐이 고개를 가로저으며 말했다. "사랑."

나도 안다. 그리고 내가 안다는 것도 안다. 무시무시한 일이다. 드라마의 맥락 속에서 이 이야기는 진실하게 느껴진다. 늘 환상 속에 사는 드와이트는 좀비 바이러스가 세상을 장악해 우리를 비이성적으로 만드는 상상을 한다. 그러나 그렇지 않다. 짐이 말한 사랑이란 자신의 한계를 확장하고 이성이 쳐놓은 경계를 거부한다는 뜻이었다. 허스턴은 티 케이크에 대한 재니의 사랑을 강조한다. 재니가 그를 기억하는 한 티 케이크는 살아 있다. 나는 HIV가 우리 두 사람을 연결한다고 생각했고, 사랑과 섹스가 우리를 어떻게 연결했는지 증명하기 위해 내 안에서 침묵하는 연인으로부터 HIV를 받고 싶었다. 이 이야기들은 그 어떤 것보다 바이러스적이다. 바이러스는 우리 안에 영원히 살아 있다. 우리를 물리적으로 죽은 자와 연결할 수 있고, 자신의 분자, 자신의 DNA를 연인에게 묶어놓을 수 있다. 왜 이런 것들은 바이럴 되지 않는가? 사랑은 왜 바이럴 되지 않는가?

작가 알렉산더 지(Alexander Chee)는 에세이집에서 이렇게 묻는다. "세상이 곧 끝나리라 얼마나 수없이 생각했던가?" 후기 자본주의 사회에서 세상은 한없이 종말을 향해 가고 있다.

생태적 비용과 생명의 손실에 개의치 않는, 성장을 향한 끝없는 갈망과 욕구 때문이기도 하고, 위기가 소비를 촉진하기 때문이기도 하다.

하지만 이것이 유일한 길은 아니다. 못 믿겠다고? 바이러스를 보라.

멀리서는 바이러스를 볼 수 없다. 더 가까이 들여다보아야 한다. 바이러스는 자기들끼리도 너무 다르니까. 우리는 공포와 죽음이 유일한 결말이 아님을, 심지어 가장 유력한 결말조차 아님을 보여줄 필요가 있다. 그러려면 하나 이상의 이야기를 해야 한다. 한 번에 하나씩 해야 한다.

람다 파지를 보라. 한 바이러스에 파괴와 공생이라는 두 가지 선택, 두 가지 서술, 두 가지 이야기, 두 가지 은유가 있다. 이것들 중 어느 것도 '더 바이러스(the virus)'의 은유가 될 수 없다. 둘 다 '한 바이러스(a virus)'의 진실이다. 정관사와 부정관사에는 차이가 있다. 나는 눈에 보이지 않는 이 작은 것들을 은유 없이 상상하는 게 가능하다고 생각하지 않는다. 복잡한 것을 이해하려면 은유가 필요하고, 지금쯤이면 독자도 동의해주길 바라는데, 살아 있는 것이나 마찬가지인 저 바이러스만큼 복잡한 생물은 별로 없다. 그러나 우리는 어떤 은유를 사용할지 선택해야 한다. 당연히 생물학을 바탕으로 하면서도 사회적 관계도 고려하여 현명하고도 신중하게 선택해야 한다. 사회적 관계, 즉 우리가 몸담고 살아가는 시스템은 람다 파지처럼 사느냐 죽느냐의 문제이고, 용원성이냐 용균성이냐의 문제이며, 죽음이냐 공생이냐의 문제이다.

　내 친구 사라는 바이러스로 죽었지만, 내가 사라에 대해 생각하는 방식 또한 바이러스스럽다. 재니의 티 케이크처럼 사라에 대한 기억은 내 기억이, 그리고 그녀의 다른 친구들, 형제자매, 부모님의 기억이 멈추는 순간까지 사라지지 않을 것이다. 나는 햇빛을 솔 삼아 뉴욕시를 걷는다. 워싱턴 DC에 있는 사라의 집에 갔을 때 그녀의 부모님이 주신 분홍색 스카프를 매고 있다. 도시의 우중충한 잿빛 시간 속에서 스카프는 환하게 빛을 발한다. 그녀는 내 안에서 조용히, 나를 도우며 살고 있다. 이 글을 읽는 당신의 마음속에도 사라와 그녀의 비뚤어진 미소가 살고 있다.

　우리가 할 일은 바이러스를 제거하는 것이 아니다. 바이러스의 정의상 그 일은 실패하게 되어 있다. 우리가 할 일은 바이러스와 함께 살면서 되도록 많은 사람을 보호하는 것이다. 그일은 우리가 바이러스에 대해 어떤 이야기를 하고 어떤 은유를 사용하느냐에 달려 있다.

　바이러스가 내 친구를 죽였고 나는 그녀가 매일 그립다. 나는 매일 바이러스와 함께 사라를 그리워하며 살고 있다. 사라와의 기억은 나를 웃게 한다. 사라와의 기억은 나를 울게 한다. 그래서 나는 그녀를 데려간 인플루엔자 바이러스에게 영원히 화가 나겠지만 화를 낸다고 해서 사라와 나에게 두 번째 기회가 생기는 것은 아니다.

개인으로서도 집단으로서도 우리에게 유일한 옵션은 죽음 또는 공생이다. 지구가 언제까지나 우리의 남용을 받아줄 수는 없다. 지구를 산 채로 집어삼키고 자원을 다 써버려 앞으로 인간의 재생산에 부적합한 숙주로 만들 것인가? 그렇게 해서 얻을 것이 무엇인가? 고작 몇몇 인간에게 부를 가져다줄 뿐이다. 지구 온난화를 부추기는 것은 인간의 재생산이 아니다. 부의 생산이다. 인간의 부는 용균성 바이러스가 되어 숙주 행성을 죽이고 공멸할 것이다. 아직 용원성이라는 옵션이 가능하다. 공생 말이다. 우리는 람다 파지의 이야기처럼 숙주를 잘 대접하는 것이 자신을 잘 대접하는 길임을 알 수 있다. 지구의 웰빙이 우리 자신의 웰빙이다. 람다 파지는 분자와 상황과 운이 창조한 선택의 기회를 얻었다. 우리에게도 분자와 상황이 있지만, 파지와 달리 우리는 운을 뛰어넘을 수 있다.

매일 적극적으로 용원성 바이러스의 이야기를 선택하자. 지구와 함께 살고 지구를 보살피는 것이 곧 자신을 보살피는 일이기 때문이다.

바이러스는 적이 아니다. 바이러스를 적으로 둔다면 돌아올 것은 패배뿐이다. 바이러스는 골칫거리가 아니다. 바이러스는 엄연한 사실로서 이 세계에 존재할 따름이다. 우리가 서로의 생명을 우리가 가진 가장 소중한 것으로 여기고 보호하지 않는다면 우리 자신이 골칫거리가 된다.

당신은 나에게 소중하다.

바이러스가 없는 세상을 선호할 수도 있다. 바이러스가 일으키는 일상의 번거로움, 고열과 콧물, 입술 포진, 끝이 보이지 않는 팬데믹이 사라진 세상. 하지만 우리는 단 하루도 바이러스에서 벗어나 살 수 없다. 나는 매일 사라가 그립다. 바이러스는 사라지지 않고 쭉 여기 있을 것이다. 우리는 스스로 무엇이 될지 선택해야 한다. 나는 용원성으로 살겠다. 함께하지 않으실는지?

4

개인적 글쓰기에 관하여

—

나의 코로나-19 일기

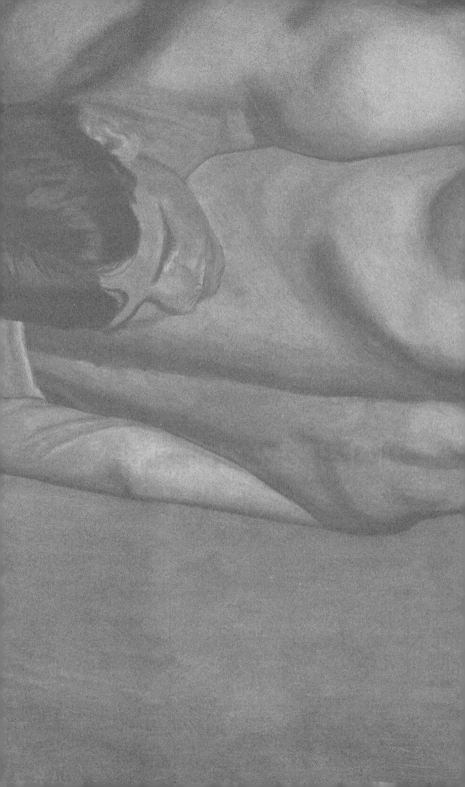

등장인물

라일라 키가 크고 마른 미인. 쿠바 태생. 쿠바 출신 흑인 아버지와 시카고 출신 유대인 어머니 사이에서 출생. 대학에서 무용을 전공하고 대학원에 진학하여 시에 관한 그림과 그림에 관한 시로 박사 학위를 받음. 예술계 종사.

엥거핀 키가 아주 크고, 이마가 넓고, 눈을 보면 생각을 읽을 수 있음. 법학을 전공하고 보험금 소송 관련 일을 하면서 영혼까지 털린 후, 다 접고 팟캐스터가 되었음. 부모님 두 분 모두 콩고 출신. 미국 중서부에서 태어났으며 뉴욕에서 4년째 살고 있음.

안드레이 가슴과 어깨가 넓고 머리는 아주 짧게 잘랐으며 턱수염을 길렀음. 유럽에서 온 백인. 폴란드에서 나고 자라다가 고등학교 때 영국으로 가서 대학까지 마치고 뉴욕에 와서 감각신경학적인 유전 현상을 연구해 박사 학위를 받음. 샌프란시스코, 독일, 로스앤젤레스를 거쳐 다시 뉴욕으로 돌아옴. 대학에서 의학 특허 관련 업무를 보고 있음.

데번　내 절친이자 연인이자 파트너. 키가 작고 환한 미소
가 일품. 양쪽 옆머리는 바짝 쳐냈고 위쪽은 길렀음. 어깨
가 넓고 허리와 다리는 가늘다. 걸음이 빠름. 뉴욕 퀸스에
서 나고 자람. 양친 모두 남부에 뿌리를 둔 아프리카계 미
국인. 버몬트에서 대학을 나오고 캘리포니아에서 대학원
을 다녔음. 마케팅 회사 사회과학 연구원(여론조사 설계 및
데이터 분석).

나　작지도 크지도 않은 키. 연갈색 머리, 얼굴과 어깨에
주근깨 많음. 워싱턴주 시골에서 자랐으나 아일랜드와 노
르웨이 혈통의 미국 중서부 출신 부모 사이에서 출생. 미
국 중서부에서 대학을 다니고 뉴욕시에서 대학원을 마친
뒤 계속 뉴욕에서 살고 있음. 동성애자 과학자이자 작가.

2020년 3월 2일 월요일 (일지)

오후 6시 15분, 워싱턴 스퀘어 공원이 내려다보이는 큰 창
문을 가리고 형광등을 밝힌 오피스 스타일 칸막이 책상 앞에
앉아 라일라에게 문자를 보냈다. "와인 한잔할까?"

"10분 전부터 기다리고 있었어."

"15분만 기다려. 와인 들고 갑니다."

초인종을 누르자 내가 대부 노릇을 하고 있는 라일라의 4킬로그램짜리 개 실로가 현관으로 마중을 나왔다. 라일라네 집은 첼시의 작지만 아기자기한 원룸 아파트이다. 학교까지 걸어갈 수 있어서 라일라가 집을 비울 때면 가끔 머물곤 한다. 실로는 이불 속에 들어와 함께 자기를 좋아한다. 꿈결에 내 발가락을 물 때도 있다.

"별일 없고?" 라일라가 물었다. 나는 말없이 헛웃음을 지었다.

"갈려고?" 라일라는 내가 매년 참석하는 작가 대회가 다음 주 텍사스에서 열린다는 걸 알고 있다. 교통과 숙박 모두 자비로 참석하는 학회이다.

"결정 못 했어." 나는 서서 와인병을 땄고 라일라가 두 잔을 따랐다.

"정말?"

우리는 감염의 위험성에 관해 이야기를 나누었다. 나는 바이러스에 정말로 취약한 사람은 아니지만 학회에는 바이러스가 확산 중인 시애틀과 확산 중일 것으로 추정되는 뉴욕에서 사람들이 올 것이다. 전 세계에서 모인 1만 4,000명을 수용하는 대회의장은 위험하다. 내가 바이러스에 감염될 위험보다 바이러스를 퍼트릴 위험이 더 걱정이다.

"내가 간다고 하면 뭐라고 할 거야?"

"가지 말라고 하겠지." 내가 말했다. "알면서."

라일라는 '명색이 바이러스 학자'인 나에게는 사람들에게 작금의 사태를 설명할 능력이 있다고 말했다. 이런 능력에는 옳은 일을 하고 옳은 일이 무엇인지 보여줄 도덕적 의무가 따른다는 게 라일라의 주장이었다. 그 일이 힘들더라도, 당장 나에게는 위험이 거의 혹은 전혀 없을지라도, 심지어 내가 하고 싶지 않더라도 말이다. 실로는 라일라의 무릎에 몸을 말고 누워 있고 나는 소파 구석자리에 앉아 창밖을 내다보았다.

"네 말이 맞아." 내가 말했다. "그래서 오늘 밤 집에 가서 그 이야기를 써보려고."

나는 이 일지에 무엇을 쓰게 될지 모른다. 앞으로 우리에게 무슨 일이 일어날지도 알 수 없다. 잘은 몰라도 치명적이고 나쁜 일이 한동안, 어쩌면 1년 이상 우리 삶을 바꾸어놓을 거라는 예감이 든다.

집에 들어와서 라일라에게 문자를 보냈다. "도착했어." 남자친구인 데번에게도 문자를 보냈다. "라일라에 갔다가 방금 들어왔어." 그러고는 한 줄 더 보냈다. "에 --> 네"

동료 바이러스 학자들이 무슨 생각을 하는지 안다. 바이러스가 여기에 있다. 지금, 이 순간, 이곳 뉴욕에, 우리 동네에, 열차에, 사무실에. 내가 아는 모든 과학자들이 그걸 알고 있다. 하지만 뉴욕시에서는 아무 일도 하지 않는다.

오늘 나는 뭔가 하기로 마음먹었다. 일단 텍사스에는 가지 않을 것이다. 온라인상에 불참 사유를 설명할 것이다. 비록 별

것 아닌 작은 일이지만, 그것만으로는 한참 부족하지만, 나는
해냈다.

◢

개인적 글쓰기에 관한 에세이 1/6: 코로나-19 일기

4월이 되자 벌써 격리 일기에 싫증이 났다. 코로나 일기는
〈뉴욕 타임스〉와 〈애틀랜틱〉에도 실렸고 〈뉴욕 리뷰 오브 북
스〉, 〈슬레이트〉에도 실렸으며 〈뉴요커〉에서도 다뤘다. '코로
나 일기를 시작해야 하는 이유'라는 〈뉴욕 타임스〉 기사에 이
어, 4월 21일에는 〈타임〉에는 '왜 모두가 코로나바이러스 일기
를 써야 하는가'라는 거의 동일한 제목으로 글이 올라왔다.

나는 3월 2일에 일기를 쓰기 시작했다.

일지든 일기든 이러한 글쓰기는 우리가 이 밀도 높은 감정
의 시기를 극복하고 비상식적인 죽음과 상실, 격리와 지루함이
일시에 몰아닥친 상황을 잘 받아들이게 도왔다. 이런 글들은 미
래의 기록물 관리사와 역사학자 들에게도 유용한 문서가 될 것
이다. 유럽의 페스트(대니얼 디포의 《전염병 연대기》)와 스페인
독감(수많은 역사가들의 이야기)이 창궐한 시기의 매일매일을 우
리가 상상할 수 있는 것도 역병 일기 덕분이다.

그러나 지금은 2020년이고 세상은 광대역의 속도로 움직
인다. 이 일기들은 또 하나의 뉴스 매체가 되었다. 인터넷은 글

을 쓰는 데 그치지 않고 실시간으로 발행할 수 있게 해준다. 2년의 제작 기간도, 수년의 자료 조사도 필요 없다. 우리는 타인의 불안을 읽는 것 말고는 할 일 없이 집 안에 불안해하며 앉아 있었다. 우리는 실시간으로 (너무 많은) 의미를 만들어내고 있다.

율라 비스(Eula Biss)와 닉 레어드(Nick Laird) 같은 유명 작가는 자신의 인생을 글로 옮겼다. 배우 스탠리 투치(Stanley Tucci)는 어린 자식들, 큰 자식들, 아내, 아이의 친구까지 포함한 자신의 대가족에 대해 이야기했다. 투치는 "런던의 우리 집 정원 뒤편에 있는 내 스튜디오에서" 글을 썼다. 나는 그가 반달 모양 안경 너머로 퀭한 눈을 하고는, 손이 닿는 곳에는 이른 저녁 칵테일 잔을 두고, 트위드 재킷의 사각 주머니와 어울리는 짙은 오렌지색 올림픽 전자 타자기(나의 상상이다)를 두드리는 모습을 그려본다.

의료 종사자들도 익명 또는 실명으로 현장의 공포와 두려움을 써 내려갔다. 레슬리 제이미슨(Leslie Jamison) 같은 작가를 비롯한 환자들은 증상이 왔다가 사라졌다가 다시 몰아닥치는 상황을 자세히 설명했다. 피로와 고열과 가쁜 숨. 그들은 이 나라에서 제일 먼저 바이러스를 겪으며 사람들에게 글을 썼다. 그들의 증언에는 숨은 속뜻이 있었다. '집에 계세요. 거리를 두세요. 감염되지 않는 게 좋을 겁니다.'

하지만 사람들 대부분은 세포 안에서 치명적인 바이러스가 복제 중임을 알리는 고열을 겪지 않는 아직 건강한 상태에서 일기를 썼다. 아침에 일어나서 출근길 전철역에 가는 길에 카페에 들르고, 동료와 점심을 먹고, 친구와 저녁을 먹고, 끝내지 못한 이야기를 마저 하러 술집으로 향하는 일상의 리듬은 법률에 따라 혹은 필요에 의해 잠재적으로 치명적 행위로 취급되거나 아예 불가능해졌다. 더는 어느 것도 허용되지 않았다.

그렇다면 그 공백, 그 빈 페이지를 채워야 했다. 옛 일상을 대체할 새로운 일상으로 글쓰기가 부상했다. 글쓰기가 삶을 대체하는 격이었다.

2020년에 많은 작가들이 이 움직임에 반대하는 글을 썼다. 릴리 마이어(Lily Meyer)는 〈애틀랜틱〉에 수많은 코로나-19 관련 도서 가운데 처음으로 출간된 책의 서평에서 이렇게 말했다. "광범위한 격리와 실존적 두려움 속에서 자기 삶에 대한 생각을 제대로 다듬을 여력이 있는 사람은 없다. 문학은 정치적일 때조차 근본적으로 개인적 영역이다." (내가 이런 말을 한다는 게 믿기지 않지만) 문학은 언제나 정치적이면서 동시에 개인적이다.

한마디로 마이어는 이런 위기 상황에서 제대로 글을 쓰기란 불가능하다고 말한다. 지금 우리에게는 문학에 필요한 거리 두기의 시간이 없다. 일기를 써라, 하지만 제발 일기는 일기장에.

일기란 표면적으로는 쓰는 사람만을 위한 것이다. 기억을 대신하고 오늘 겪은 일을 곱씹기 위한 것이다. 하지만 유명한 창작자의 작품은 물론이고 평범한 이들이 쓴 것까지, 일기와 공책과 일지는 역사상 책이 처음 인쇄될 때부터 출판되었다.

내가 정의하는 개인적 글쓰기는 시에서 논픽션, 논픽션에서 허구를 모방하는 글에 이르기까지 장르를 넘나든다. 개인적 글쓰기는 일지든 일기든 서신이든 심리상담 기록이든 꿈 일기든 수첩 메모든 외형상으로는 자기 자신을 위해서이지만 세상과 공유하는 글들을 포함한다. 수많은 소설이 편지나 일기 형식으로 쓰여, 독자로 하여금 화자의 마음속에 들어가 대화로는 나눌 수 없는 생각까지 읽고 있다는 기분을 자아낸다.

그러나 글쓰기는 단지 페이지에 적힌 생각이 아니다. 글쓰기는 또한 보기이다. 종종 일기와 편지, 일지와 수첩은 평범하고 예술적 가치가 없다고 여겨지는 사물을 응시하게 한다. 글쓰기에 관한 에세이/인터뷰에서 작가 마르그리트 뒤라스(Marguerite Duras)는 자기 집 벽에 앉은 파리가 죽어가는 과정을 관찰해 글로 남겼다. 이런 관찰의 행위는 그 자체로 글쓰기다. "주위의 모든 것이 글쓰기가 된다. 이것이 우리가 결국 깨달아야 할 것이다. 모든 것이 글쓰기이다. 벽에 앉은 파리도 글쓰기이다." 브루클린의 발코니에서 글을 쓰는 지금도 내 손에서 30센티미터 떨어진 곳에 말파리 한 마리가 있다. 그것의 눈은 타는 듯이 붉다. 파리는 주둥이로 테이블을 핥으며 내가 볼 수 없고 그래서 묘사할 수 없는 것들을 느낀다. 옆에 토마토 모종이 하나 있는데 가을에 접어들자 죽어간다. 로즈메리는 아직 생생하게 자란다. 하늘은 높고 회색이다. 가벼운 바람이 불어온다. 파리가 앉아 있다. 죽기는커녕 너무 잘 살아 있다. 나는 파리를 쫓아내지 않는다.

짧은 에세이 〈나는 왜 글을 쓰는가〉에서 존 디디온(Joan Didion)은 이렇게 말한다. "많은 점에서 글쓰기는 '나'를 말하는 행위이며 사람들에게 자신을 강요하는 행위이다……. 공격적이고 심지어 적대적이다." 누구나 세상을 보고 자기가 본 것을 공개적으로 글로 쓰는 것은 아니다. 언제나 교육 수준, 젠더, 인종, 계급, 성적 지향, 지리, 언어 등이 다 함께 영향을 미치기 마련이다. 모두가 공유하는 재난의 첫인상에 대해서 쓴 많은 작가들은 사실 그들의 직업과 계급 덕분에 재난에서 한 발짝 벗어나 있었다. 그들은 시골집에서 글을 썼다. 따분한 일상을 쓰고 평소와 달리 아이들과 함께 지내야 하는 생활을 쓰고 도움받지 않고 스스로를 돌보는 하루에 관해서 썼다. 〈더 데일리 비스트(The Daily Beast)〉에서 에린 잘레스키(Erin Zaleski)는 프랑스 문학계의 어느 유명한 작가가 쓴 코로나-19 일기에 반발했다. 파리 제17구의 30제곱미터짜리 원룸에 사는 사람한테 방 여섯 개짜리 시골집에 머무는 부자 작가의 실존적 권태가 대체 무슨 상관인가?

사람들이 제 눈으로 볼 수 있는 것은 오직 제 삶의 사실뿐이다. 대신 개인적인 글을 통해서 다른 이의 삶을 방문한다. 예술의 한 형태로서 글쓰기는 두 시간짜리 영화 한 편이 아닌 장편 에세이나 책 한 권을 읽을 때 걸리는 시간만큼 타인의 의식으로 살게 하는 절대적인 힘이 있다. 8월에 잡지 〈배너티 페어〉

는 코로나-19 에세이집을 출간했는데, 여기에는 키에세 레이먼의 일기와 소설가 제스민 워드(Jesmyn Ward)가 남편의 죽음에 관해 쓴 이야기가 들어 있다. 이 에세이들은 개인적 글쓰기의 본보기가 되어 코로나-19 서사의 수와 종류를 확장했다.

제스민 워드가 쓰기를, "사랑했던 이의 부재가 온 방에 메아리쳤다. 그는 흉물스럽게 큰 모조 스웨이드 소파 위에서 나와 아이들을 품에 안았고, 부엌에서 엔칠라다를 만들기 위해 닭고기를 다졌다. 팬데믹 기간에 나는 중환자실 출입구에 서서 의사가 온 체중을 실어 내 어머니와 자매들과 아이들의 가슴을 내리누르는 모습을 지켜볼까 두려워 집 밖에 나갈 수 없었다."

키에세 레이먼은 이렇게 썼다. "6일째. 미국에서 9,400명이 코로나로 사망했다. 도널드 트럼프는 '제가 틀렸습니다'라고 말하지 않을 것이다. 엄마는 할머니를 돌봐드리라고 고용한 간호사가 할머니의 심기를 건드리는 게 싫어서 마스크를 쓰지 않을 걸 알기에 걱정했다. 나는 나대로 엄마가 일을 그만두지 않을 걸 알기에 걱정했다. 엄마는 자신이 죽으면 나더러 읽어달라며 추도문을 보냈다. 그 글을 읽고 혼란스러웠다. 빠진 것이 너무 많았다."

나는 레이먼과 워드의 글을 읽어야 했고 그들이 보는 것을 보아야 했다. 디디온은 자신이 공부를 잘하지 못했기 때문에 작가가 되었다고 했다. "한마디로 말해 나는 생각하려고 애썼지만, 실패했다." 디디온에게 글쓰기의 시작은 생각이 아니다. 그녀의 글쓰기는 자세히 들여다보는 것에서 시작한다. "내 관심은 언제나 내가 볼 수 있고 맛볼 수 있고 만질 수 있는 내 주변부에 있었다." 디디온은 계속해서 이렇게 썼다. "나는 내가 무엇을 생각하고 무엇을 보고 무엇을 알고 있으며 그것이 무슨 의미인지 알아내려고 글을 쓴다."

팬데믹이라는 위기 상황에서 우리는 모두 자신이 무엇을 생각하고 무엇을 보고 무엇을 알고 있는지, 아마 가장 어렵겠지만 그것들이 다 무슨 의미인지 해독해야 한다. 우리는 모두 글을 써야 한다. 글쓰기는 믿기지 않는 일들을 믿기지 않는 시대에 굳게 결합시킨다. 그 일이 정말로 일어났던가? 우리가 정말로 우리나라에 도착한 치명적인 바이러스가 4월이면 마법같이 사라질 것처럼 행동했던가? 글로 쓰면 그 믿지 못할 일이 정말로 일어났음을 확신하게 된다. 믿을 수 없지만, 그런 일이 벌어졌다.

2020년 3월 5일, 목요일 (일지)

엥거핀네 회사는 아직 폐쇄되지 않았지만 그는 재택 근무를 하고 있다. 내가 그러라고 고집했다. 엥거핀은 젊고 건강하지만 레미케이드*를 복용 중이라 면역계가 약해져 코로나에 걸렸다가는 금세 중증으로 악화될 수 있기 때문이다. 그래서 회

---

* 자가면역질환 치료제.

사에 말해서 재택 근무를 하라고 했다. 현재 뉴욕시는 발병률이 높고 계속 증가하는 추세이다. 우리는 그렇다고 알고 있다.

우리는 오늘 집에서 함께 일한다. 나는 차이나타운에 살고 엥거핀은 플랫부시에 산다. 우리는 각자 집에서 페이스타임을 켜고 함께했다. 엥거핀과 나는 예전부터 자주 업무 데이트를 했다. 함께 앉아서 글을 쓰거나 나는 수업에 쓸 파워포인트를 만들고 그는 팟캐스트를 편집했다. 오늘 나는 조명이 밝은 내 작은 침실의 글쓰기 책상 앞에 앉아 있고 그는 자기 집 부엌 식탁에 자리를 잡았다. 나는 글을 쓰고 그는 편집한다. 둘 다 헤드폰을 끼고 있다.

페이스타임으로 엥거핀네 집 창밖에서 새들이 지저귀는 소리가 들렸다. 마치 우리 집 창밖에서 들리는 것 같다. 내가 사는 골목에는 나무가 없기 때문에 우리 집 주변에서는 새소리가 들릴 리가 없다. 창문 아래에서 노점상들이 가격을 흥정하고 시식용 오렌지 조각을 나눠준다. 수 킬로미터 떨어진 엥거핀네 집 창밖 새소리는 페이스타임을 통해 내 것이 된다. 나는 밖에 나갈 때마다 불안하다. 새소리를 마지막으로 들은 것이 언제인지 기억도 나지 않는다. 사랑하고 서로를 향해 아름다워지려는 노력이 이상해지는 시대다.

2020년 3월 11일 수요일 (일지)

엥거핀이 자기네 사무실—그는 잡지사 팟캐스트에서 일

한다―이 코로나로 난리라고 말했다. 확진자가 넘쳐나는 모양
이다.

"맙소사." 내가 말했다.

"출근 안 하길 천만다행이지." 내가 말했다.

"그러게." 그가 말했다.

"언제쯤 직장에 복귀할 수 있을까." 그가 말했다.

둘 다 아무 말도 하지 않았다.

2020년 3월 21일 토요일 (일지)

날짜를 적는 게 의미가 있을까? 아직까지는 인터넷에 문
제가 없어 구글 문서로 글을 쓰고 있다. 앞으로 10년 후에 이 문
서를 다시 봐도 어떤 날짜에 글을 썼는지 쉽게 알 수 있다. 이건
일지이기 때문에 순서대로 쓴다. 지금 쓰는 글은 먼저 썼던 글
다음이다. 평소 에세이나 책을 쓸 때와는 다르다.

대학원 시절 가장 친했던 친구 안드레이가 로스앤젤레스
에 살다가 직장을 구해 막 뉴욕시로 이사를 왔다. 마침내 도시
는 내일부터 셧다운될 예정이고, 안드레이는 오늘 새 아파트
열쇠를 받았다. 2주 동안 안드레이는 집을 알아보며 에어비앤
비에서 지냈다. 나는 자전거를 타고 안드레이가 지내던 에어비
앤비로 갔다. 새집에 들어갈 물건들을 사다가 손목을 접질렸다
기에 짐을 싸고 옮기는 걸 도와주기로 했던 것이다. 전철을 타
고 싶지 않아서―사회적 거리 두기를 위해―자전거로 갔다.

에어비앤비에 도착하자마자 손을 씻고 신발을 털고 에탄올로 다시 한번 손가락을 소독했다.

"한번 안아봐도 될까?" 그가 물었다.

나는 대신 한쪽 팔꿈치를 내밀었다. 그는 일주일 넘게 아무도 만나지 못해 아마 사람과의 접촉이 몹시 그리울 거다. 하지만 몸이 닿는 것은 두렵다.

이사를 마치고 새 아파트 바닥에 앉아 그는 팬데믹이 자신을 영원히 바꿔놓을 거라고 말했다.

"어떻게 알아?" 내가 물었다.

"그냥 그럴 것 같다. 아주 엄청나게."

"정말?"

"아닐지도 모르고." 그가 웃으며 덧붙였다. "그냥 앞으로 세상이 많이 달라질 것 같고, 나도 그럴 것 같아서."

나는 웃었다. 늘 우리는 앞으로 세상이 달라질 거라고, 나역시 달라질 거라고 생각하지 않았던가? 나는 매일 아침 나를 기다리는 하루 앞에서 저 생각을 한다.

짐을 다 풀고서야 엉덩이를 땅에 붙였다. 이사를 끝내고 우리는 800미터쯤 떨어진 페루 치킨집에서 저녁을 포장해 와서 먹었다. 안드레이가 돌아와서 참 기쁘다. 사실 뉴욕에 도착하자마자 직접 얼굴을 보기가 솔직히 좀 찜찜했고 이제 2주가 지났지만 2주로 충분한지 잘 모르겠다. 하지만 그가 도움을 청했고, 친구를 돕기 위해 위험을 감수하는 건 가치 있는 일이다.

저녁을 먹고 자전거를 타고 집으로 돌아왔다. 나는 그에게 애정이 담긴 팔꿈치 인사를 건넸다. 자기 팔꿈치를 코에 댈 수 있는 사람은 없으니까.

2020년 4월 2일 목요일 (일지)

오후 12시에서 1시 사이, 전화벨이 울렸다. 데번의 룸메이트가 한동안 안 들어온다기에 퇴근하면 자전거를 타고 데번네 집에 가서 며칠 머물다 오려던 참이었다.

데번이었다. 일과 중에 전화하는 것이 아주 드문 일은 아니다. 테니스를 치다가 있었던 일을 얘기하기도 하고, 재밌는 밈을 보고 메시지를 보내는 대신 직접 설명하며 내가 웃는 소리를 듣고 싶어서 연락하기도 한다. 그는 다만 몇 분이라도 전화로 얘기하는 걸 좋아한다. 몇 시간 뒤면 만날 건데도.

"난 퇴근했어." 그가 말했다. 그러더니 아무 말도 하지 않았다. 아직 1시도 채 되지 않았다.

나는 영문을 알 수 없었다.

"잘됐네." 내가 말했다. "나도 지금 갈 수 있어. 전화 한 통만 받으면 돼."

다시 침묵이 흘렀다.

의도한 건 아니었지만 결국 내 침묵에 그가 그 말을 입 밖에 내고 말았다.

"방금 회사에서 잘렸다."

이번에는 내가 침묵했다.

"인원 감축이라나 뭐라나. 코로나 때문에."

젠장. 온몸의 세포 하나하나가 느껴졌다. 통제할 수 없는 불확실한 미래에 감염된 것 같은 더러운 기분이었다.

"짐 챙길게. 지금 바로 올라갈 거야. 뭐 좀 먹었어?"

침묵 또 침묵.

"데번, 뭐 좀 먹었냐고."

"뭐라고?"

"점심, 점심 먹었냐고."

침묵 또 침묵.

"데번……."

"아니……. 안 먹었어."

"그럼 남은 음식이라도 들고 갈 테니까 그대로 있어. 금방 갈게."

자전거 페달을 최대한 빨리 밟아 허드슨강 자전거 도로를 달렸다. 날씨는 흐렸고 따뜻했고 봄 날씨 비슷했다. 데번의 집은 우리 집에서 16킬로미터쯤 떨어져 있다. 왼쪽엔 회색빛 강이 흐르고 오른쪽 도시의 건물도 회색이다. 아직 잔디가 올라오지 않아 도로와 공원의 색도 밝지 않기는 마찬가지였다. 회색이었는지도 모르겠다.

먹을 것과 와인이 든 배낭을 짊어지고 짐과 자전거를 들고 할렘가 데번의 아파트 5층까지 걸어 올라갔다. 그가 문을 열었다. 숨이 찼다. 그는 멍해 보였고 아무 말도 하지 않고 돌아서서 소파로 돌아가더니 담요를 뒤집어썼다.

2020년 4월 6일 월요일 (일지)

일주일의 일과: 수요일이나 목요일에 자전거를 타고 업타운 남친네 집에 갔다가 토요일 정오쯤 집에 와서 4시에 팟캐스트 푸드 4 토트(Food 4 Thot) 에피소드를 녹음한다. 토요일과 일요일에는 다음 주를 준비한다. 월요일에는 강의가 있고, 화요일에는 심리상담을 받으러 갔다가 밤 8시까지 스터디 세션이 있다. 수요일에는 세상에, 아침 9시 반 강의가 있다. 또다시 반복.

다시금 한 주의 시작이지만 아직 준비가 안 되었다. 일을 마치고 자전거를 타고 트레이더 조 와인 가게에 갔다. 이제 사람들은 건물 밖으로 줄을 선다. 그리고 '딱 한 병을 사더라도' 의무적으로 카트를 밀고 다녀야 한다.

자전거를 타고 집에 오는 길에 박수 소리를 듣고 저녁 7시 정각이라는 걸 알았다. 우리 집 창문에서는 박수 소리를 아직 한 번도 듣지 못했다. 하지만 집에서 고작 몇 블록 떨어진 그곳은 박수와 함성으로 시끌벅적했다. 누군가는 냄비를 두드리고 누군가는 더 작은 냄비를 두드려 높은 음정으로 장단을 맞췄다. 길에 아무도 없어서 괴이했다. 다들 각자 아파트에서 그러는 것이었다. 골목을 따라 달리면서 자전거 속도를 낮췄지만 환호성이 어느 아파트에서 나오는지는 알 수 없었다.

갑자기 마음이 답답해졌고 머잖아 이유를 깨달았다. 소셜 미디어에 올라오는 이런 제스처가 공허하게 느껴졌다. 2주 전에는 근사하게 브런치를 즐기던 개자식들이 이제는 의료진을 응원한답시고 매일 저녁 7시면 손뼉을 치고 있으니 솔직히 역겹다. 해 질 녘, 집에서 두 블록 떨어진 모트 스트리트를, 신경전을 벌일 차 한 대 없이 자전거로 달리는데, 텅 빈 창문에서 갑자기 박수 소리가 들려오자 나는 왜 눈물이 날까?

지금 글을 쓰다 보니 앤서니 생각에 울었다는 생각이 든다. 앤서니는 내 가장 오래된 뉴욕대 친구로 여기 온 첫해에 그를 만났다. 앤서니는 중환자실 간호사다. 어제 그는 중환자실에서 죽어나고 있다는 문자를 보내왔다.

"메트로 노스 열차에서 고개를 숙이고 엉엉 울었지 뭐야." 그는 환자들이 넘쳐나는 뉴욕 프레즈비테리언 병원 중환자실에서 퇴근해 브롱크스로 가는 중이었다. "정말 내 인생 최악의 시기야."

마침내 박수 소리가 잠잠해지고 나는 모트 스트리트를 따라 다시 빠르게 페달을 밟는다. 등에는 와인이 잔뜩 든 배낭을 짊어지고 저 박수가 내 친구에게 보내는 응원이라고 상상하며 눈물을 흘린다. 나는 그를 사랑하고, 그래서 그가 아프지 않았으면 좋겠다.

계단을 걸어 올라 집에 가서 에탄올로 와인 병을 닦는다.

글쓰기 책상 앞에 앉는다. 창문을 열어보니 거리는 다시 텅 비어 있다. 아래층 어딘가에서 누군가 요리를 하는지 냄새가 올라왔다. 또다시 눈물이 났지만 이제 적어도 그 이유는 안다.

ᕲ

개인적 글쓰기에 관한 에세이 2/6
: 공/사 이분법을 반대하며

성적 욕망과 성적 행위로 정의되는 퀴어성은 오랫동안 가시성(visibility)과 묘한 관계를 맺어왔다. 다른 정체성 집단과 달리 퀴어에게는 '벽장'*이라는 가능성이 존재한다. 퀴어 정체성은 숨길 수 있다. 퀴어와 달리 여성은 (늘 그런 것은 아니지만) 대개 공개적으로 여성으로 인식된다. 인종 역시 (늘 그런 것은 아니지만) 보통 겉으로 확연히 구분된다.

각 정체성은 저마다의 방식과 순응의 역사가 있으며, 사회적으로 구성된다. 젠더는 수행과 시스/트랜스, 넌바이너리 정체성과 관련되기 때문에 당연히 벽장에 숨을 수 있다. 여러 세대의 퀴어와 성전환자 그리고 오늘날의 수많은 퀴어들은 양자 상태의 생활을 해나가는 것이 전적으로 가능하고 사실상 그렇게 살아갈 가능성이 높다. 이를테면 안전과 생존을 위해 직업

---

* closet. 퀴어라는 사실을 숨기고 살아가는 퀴어.

적으로는 벽장에 숨어 지내고, 밤에는 게이 클럽에 간다. 혹은 원(原)가족에게는 커밍아웃하지 않고 퀴어 가족을 형성한다. 혹은 직장에서는 펨, 커비 홀*에서는 부치, 아님 반대로 직장에서는 부치, 의류 매장에서는 펨 역할을 한다.

하지만 지금까지 내가 만난 모든 게이들과의 첫 데이트에서 우리는 서로 물었다. "언제 처음 커밍아웃했어요?"

그런 비가시성에도 불구하고 퀴어는 눈에 보이는 미학이다. 보면 다들 알지 않나? 퀴어의 미학. 젠더의 형상과 가정과 기대에 대한 재배선(rewiring). 휙휙 손목을 흐느적거리는 남자들,** 소년용 청바지에 흰색 가죽 라이더 재킷을 입은 여자. 남자도 아니고 여자도 아니지만 퀴어인 것은 확실한 젠더 놀이는 내가 성장해오며 너무나 큰 즐거움을 느끼며 받아들였던 미학이다. 하이힐과 스포츠 브라, 티셔츠형 드레스, 닥터 마틴 신발까지. 펨인 남성과 부치인 여성 그리고 젠더의 어떤 이원적 범주화도 거부하는 사람들이야말로 그 사회에서 외적으로 가장 눈에 띄는 구성원이다. 왜냐하면 우리는 모든 면에서 문화가 하지 말라고 가르친 것을 실행하기 때문이다. 물론 이는 우리의 실제 퀴어성과도, 우리가 정체성을 인정하는 방식과도, 우리의 욕망과 성적 행위와도 무관하다.

---

*   레즈비언 바

**   limp-wristed, 게이를 비하하는 말.

반대로 퀴어임을 인정하는 것은 사람들을 우리의 침실로, 우리의 욕망과 성행위의 장소로 초대한다. 가시적인 퀴어 남성으로서 나의 정체성은 이렇게 말한다. 나는 남자를 갈망한다. 내 정체성은 거짓말하지 않는다. 나는 일부러 게이처럼 입는다. 젠더와 마찬가지로 성적 욕망도 사회가 용인하는 범위에 들어갈 때만 사적인 것으로 여겨진다. 철학자 주디스 버틀러(Judith Butler)는 동성애에 반대하는 법과 민족간 출생*에 반대하는 법 사이에서 연관성을 끌어낸다. 두 법 모두 핵가족이라는 특별히 인종차별적이고 젠더화된 이상을 유지하기 위한 법으로서, 그 가정들(assumptions)이 흔들릴 때 사적 영역인, 성적 욕망과 섹스의 세계, 즉 침실로까지 국가를 불러들이기 위한 장치다.

시인이자 수필가인 에이드리언 리치(Adrienne Rich)는 '강제적 이성애'(compulsory heterosexuality)라는 용어를 정의하는 에세이에서 이런 문장으로 시작한다. "강제적 이성애를 통해……레즈비언의 경험은 일탈이나 혐오로 인지되거나 아예 눈에 보이지 않게 된다." 1980년대에 리치는 젠더와 섹슈얼리티에 관한 글들을 읽으며 퀴어한 가능성은 조금도 찾지 못했다. 레즈비언의 욕망—남편을 갖고 아이들을 돌봐야 하는 여성의 의무

---

*   miscegenation. 서로 다른 민족의 구성원들의 결혼과 출산. 특히 한쪽이 백인일 때를 가리킨다.

바깥의 모든 것—은 진지하게 논의될 가치조차 없었다.

게이 섹스에 대한 우리의 법적 권리는 사생활과 쓰리섬에 대해 묻는 잘못된 심문에서 시작됐다는 점에 주목하자. 로런스 대 텍사스 사건에서 대법원은 결국 국가는 우리가 어떤 종류의 섹스를 하는지 알 권리가 없다는 이유로 해당 주의 소도미 법*을 폐지했다. 이 사건은, 한 남성이 술에 취한 다른 두 남성의 관계를 질투한 나머지 음료를 사러 나간다고 하고 경찰에게 로런스의 아파트에서 "한 흑인 남성이 총을 들고 난동을 벌인다"고 신고하면서 발생했다. 집에 있던 두 남성 중 한 명이 흑인이었다. 실제로는 그들에게 총이 없었다는 말은 해봐야 입만 아프다. 경찰은 "총을 들고 미쳐 날뛰는 흑인 남성"을 찾으러 집에 들어갔다가 예상치 못한 두 남성의 섹스 장면을 보고 둘 다 체포했다.

로런스 대 텍사스 사건은 소도미법을 위헌으로 판결하면서 게이 사생활에 대한 법적 권리의 인정으로 마무리되었다. 국가는 누가 누구와 섹스하는지 알 권리가 없다. 게이 사생활은 물론이고 한 사람의 성행위는 불법이 될 수 없다.

그때가 2003년이었다. 퀴어의 사생활권(이를 통해 엉덩이로 할 권리가 탄생했다)은 이제 열아홉 살이 되었다(아직은 스톤월**

---

* 사적 공간에서 이뤄지는 합의된 동성간 성관계를 처벌했던, 텍사스를 비롯한 13개 주의 법.

** 역사적인 LGBTQ 운동인 스톤월 항쟁이 일어난 뉴욕의 게이 바.

에서 혼자 술을 살 수 없다). 이 권리는 정당화될 수 없는 이유로 흑인 남성에게 화가 난 백인 남성의 신고를 받은 경찰이 흑인에게 무력을 행사한 '백인성'의 치명적인 발로를 계기로 보장되었다. 그건 시스젠더 백인 게이들에게 맡겨라! 텍사스에서 경찰이 먼저 총을 들고 아파트에 난입하여 섹스 중인 두 남성을 목격했다? 이 사건은 아주 다른 결말을 맞이할 수도 있었다.

그 후로 퀴어들은 미국의 주류 사회에 동화되는 것과 계속해서 공적 영역에서 성적이고 성애화된 존재로 살아가는 것 사이에서 선택해야 했다. 전자의 전략을 통해 많은 이들이 혼인할 권리를 포함한 법적 권리들을 쟁취했다. 한편 나 자신을 포함한 다른 많은 이들은 핵가족이라는 이상적 기대에 어긋나는 삶을 추구함으로써 동성애자 동화라는 물결에 파문을 일으켰다. 이를테면 비독점관계(nonmonogamy), 퀴어 가족 만들기, 교외로 이사해 커플을 이루고 자녀 두셋과 개를 두는 생활양식의 거부 등.

퀴어 섹스(퀴어의 사랑과는 반대되는 것으로서)의 실재를 계속해서 공개적으로 표현하겠다는 고집을 포함해 제도 편입을 대놓고 거부하는 행위에는 언제나 그렇듯 위험이 따른다.

로런스 대 텍사스 사건 이전에도 퀴어들은 과도한 가시성의 위험을 택했다. 첫 책 《탈동일시》에서 호세 에스테반 무뇨스는 초창기 리얼리티 쇼에 등장한 퀴어 히스패닉 재현에 관해 썼다. 그는 특히 1994년 MTV의 〈더 리얼 월드(The Real World)〉의 시즌 3에 참가한 페드로 자모라(Pedro Zamora)를 관심 있게 보았다. 개인적 글쓰기처럼 리얼리티 쇼는 우리에게 불가능한 것을 약속한다. 사람들이 연기도 하지 않고 남이 보고 있다는 사실도 알지 못한 채 살아가는 진짜 삶을 들여다보는 것 말이다.

자모라는 쿠바계 미국인으로 자신이 퀴어이고 HIV 양성임을 공개했으며 쇼에 출연했을 때 이미 잘 알려진 운동가였다.

"자모라는 어차피 자기와 같은 사람에게는 완전한 사생활이란 없다는 것을 이해했기 때문에 자신의 사생활권을 기꺼이 희생했다"라고 무뇨스는 썼다. 로런스 대 텍사스 사건이 일어나기 전이었고 HIV를 범죄시하는 풍조가 만연했다. 제 몸에 대한 권리가 없던 시절이었다. 무뇨스는 자모라가 〈더 리얼 월드〉에 출연한 덕분에 "HIV/AIDS 교육, 퀴어 교육, 인권 운동에 헌신하는 삶"을 계속할 수 있었다고 주장한다. 실제로 시청자들은 게이와 이성애자 할 것 없이 모두 자모라를 알게 되었고, 그의 삶과 사랑, 남성인 션과의 결혼, HIV와의 관계, 그의 커뮤니티를 들여다보면서 자신들에게 가능한 관계의 영역을 확장했다. 나도 1990년대 후반, 워싱턴주 시골 마을에 마침내 케이블이 들어오면서 재방송을 보게 된 시청자였다. 그때가 아마 열여섯 살쯤 됐을 것이다.

자모라는 1994년에 〈더 리얼 월드〉 샌프란시스코 편에 출연하여 카메라 앞에서 살았다. 2월에 촬영장에 입소하여 촬영을 끝내고 6월에 나오자마자 건강이 악화하여 9월에 뉴욕 그리니치 빌리지의 세인트빈센트 병원에 입원했고 11월에 진행성 다초점 백질뇌병증으로 사망했다. 뇌가 인간 폴리오마바이러스2에 감염돼 생기는 병이다. 인간 개체군의 90퍼센트가 이 바이러스에 감염된 상태지만, 면역계가 기능을 거의 잃은 경우에만 증상이 나타난다. 치료법은 백혈구 수를 증가시키는 것으로, 면역계가 다시 바이러스에게 말을 걸기 시작하면 바이러스 자체는 평생 남아 있더라도 감염으로 인한 병변은 사라진다.

자모라가 출연한 〈더 리얼 월드〉 시즌 마지막 회는 그가 죽기 직전에 방송되었다. 무뇨스는 자모라가 에이즈와 인권을 가르치는 교육가로서 자기 일을 계속하기 위해 기업형 영리 미디어(이 경우는 MTV)를 이용한 것은 간단치 않은 일이고 기업형 미디어의 관심은 교육이 아니라 이윤이라고 조심스럽게 언급한다. 그러나 자모라는 제 사생활에 대중을 초대하려고 했던 자신만의 목표를 고수한 채 기업형 미디어의 시청자들과 소통할 수 있었다.

1994년 이후로 기업형 미디어는 공/사 이분법을 대규모 자본주의 프로젝트로 전환했다. 수많은 프랜차이즈 리얼리티 쇼에서 우리는 (스스로 인정한) 상위 1퍼센트의 사람들을 보지만 닫힌 문 뒤에서 그들은 자신의 사회적 환경 밖 누구에게도 문을 열지 않는다. 〈베벌리힐스의 진짜 주부들〉 시리즈, 〈카다시안 패밀리〉, 이런 쇼들은 오락물에 지나지 않을지 모르지만 우리에게 다음과 같은 질문을 던지는 것도 사실이다. 유명인이나 부자 혹은 유명한 부자의 삶에서 어디까지가 사적 영역이고 공적 영역인지, 리얼리티 쇼에서 어디까지가 진짜이고 어디까지가 거짓인지, 그리고 제작진의 각본에 따르거나 예상되는 스토리라인에 부응하기 위해 자신을 보다 호감 가는 사람(또는 악당)으로 만들지 않고 진실된 삶을 보여주는 것이 과연 가능한지 말이다. 단두대를 세울 정도의 계급적 분노를 일으키려는 게 아니라면 감히 누구도 〈카다시안 가족〉을 급진적인 공교육 프로젝트라고 칭할 수는 없을 것이다.

무뇨스는 퀴어가 미국인의 삶에 통합되면서 "퀴어와 다른 소수자들이 사적 영역으로 밀려나고 있다"고 주장한다. 한때 타임스퀘어는 성인용품점과, 연애 상대를 찾는 남성들로 가득했지만 서서히 "디즈니나 스타벅스처럼 기업을 대표하는" 상점들로 대체되었다. 사적으로는 게이가 될 권리가 확대되었지만 도시의 지형에서는 "공개된 성(public sex)의 에로틱한 경제"가 사라졌다. 파우스트식 거래이다.

무뇨스는 공/사의 이분법적 구분이 "지배적 대중을 강화한다"는 점을 상기시킨다. 한편 모든 노출이 다 급진적인 것은 아니다. 자본주의의 강점은 (사생활이라는 골치 아픈 개념을 지우는 것처럼) 급진적인 시늉으로 돈만 벌어들이고 아무것도 바꾸지 않는 데 있다. 자본주의 미디어에서 대부분의 노출은 지배자에게 힘을 실어준다. 따라서 한 사람의 사생활을 자본이 아닌 근본적 변화의 가능성과 거래할 때는 주의해야 한다. 공/사이분법을 거부하는 예술가와 활동가들은 "활동가 정치를 수행할 수 있다." 섹스를 포함한 모든 관계에서 퀴어성을 공적으로 드러내는 것은 "퀴어성과 다른 소수집단의 역사, 자아의 철학을 사적 영역으로 강제 추방하려는 기득권층의 방식에 도전하는 것이다."

그래서 많은 퀴어들이 핵가족에 편입되는 대신 그것을 폭파하기 위해 싸우다 죽었다. 회고록 《칼 가까이(Close to the Knives)》에서 데이비드 워나로위츠(David Wojnarowicz)는 전형적인 미국 핵가족에서 끔찍한 성장기를 보냈다고 쓴다. "우리 아버지는 첫 번째, 두 번째 아내에게 물리적 폭력을 휘두르며 짐승처럼 대했다." 그래서 워나로위츠는 어렸을 때부터 "깔끔하게 정돈된 잔디밭"보다 야생의 숲을 선호했다.

이처럼 사적인 공포를 작품을 통해 공적으로 드러내는 것은 트라우마 극복에 필수적인 절차다. 워나로위츠는, "아버지에 관해 말하고 아버지와 관련된 두려운 기억을 머릿속에서 끄집어내 공개하자 아버지라는 존재가 덜 거대해 보였다……. 말은 기억과 사건에서 힘을 빼앗을 수 있다. 말은 우리를 속박하는 경험이라는 밧줄을 끊어낼 수 있다. 하나의 경험에 대해 침묵을 깸으로써 침묵을 지켜야 한다는 사회적 규범들의 속박을 깰 수 있다. 과거에는 차마 설명할 수 없던 것을 설명함으로써 금기의 힘을 무력화할 수 있다."

오드리 로드(Audre Lorde)는 《암 일지(Cancer Journals)》에

서 "내 침묵은 나를 지켜주지 못했다. 당신의 침묵도 당신을 지켜주지 않을 것이다"라고 썼다. 워나로위츠는 말을 내뱉는 행위가 곧 고통에서 벗어나기 위한 출발점이 될 수 있음을 상기시킨다.

나는 내 몸의 퀴어성에 관해 되도록 많이 쓰려고 한다. 젊은 시절에는 감추었고, 감춰지지 않는 것에 분개했다. 나는 내 삶을 페이지에 적어간다. 평범한 것이든 성적인 것이든 끔찍한 것이든 재미있는 것이든 모두 적는다. 글쓰기 안에서 공/사 이분법을 깨는 행위 자체가 급진적이거나 혁명적인 것은 아니다. 그것은 무엇을, 그리고 왜 보여줘야 하는지에 달려 있다. 글이 너무 지저분하다고 거부하고, 너무 개인적이고 성적이며 음란하고 '과하다'라고 주장함으로써 공적/사적 이분법을 더욱 공고히 한다면 지금 상태에서 벗어날 수 없을 것이다.

　　　　　　　　　　　　ᴧ

2020년 4월 7일 화요일 (일지)

온라인 교수 회의 시작 전에 한 교수가, "여성분들, 잘 들으세요. 줌에 주름을 없애주는 보정 기능이 있습니다"라면서 팁을 알려주었다. 나는 영상 옵션을 클릭한 다음 보정 필터를 켰다. 간밤에 잠을 설쳤다. 못 잔 건 아닌데 푹 잔 것 같지는 않다. 감염, 데이터, 완만해질 기미가 없는 곡선이 나오는 꿈을 꿨다. 내 주름도 좀 없애줬으면 좋겠다.

2020년 4월 10일 금요일 (성금요일*, 일지)
밤낮없이 사이렌 소리가 들린다. 그치질 않는다.

2020년 4월 19일 일요일 (일지)
엥거핀과 문자를 주고받는다. 얼굴을 본 지가 한 달도 넘었다. 밥도 안 하고 배달도 안 시키고 한 이틀 동안 아무것도 먹지 않아 몸이 녹아내릴 지경이 되었다고 한다. 나와 문자를 하는 중에도 그의 몸은 녹아내리고 있다. 상황이 달라지기만을 간절히 바라며.

엥거핀 다른 사람을 위해서 밥하는 건 정말 쉬운데, 내 입에 들어갈 거 만들기는 왜 이렇게 힘든지.
조지프 나한테나 다른 사람한테 하는 것에 반만이라도 너 자신한테 해. 내가 웨슬리랑 헤어졌을 때 릴라가 나한테 했던 말이야. 그때는 나도 다른 사람한테 하듯 나를 돌보기가 힘들었어.

나는 창문을 내다보았다. 어떻게 더 버틸 수 있을까?

---

*   부활절 전의 금요일. 예수가 십자가에 못 박힌 날을 기억하는 날.

엥거핀 어떻게 하는 건지 모르겠단 말이야.

조지프 뇌를 속여.

엥거핀 의사한테 부탁해볼까?

엥거핀 용량 좀 늘려달라고.

그는 항우울제인 프로작 얘기를 하고 있다.

조지프 물어는 봐도 되겠지. 지금 복용하는 양이 얼마인지
는 모르겠지만. 너한테 문제가 있는 건 아니야. 이런 박쥐
똥 같은 상황에서는 당연한 거라고!

룸메이트가 저녁을 만드는 중이지만 별로 먹고 싶은 생각
이 없다. 날씨가 따뜻해서 산책하러 나간다. 마땅히 갈 곳이 없
어 발길 닿는 대로 무작정 걷는다. 계속 걷다가 정신을 차리고
보니 일터, 그러니까 학교로 가는 길이다. 이 길을 걸은 지가 한
달도 넘었다. 왜 여길 걷고 있는지 모르겠다. 아, 워싱턴스퀘어
파크를 가면 되겠구나. 내 사무실 창문에서 내려다보이는 곳이
다. 그곳은 녹지 공간 비슷한 곳인데, 그곳이 얼마나 비어 있을
지 보고 싶다. 한 블록 정도 크기의 이 공원은 1년 내내 '잠들지
않는 도시'* 특유의 분위기가 있다. 곳곳에서 재즈 밴드, 콘서

---

* 뉴욕을 가리키는 별칭.

트용 그랜드피아노, 블루투스 스피커까지 온갖 라이브 음악이 경쟁하듯 흘러나온다. 더는 학생도 없고 동네도 봉쇄된 지금은 얼마나 텅 비어 있을까?

차이나타운에서 모트 스트리트를 따라 소호까지 걷는다. 가게마다 셔터가 내려져 있다. 마스크를 쓰고 개를 산책시키러 나온 사람이 전부다. 이곳답지 않게 고요하다. 특히 여기 차이나타운과 소호, 그리니치빌리지 중심부.

익숙한 거리를 걷다 보니 기분이 좋아진다. 이런 게 행복인가 싶기도 하다. 아주 여러 번 왔던 곳이다. 하지만 다시 공원 쪽으로 발을 돌려 평소에 일하던 건물 아래를 걷다 보니 모든 게 정상적이었던 예전의 내 삶, 삶의 리듬, 내가 머물던 장소들이 사무치게 그리워졌다. 뉴욕대학교에서 우리 집과 남자친구 집, 그리고 두 집을 잇는 가장 짧고 빠르고 덜 붐비던 길들까지. 공원 벤치에 10분쯤 앉아 있었을까, 뒤에서 기침 소리가 들리더니 개를 데리고 산책하던 한 남자가 내 옆에 앉았다. 나는 겁이 나서 고개를 저으며 일어나 발길을 돌렸다. 안전한 우리 집으로, 내 침실로, 작지만 오직 나만의 호흡으로 채워지는 곳으로 돌아갔다. 기침 소리가 난들 내 기침 소리일 테니 위험할 리야 없겠지.

2020년 4월 21일 (일지)

데번과 나는 살림을 합칠 예정이다. 집이 생활 공간의 전부인 이 시기에 둘 다 룸메이트로부터 떨어져 있을 필요가 있다. 팬데믹에 이사한다는 건 정신없는 일이지만 뉴욕대학교의 부동산 중개업은 필수 업무로 지정되었고, 마침 둘 다 월세 만기가 6월 1일이라 타이밍도 잘 맞는다. 데번과 나는 함께 살 준비가 되었다. 우리는 그렇다고 생각한다.

데번은…… 솔직히 잘 모르겠다. 지난주 수요일 밤에 집에 찾아갔더니 주말부터 샤워를 하지 않고 있었다. 밖에 나간 지는 오래되었고 소파 위에 널브러진 담요에서는 퀴퀴한 냄새가 났다. 데번은 원래 그런 사람이 아니다. 다음 날에는 내가 그의 룸메이트 방에서 일하는데, 장난스럽게 머리만 문틈으로 내밀고서 내가 볼 때까지 기다리고 있었다.

"댄스 타임?" 그가 속삭였다. 나는 유혹을 못 이기고 노트북을 덮은 다음 스마트폰을 꺼내 마돈나를 틀었다. 마돈나는 데번이 제일 좋아하는 가수다. 열다섯 살에 마돈나의 '컨페션' 투어를 보러 혼자서 지하철을 타고 매디슨 스퀘어 가든까지 간 적이 있다고 했다. 데번은 춤추러 가는 데 친구가 필요했던 적이 단 한 번도 없다.

데번이 전화를 걸고 있다. 상대가 통화 중인 것 같다. 실직한 이후 매일 열심히 일자리를 찾고 있지만 하루하루가 부질없이 흘러간다고 느끼는 것 같다.

"나…… 괜찮아지겠지?" 그가 나에게 물었다. 나는 그렇다고 대답했다. 실은 나도 모르겠다.

"모아둔 돈이 좀 있어." 그가 말했다. 몇 달 전부터 이사 계획을 세웠지만 이런 상황에 이사를 갈 수나 있을까? "지금 내는 월세보다 더 많이 내지는 못해." 그가 말했다. 침실 하나짜리 아파트면 가능할 것도 같다. 지금처럼 재택 근무를 해야 하는 상황이라면 방 두 개짜리가 더 좋겠지만, 이젠 어림없다. 좁은 공간에서 부대끼며 살아도 함께 있을 수 있다는 게 어딘가? 데번이 당분간 일자리를 구하지 못하더라도 1년까지는 어떻게든 나 혼자서도 감당할 수 있다.

벽과 책장 사이로 책상 하나가 딱 들어가는 공간이 내 홈 오피스다. 이곳에 앉아 부동산 사이트를 검색 중이다. 다운타운과 브루클린 지역 아파트를 원격으로 구경하는데, 갑자기 하늘이 컴컴해지고 구름이 번쩍거리면서 노래한다. 비가 온다. 바람이 불어 창으로 빗물이 들이친다. 창문을 닫아 바깥 세계를 차단하는 대신 컴퓨터만 치우고 온몸으로 비를 맞는다. 바람이 나를 위해 쾅 소리를 내며 침실 문을 닫아준다. 나와 함께 있어줄 유령이 한 짓이면 좋겠다. 나는 바깥세상을 집 안에 들이고 싶고, 바람을 들이는 것이야말로 가장 안전한 방법이다. 바이러스 없는 액체 방울이 내게 키스한다. 입을 크게 벌린 나에게.

토네이도 주의보가 뜬 것을 페이스북에서 본다. 토네이도가 먼저 통과한 미국 중서부에서는 창문을 닫고 창이 없는 실내로 대피해야 했단다. 하지만 나는 오늘 여기서 창문을 열고 비가 내리는 하늘을 보면서 몰아치는 바람을 오롯이 받아들인다.

열 받게도 구름이 순식간에 사라지고 바람이 잔잔해진다. 파란 하늘에 해가 반짝한다.

2020년 4월 29일 수요일 (일지)

데번의 더블베드 한쪽에서 잠이 들었다가 나를 안은 그의 온기에 잠이 깼다. 팔은 내 가슴에, 다리는 내 다리 위에 걸치고 있다. 그에게 몸이 감싸인 채 다시 잠이 들었다.

2020년 5월 3일 일요일 (일지)

센트럴파크 북쪽 끝에 있는 농구장에서 스마트폰으로 이 글을 쓰고 있다. 이사할 때 보고 처음으로 다시 안드레이를 만났다.

자전거로 먼저 안드레이네 집에 갔다. 안드레이는 내가 격리팟*에 추가한 첫 번째 친구다. 내 격리팟에는 나, 데번, 안드레이, 엥거핀이 있다. 혼자 살면서 벗과의 접촉이 가장 필요할 것 같은 사람만 골랐다. 남자친구가 있는 라일라와는 영상통화로도 충분하다.

자전거를 안드레이네 집 앞에 세우고 우리는 소풍 갈 짐을 챙겼다. 가는 길에 1번가와 60번가 사이에 있는 베이글웍스에 들렀다. 안드레이와 대학원 때 함께 살던 집에서 한 블록 떨

---

* quarantine pod. 격리 기간에 서로 접촉이 허용되는 소규모 모임.

어진 곳이다. 세상에서 가장 맛있는 베이글을 굽는 집이다. 안 드레이는 베지 치킨 샐러드와 치킨 딜 샐러드를 반씩 넣은 참 깨 플래글*을, 나는 안드레이와 똑같은 치킨 샐러드 조합에 에 브리씽 베이글**이다. 2007년에 안드레이가 개발한 조합인데 나는 여기에 적양파와 토마토를 추가한다. 우리는 렉스에 있는 안드레이네 집에서 센트럴파크의 야구장까지 걷는다. 안전하 게 거리 두기를 할 수 있는 넓은 곳이다.

햇볕이 피부에 쏟아진다. 산들산들 바람도 스친다. 친구와 는 1미터 넘게 떨어져 앉았다. 스마트폰으로 글을 쓴다. 안드레 이가 와인을 더 부어준다. 뉴욕에서의 첫해, 안드레이가 눈 내 리는 2월의 내 생일 오후에 센트럴파크로 나를 데리고 갔었다. 우리는 미모사를 마시면서 눈 속을 걸었다. 이제는 베이글과 와인과 잔디다. 여느 봄처럼 알레르기가 시작이다. 여느 봄처 럼 눈이 가렵고 눈물이 줄줄 흐른다. 안드레이는 내 다리를 베 고 누워 잠이 들었고 나는 이 글을 쓰고 있다. 여느 봄과 비슷한 것 같기도 하다. 딸기가 들어간 로제 와인의 탄산이 개운하니 좋다. 겨우내 창백해진 하얀 살을 태운다. 달라진 건 아무것도 없다. 담요 위에 누워 글을 쓰고 있고 내 제일 친한 친구는 내 다리를 베고 누워 있다. 여느 봄처럼.

---

*　　납작한 베이글.
**　　참깨, 포피씨드 등 여러 가지 토핑을 올려 구운 베이글.

2020년 5월 15일 금요일 (일지)

새 아파트 열쇠를 받았다. 브루클린으로 정했다. 프로스 펙트 파크에서 두 블록 떨어진 곳이다. 지하철 Q노선이 지나가는 파크사이드 역에서 가까운 집이다. 발코니가 크고 옥상도 근사하다. 옥상에서 엠파이어 스테이트 빌딩과 다운타운 맨해튼이 보인다. 거실은 비좁은 감이 있지만, 바 스툴과 접이식 식탁, 책장, 소파, 커피 테이블, 의자, 내 사무실까지 모두 길게 한 줄로 세울 수 있을 것 같다. 각 가구의 길이를 다 재 왔다. 바닥에 마스킹테이프를 붙여서 대강 배치를 가늠했다. 아파트에 들어오자마자 업타운에 있는 데번과 영상통화를 했다. 커다랗고 텅 빈 방의 사진을 찍었다. 창문으로 햇빛이 잘 들어온다. 소파, 식탁, 커피 테이블, 의자가 들어갈 자리가 표시돼 있다. 얼추 다 들어갈 것 같다.

두 달 만에 처음으로 엥거핀을 만났다. 그는 6주 전에 플레부시에서 이 동네로 이사 왔다. 한동네 사람이 되었으니 인사라도 하고 싶단다. 언제 봐도 어제 만난 것 같은 사이다. 우리는 누구보다 서로에게 자주 영상통화를 했다. 엥거핀은 새집에서 고작 두 블록 떨어진 곳에 산다. 우리는 1.8미터 떨어져서 프로스펙트 파크까지 함께 걸었다. 우리 집 코앞이다. 밖이지만 너무 가까이 걷는 건 안전하지 않다. 오랜만에 얼굴을 보니 좋았다. 나는 그가 몸이라는 걸 잊지 않았다. 나 역시 몸이라는 것도.

개인적 글쓰기에 관하여

2020년 5월 22일 금요일 (일지)

텔레비전 거치대에서 끝내 무너지고 말았다. 나는 필요하지 않은 물건은 잘 사지 않는 편이다. 이 텔레비전으로 뉴욕시에서 아파트 세 곳을 버텼다. 정말 장하다. 더 큰 것도 필요 없고 저 정도면 괜찮다. 빌리지와 차이나타운에서는 내가 직접 텔레비전을 설치했다. 이젠 노하우도 쌓였으니 브루클린에서도 문제 없겠다 싶었다. 텔레비전은 그대로지만 거치대는 새로 샀다. 옛날 것은 나사가 빠졌다. 설치할 벽을 찾아 한참 여기저기 두드리며 소리에 귀를 기울였다. 온통 콘크리트 벽이다. 그러다가 나무 기둥 탐지기가 정확히 40센티미터 간격의, 3.8센티미터 두께의 나무 기둥 두 개를 발견하면서 돌파구를 찾았다. 마침내 뉴욕시에서 나무 기둥이 있는 벽을 찾다니. 이제부터는 식은 죽 먹기다.

식은 죽 먹기는 개뿔. 처음부터 삐끗했다. 어젯밤, 그 자리에 구멍을 뚫기 시작했을 때 처음 몇 초 동안 석고 벽을 통과하는 저항에 희열을 느꼈다(좋았어!). 그런데 조금 더 깊이 들어가자 헛돌기 시작하는 게 아닌가(안 돼!). 하필 이 길고 큰 새 거치대에 쓰이는 나사의 머리는 필립스 십자형이 아니었다(어쩌면 더 나을지도. 육각볼트는 나사 구멍이 닳는 일이 없을 테니까). 게다가 1/2인치짜리 소켓렌치*가 필요한데 내 공구함에 있는 것은 최대가 7/16인치였다. 그럼 그렇지. 벽에 구멍이 뚫린 채로 잠자리에 들었다.

　다음 날 한 블록 떨어진 작은 철물점에 가서 내게 필요한 드릴 날을 2달러가 채 안 되게 주고 샀다. 뭐, 이 정도면 잘 풀린 셈이다. 집에 와서 다시 구멍을 뚫었다. 오른손에 드릴을 쥐고 왼손으로 받치면서 팔에 힘을 주었다가 풀었다가를 반복하면서 벽을 밀었다. 데번이 영 미심쩍다는 표정으로 지켜보았다. 데번은 원래 벽에 구멍 뚫는 걸 좋아하지 않는다. "걱정 마, 다 됐어." 하지만 문제가 생겼다. 이제서야 내가 뚫은 게 나무가 아니라는 걸 알게 됐다. 그럼 뭐지? 콘크리트? 콘크리트에도 거치대를 설치할 수 있다. 구멍을 더 크게 뚫기만 하면 된다. 그래서 나는 다시 벽에 구멍을 뚫었다. 그리고 망치로 앵커를 박았는데 부러져버렸다. 망치는 엥거핀에게서 빌렸다. 그는 옆에 앉아 나를 거들고 있었다.

　"전에도 이런 적이 있었는데. 어떻게 해결했는지는 기억이 안 나네?"

　허탈한 나머지 웃음밖에 나오지 않았다. 이제 이 완벽한 아파트의 완벽한 벽에 큰 구멍 세 개와 아주 큰 구멍 한 개가 생겼다. 모두에게 걱정 말라고 호언장담했지만 허언장담이 되고 말았다. 얼굴이 화끈거렸다. 자괴감에 속이 다 울렁거렸다.

　이 모든 죽음과 비참함. 잠자코 틀어박혀 지내야 하는 이

＊　육각 볼트와 너트를 조이거나 풀 때 쓰는 공구.

모든 시간, 그것도 혼자서. 이 모든 두려움과 성실함. 나는 장을 보고 돌아오자마자 사 온 모든 채소를 물로 씻고 겉 포장을 알코올로 닦고, 파스타 건면, 자색옥수수 토르티야, 아보카도, 양파처럼 당장 먹지 않아도 되는 것은 이틀 동안 밖에 내놓아 바이러스가 죽을 때까지 기다린다.

"그냥 사람을 부르지 그랬어." 한때 완벽했던 벽에 뚫린 큰 구멍 세 개와 아주 큰 구멍 한 개를 바라보면서 엥거핀이 말했다. 엥거핀이 건축 일을 하는 친구에게 문자를 보냈다. 그 사람이 태스크래빗*으로 자기 집 근처에서 간단한 공사 일을 하는 사람을 찾아서 소개해줬다.

소파에 누웠다. 꼼짝도 할 수 없었다. 이 모든 죽음과 비참함, 그리고 큰 구멍 세 개와 아주 큰 구멍 하나가 뚫린 벽, 아직 달지 못한 텔레비전, 바닥에 떨어진 콘크리트 가루, 그것들을 맥없이 바라봐야 하는 완벽한 무능력. 나는 누워서 눈물을 참는 것 말고는 할 수 있는 일이 없었다.

"젠장," 내가 말했다.

"그러게." 엥거핀이 말했다.

"그냥 기다렸다가 전문가한테 맡겨."

"나도 할 줄 안단 말이야." 내가 자신 없게 말했다. 아니, 나는 할 줄 모른다.

*   온라인 일자리 중개 서비스.

: 집단적 고통에 대한 반응으로서 개인적 글쓰기에 관하여

개인의 고통을 수반하는 지구적 재앙이 개인적 글쓰기를 불러온다. 마리 하우(Marie Howe)는 《산 자의 일(What the Living Do)》에서 HIV로 죽어가는 남동생 이야기를 썼다. 폴 모네트 (Paul Monette)는 《저당 잡힌 시간(Borrowed Time)》과 《오직 사랑(Love Alone)》에서 HIV로 죽어가는 자신의 파트너에 관해 썼다. 마르그리트 뒤라스는 《전쟁: 회고록(War: A Memoir)》과 《전시 노트(The Wartime Notebooks)》에서 강제수용소로 끌려간 남편에 관해 썼다. 샤를로트 델보(Charlotte Delbo)는 《아우슈비츠와 그 이후(Auschwitz and After)》에서 강제수용소에서 보낸 시간에 관해 썼다. 《칼 가까이》에서 데이비드 워나로위츠는 자신이 에이즈에 걸려 죽어가고 있다는 것을 알고서 그 죽음에 관해서 썼다.

사람들은 받아들이기 어려운 죽음에서 의미를 찾으려는 성향 때문에 재난에 관해 많은 글을 쓴다. 한 사람의 죽음도 이토록 거세게 휘몰아치는데 100만의 죽음이라면?

넷플릭스 애니메이션 시리즈 〈보잭 홀스맨(BoJack Horseman)〉에서 헨리 윙클러는 친구의 죽음을 겪은 후 보잭이 벌인 기이한 행위를 설명한다. "너는 허브의 죽음에 의미를 부여하려고 미스터리를 꾸몄어. 하지만 죽음에는 의미가 없어. 그래서 죽음이 끔찍한 거야……. 아무것도 아닌 일로 죽는다고 해도 수치스러울 건 없어. 대부분 그렇게 죽으니까." 이것은 당연한 진실이며, 그것을 받아들이지 못하는 것도 당연하다. 달리 세상을 설명할 수 없을 때 우리는 당연히 말과 이야기로 눈을 돌린다.

뒤라스의 자전적 소설의 제목 '전쟁: 회고록'은 프랑스 원 제인 '고통(La Douleur)'*을 이상하게 옮긴 것이다. 나라면 책 제목을 '고통', 또는 '고통에 관하여'라고 옮겼을 것 같다. 이 책의 쌍둥이 원고는 뒤라스가 그 소설을 쓸 때 사용했던 노트다. 소설은 전쟁이 끝나고 수십 년 후인 1985년에, 노트는 뒤라스가 죽은 후인 2006년에 출간되었다.

《전시 노트》에서 우리는 날것의 글쓰기를 본다. 표면적으로는 전쟁이 끝난 후 남편이 돌아오길 혹은 돌아오지 않길 기다리며 그때그때 써 내려간 글이다.

"지쳤다. 머리를 가스레인지나 창유리에 대고 있을 때만 좀 살 것 같다. 머리를 얹고 돌아다닐 수가 없다. 팔과 다리도 무겁지만 머리만 할까."

"더는 못 하겠다. 나에게 말한다. 무슨 일이든 일어나야만 해. 도저히 안 되겠어……. 나는 나 자신에 대해 3인칭으로 말하는 방식으로 이 기다림을 묘사해야만 한다. 이 기다림에 비하면 나는 존재하지 않는 것이나 다름없다."

---

* 국역본은 '고통'이라는 제목으로 출간되었다. 유효숙 옮김, 지만지, 2013.

노트에서는 전쟁의 평범함도 묘사한다. "일요일 오후의 게테 거리. 사람들이 등에 햇살을 얹고 거리를 내려온다. 모든 가게가 문을 열었다. 사람들이 가게 안에 있는 것들과 직접 소통한다. 아가씨들의 무거운 다리. 허리춤에 집어넣은 청년들의 재킷."

공포와 피로, 그리고 겉으로는 뭐랄까. '정상적으로 보이는 상태'의 뒤섞임. 일요일 오후의 쇼핑. 여느 평범한 일요일 오후와 다를 바 없고 심지어 햇살도 음미할 수 있다고? 어떻게 이것들을 모두 한 번에 마주할 수 있을까? 그저 모조리 쓰는 것이 최선이다.

전쟁이 끝날 무렵 뒤라스는 엄청난 죽음과 상실을 마주했다. 수용소에서 얼마나 많은 시민들이 학살되었는지, 그리고 어떻게 글쓰기로 그 사실을 직면할 수 있고, 직면할 것이고, 직면해야 하고, 직면할 수 없는지가 명확해졌다. "죽음에 관한 많은 것들이 쓰였다." 뒤라스는 《전시 노트》에서 쓴다. "이것들이 예술에 커다란 영감을 준다. 독일에서 발견된 1,100만 죽음의 얼굴이 예술을 당혹스럽게 한다. 모든 것이 이 범죄와 대립하고 어떤 십자가도 견딜 수 없는 거대한 차원에 맞서 분투한다……. 나는 모든 시인, 세상의 모든 시인을 생각한다. 이들은 평화를 기다린다. 이 범죄를 노래해도 되는 때가 오기를."

이 모든 것이 지금과 아주 익숙한 느낌이다. 우리는 항상 지쳐 있고 또 무료하다. 예술이 필요한 거대한 공포 앞에 서 있지만 이런 대규모 죽음 앞에서는 예술조차 불가능해 보인다.

에이즈로 죽은 파트너와 보낸 마지막 몇 해를 회고하면서 폴 모네트는 친구와 우편으로 시를 주고받은 일을 설명한다. "나는 아주 뭉툭한 도구로 글을 쓰고 있었지만, '우리가 여기 왔다 간다'는 기록을 남기기 위해 더듬더듬 나아가고 있었다." 폴 모네트는 이 회고록을 일기의 솔직함을 발휘해 선형적인 시간의 순서대로 썼고 실제 일기의 내용까지 포함시켰다. 독자는 살기 위해 분투하는 두 남성의 삶을 읽고 있지만, 그들의 삶이 계속되지 않을 것임을 알고 있다.

일기에서 그는, "손님용 침실에서 로저 옆에 누웠다. 우리는 함께 콕앤불로 저녁을 먹으러 나갔다가 코리 스트리트를 걸었다. 내가 여기 이렇게 다시 글을 쓰리라고는 결코 생각지 못했다. 다시 뭔가를 하리라고도 결코 생각지 못했다. 하지만 우리가 송아지 갈비를 먹으러 밖에 나올 수 있었다는 사실에 감사와 평온을 느끼며 오늘을 기록한다."

그는 이렇게도 쓴다. "좋은 하루를 보낸 것에 감사하는 마음으로 저녁을 마무리했다고 오늘 일기에 썼다."

에이즈에 걸려 상태를 예측할 수 없는 가운데, 건강이 좋아질 때마다 모네트는 어떻게 "거짓된 평범함에 한 번 더 속는 척하고 송아지 갈비를 먹는 날까지 버티며 우리가 여기까지 왔는지"를 썼다.

모네트의 작품은 상대적인 부유함도 우리를 고통으로부터 지켜주지 못한다는 사실을 상기시킨다. 모네트와, 변호사이자 시나리오 작가인 파트너는 게이로서 누릴 수 있는 모든 풍요를 누리고 있었다. 언덕 위의 집, 두 대의 스포츠카, 평일에 송아지 갈비 요리까지. 백인이고 부유했지만 둘 다 에이즈로 죽었다.

평범한 일상이라는 거짓말. 달리 어떻게 팬데믹에서 살아남을 수 있겠는가? 이 시기에 누가 안전한가? 평범한 오늘이라는 거짓말. 달리 어떻게 몇 년에 걸친 죽음을 견딜 수 있겠는가?

"상실은 반드시 말해야 할 것을 아주 신속히 일러준다"라고 모네트가 썼다. 그래서 우리는 그것들을 전부 쓴다.

일진이 나쁜 날 모네트는 사랑하는 친구를 돌볼 힘이 있는 것에 위안받았다. 파트너 로저는 당시 헤르페스 감염에 따른 망막 박리와 눈 손상이라는 일반적인 에이즈 증상에 시달리고 있었다. 수술 후 모네트는 "드디어 할 일이 생겼다. 이 일을 해보면 상처 처치사(wound dresser)의 일에는 신성—'신'이라는 말을 빼놓을 수 없다—에 가까운 것이 있음을 알게 된다. 살과 피와 그토록 친밀해지고 치료할 몸의 통증에 아주 가까이 다가가다 보면, 아슬아슬한 죽음에 도전하면서 세상에 당연한 일이란 없다는 것을 배우게 된다. 너는 기구이고 네 엔진은 집중력이다. 눈의 벌어진 상처를 닦아내는 순간에는 자아가 들어갈 틈이 없다.

파트너를 보살피는 일은 그와 함께 더 많은 시간을 보낼 것을 요구했다. 할 일이 있었고 도울 방법이 있었다. "집에서 만든 음식이 곱절의 마법을 부릴 줄은 몰랐다. 그것은 일상의 구심점과 대화의 장—'먹어, 어서 더 먹어'—을 제공하며 사람을 다시 강하게 만들었다."

마늘을 썰어 이미 팬에서 익고 있는 양파에 뿌리면서 느끼는 평온함, 나와 데번을 위한 저녁, 일과의 끝.

모네트는 이 모든 고통, 일상의 기쁨과 절대적인 공포의 순간과는 별개로 그를 절망의 구렁텅이로 몰아간 것이 대개 평범한 삶에서 벌어지는 짜증 나는 사건들이라는 걸 깨달았다. 《저당 잡힌 시간》에서 그것은 악령 들린 스포츠카였다. "1월 30일, 귀신에 쒼 게 분명한 이놈의 재규어가 또다시 주차장에서 기어가 저절로 잠겼다. 4개월 전 일이 생각나면서 확 돌아버렸다. 로저는 얼른 트리플 A*에 전화해서 자기를 빼내달라고 난리를 쳤다."

저 부분을 읽으면서 나는 내 모습을 보는 듯했다. 뒤라스와 모네트가 그랬듯이 글을 쓴다는 것이 불가능할 것 같은 만큼 쓰지 않는 것 또한 불가능할 것 같다. 뒤라스처럼 나도 예술이 수백만 명의 죽음에 관해 전할 말이 궁금하다. 코로나-19와 HIV는 둘 다 지금까지 수백만 명을 죽였다. 오늘까지 HIV로 사망한 사람이 3,300만 명이고, 코로나-19 발발 첫해에 250만

---

* 　미국자동차협회(American Automobile Association). 가입자에게 여행 정보와 정비 서비스를 제공한다.

명이 사망했다. 모네트처럼 나 역시 글쓰기에 강박을 느낀다. 글쓰기는 우리가 정말로 여기에 있었고, 이것이 정말로 일어난 일이었다고 말하는 한 방법이다. 서로를 어떻게 보살폈고―눈의 상처를 닦아내고 집에서 밥을 해 먹는 것―찰나의 순간일지라도 어떻게 삶이 정상인 것처럼 가장했는지를 말이다.

몇 개월 동안 일어난 백만의 죽음이 짓누르는 무게를 느끼지 않을 수는 없다. 고개를 들면 하늘이 여전히 푸르다는 사실에 놀란다. 올해 나 개인에게 다가온 공포의 무게를 어떻게 재고 그것을 다른 이들과 어떻게 비교해야 할지 모르겠다. 이 공포에 맞서려면 일기를 써야 한다는 것, 모두 다 적어야 한다는 것을 안다. 뒤라스는 노트에 이렇게 적어놨다. "왜 뜬금없이 영화관이 생각날까? 서둘러 다 적어놔야겠다."

서둘러 다 적어놔야겠다. 쿠메야이족 시인 토미 피코(Tommy Pico)는 저서 《자연의 시(Nature Poem)》에서 "내 증조부와 증조모께서는 백인과 거의 접촉하지 않으셨다. 시라는 덧문이 내가 자신을 어떤 권위자라고 착각할 수 있는 유일한 장소인 것처럼./ 시체를 발견할 때면 모두들 날씨를 기억한다./ 하늘을 바라보는 것은 완벽히 자연스러운 행동 같다"고 썼다.

폴 모네트는 "여름이 끝날 무렵, 저녁은 도시의 서쪽을 가로질러 황금빛이 된다. 태양이 바다를 향해 좁아질 때면 해안 분지의 백색 건물과 눈이 마주친다"라고 썼다. 뒤라스는 이렇게 썼다. "사람들이 등에 햇살을 얹고 거리를 내려온다."

화학자이자 홀로코스트 생존자인 프리모 레비(Primo Levi)는 파시즘이 유럽을 장악한 와중에도 그의 개가 산에서 노는 모습을 글로 남겼다. "그는 땅과 하늘과의 새로운 교감을 불러왔고, 그 교감 속으로 자유에 대한 나의 욕구, 나의 넘치는 힘, 그가 나를 떠밀어 안내하는 것들을 이해하려는 굶주림이 흘러들었다."

델보는 색깔이라고는 전혀 없는 독일의 강제수용소에서 보낸 시간을 쓰면서, "구름 틈새로 빛이 들어온다. 지금이 오후인가? 우리는 시간 개념을 잃었다. 하늘이 나타난다. 파랗기 그지없다. 잊혔던 파랑"이라는 표현을 남겼다.

토미 피코도 이런 글을 썼다. "공기는 맑고, 인스타그램에는 온통 사람들이 올린 일몰 사진이다."

9개월 만에 100만 명이 죽었다. 나는 내가 할 수 있는 모든 것을 하고 있다. 내가 할 수 있는 일을 모두 저버려도 내가 할 수 있는 것은 글쓰기뿐이다. 하늘을 올려다본다. 글을 쓴다. 온통 파란색만 눈에 보인다. 그 아름다움을 덜 보려고 눈을 감는다.

∿

2020년 5월 24일 일요일 (일지)

눈물의 반대는 무엇일까? 오늘 처음으로 격리팟 완전체가 집합했다. 엥거핀과 안드레이를 한꺼번에 우리 아파트에 초대했다. 우리 중에 지난 2월 이후 이발한 사람은 한 명도 없었다. 하지만 그게 무슨 상관이람. 이렇게 다 같이 모였는데. 이케아에서 주문한 책장의 배송이 지연된 바람에 아직 상자 안에 쌓여 있는 책들은 식료품 저장실로 치워버렸다. 데번은 집이 완벽하지 않은 상태로 손님을 맞는 걸 싫어하지만 그런 그도 행복해했다. 이런 날 행복하지 않을 사람이 있을까? 데번의 생일이 며칠 남지 않았다. 나는 그릴 요리를 준비했다. 그릴은 엥거핀한테서 받았다. 피츠버그에서 도시로 이사하면서 샀다는데 장소가 마땅치 않아 모셔만 두고 있다가 우리 집에 발코니가 있는 걸 보고 들고 왔다. 나는 언제든 그릴 요리를 먹고 싶으면 집에 오라고 했다.

어제 미리 채소(간장 소스에 넣을 양파와 붉은 고추, 화이트와인 소스에 넣을 아스파라거스), 돼지고기 안심(코셔 소금과 대충 다진 로즈메리를 뿌려서 문질러두었음), 햄버거 재료(약 1킬로그램짜리 살코기와 지방의 비율이 85:15인 다진 소고기, 계란 노른자, 빵가루 약간, 소금 넉넉히, 굵게 갓 빻은 후추, 갓 구운 베이컨 두 장, 정제 지방)를 사다가 준비했다.

텔레비전은 벽에 잘 걸려 있다. 엥거핀과 나는 결국 사람을 불러서 설치했다. 역시 전문가의 손길은 다르다. 60달러의 가치가 있었다.

안드레이가 먼저 도착했다. 손을 씻고 신발을 벗고 실내화로 갈아 신은 뒤 생일 케이크를 꺼내 상자를 닦고 다시 손을 씻었다. 자리에 앉아도 되냐고 묻더니 "안 되지" 하고 자답했다. 기차를 타고 왔기 때문이다.

"96번가에서 탔어." 지하철 Q 노선이다. "첫 번째 정거장. 좌석이 소독제로 축축하더라. 그래도 찝찝하지."

안드레이가 라이졸*을 집어 들었다.

"이거 뿌리면 괜찮겠지."

"소심하기는."

"뭐라고?"

"그냥 바깥에 나가서 좀 서 있어. 햇볕에 다 죽을 거야."

공상 과학 소설 속 한 장면이 아니다.

안드레이는 발코니로 나가서 엉덩이를 뒤로 빼고는 자기 등에 라이졸을 뿌렸다.

"브루클린아, 반갑다! 내가 왔다!" 그는 발코니에서 폴란드-영국-뉴욕인 억양이 조금씩 뒤섞인 어조로 브로드웨이 뮤지컬 배우처럼 노래를 불렀다.

"쇼가 시작됩니다아아아아!" 목소리가 높았다가 낮아졌다가 풍부한 비브라토로 길게 늘어졌다.

내가 웃었다. 데번도 웃었다. 그제서야 안드레이는 안으로 들어와 자리에 앉았다. 그릴을 개시하는 날이다. 먼저 채소와 돼지고기를 올렸다. 고기를 구운 다음 가늘게 썰면 훌륭한 핑

---

*   소독용 스프레이 브랜드.

거푸드가 된다. 마지막에는 내가 자랑스러워하는 대로 딱 알맞게 구워져 가운데만 살짝 분홍빛이 돌 것이다.

엥거핀은 집에서 구운 비스코티를 들고 나타났다. 버거를 잘 익히려고 나름 신경을 썼는데 완벽하지는 않아도 이만하면 괜찮게 된 것 같다. 손님들에게 대접할 김렛을 준비하고 식기세척기를 돌린 다음, 밖에 나가 요리하면서 안에서 사람들이 웃는 소리를 듣고 왼팔에 햇볕을, 손가락 마디에서는 그릴의 뜨거운 열기를 느낀다.

이게 정상일까? 이게 뉴노멀일까? 잘 모르겠다. 하지만 오늘은 내가 사랑하는 세 사람이 모인 날이다. 친구들을 위해 음식을 만들면서—내가 제일 좋아하는 일이다—등과 어깨의 근육이 풀리고 관자놀이를 짓누르던 힘과 턱을 옥죄던 긴장이 풀렸다. 식사를 마치고 엥거핀은 소파에서 잠이 들었다. 데번도 낮잠을 자러 침대로 갔다.

"너 스스로한테도 잘해주니?"

나는 위를 올려다보았다. 안드레이가 나를 바라보고 있었다. 표정이 잔뜩 심각한 게 뭔가 말하고 싶은 눈치였다. 나는 스마트폰을 내려놓았다.

"그런 것 같은데?"

그가 곁눈질로 나를 보았다. 전에도 이런 적이 있다. 1월에 로스앤젤레스에 있는 안드레이네 가서 소파에 앉아 샴페인을 마시고 있을 때였다. 장시간 비행을 한 나를 안드레이가 공항으로 마중 나왔다.

"데번은 잘 지내는 것 같네." 오늘 안드레이가 한 말이다. "근데 너는 어때? 괜찮아?" 안드레이는 뻔해 보이는 질문도 어떻게 던질지 아는 사람이다. 그런 게 친구지.

"너 자신한테도 친절한 거 맞아?"

"음, 그러니까 나는 나 자신한테 기대치가 좀 높은 것 같아. 그래서 엄격하게 대하는 편이지. 그렇다고 불친절한 건 아니야."

"그게 불친절한 거 아니야?"

"그만하지, 안드레이." 내가 말했다. 그는 웃었다.

"솔직히 요새는 일 때문에 사는 것 같아. 일하고 있을 때나 글을 쓰고 있으면 기분이 좋아. 다른 사람한테는 모르겠지만 나한테는 도움이 돼. 오히려 쉬고 있으면 불안이 밀려오지."

"알아. 금요일에 나도 그랬어." 그가 이틀 전 일을 말했다. "원래는 반차를 내고 쉬려고 했어. 근데 일에 빠진 거지. 하다 보니 재밌어서 결국 끝까지 근무했어. 밖에 나가도 누굴 만나겠어? 할 일도 없고."

나는 내 빈 로제 잔을 내려다보았다. 다시 안드레이를 보았다. 한 사람의 인간, 육체가 있는 몸. 안드레이는 항상 옳은 질문만 했다. 그의 몸이 여기에 있고 우리는 위험하게도 함께 숨을 쉬고 있지만, 그는 나를 아껴주는 사람이다. 안드레이는 얼마든지 내게 위험을 가해도 좋은 사람이고 나는 그 위험을 기쁘게 감내할 것이다. 빈 로제 잔을 내려다보면서 턱에서 힘을 풀었다. 내가 턱에 힘을 주고 있었다는 걸 처음으로 깨달았다.

2020년 6월 3일 수요일 (일지)

수요일 정오, 날이 흐리고 습하다. 최대한 땀이 나지 않도록 베란다에 앉아 아이스커피를 마셨다. 이런 상황을 뭐라고 말해야 할까? 미니애폴리스에서 조지 플로이드(George Floyd)가 살해된 후로 매일 시위가 벌어진다. 월요일 밤에는 11시에 통행금지령이 떨어졌고, 그마저도 어제는 저녁 8시로 당겨졌다.

"뉴욕에선 그 시간에 저녁을 먹은 사람도 없을걸?" 데번이 말했다. 나는 할 말이 없었다.

"나를 위해 기도 좀 해줘." 엥거핀이 말했다. 셧다운으로 몇 개월의 격리, 경찰의 폭행 영상이 가한 정서적 무게, 거기에 이제는 거의 일주일이나 도시 전체에 통금이 떨어졌다. 우리는 오늘 밤 같이 밥을 해 먹을 생각이었다. 이제 한동네 사는 이웃이자 같은 격리팟 멤버인 우리는 목요일마다 만나 같이 요리하기로 했다.

"저녁을 일찍 먹어야겠어. 6시 반쯤. 그래야 8시까지 집에 오지."

"정말 맘에 안 들어." 그가 말했다.

나는 할 말이 없었다. 나는 서둘러 엥거핀네 가서 함께 밥을 해 먹었다. 지난밤에 천둥 번개가 쳤다. 데번과 나는 텔레비전을 끄고 베란다에 나가 앉아 있었다. 윗집 베란다가 지붕이 되어 비를 막아주었다. 번개를 본 다음 천둥이 칠 때까지 몇 초인지 쟀다. 빨라야 8초였다. 생각보다 비가 많이 퍼붓지는 않았다.

"폭풍이 제대로 왔으면 좋겠는데." 데번이 말했다. "번개 본 지가 언제인지도 모르겠네. 그냥 번쩍거리는 거 말고." 그가 말했다. "그 왜 있잖아, 구름을 가르면서 내리꽂는 진짜 벼락."

데번이 와인을 한 모금 마셨다. 새벽 1시였다. 트위터에는 시위대가 집으로 돌아갔고 월요일 밤만큼 심각한 폭력 사태나 약탈은 없었다는 소식이 올라왔다.

"누가 약탈 따위 신경이나 쓰겠어?" 내가 말했다.

고요하다. 하늘에서 불빛이 번쩍인다. 10초 후에 뉴욕시 하늘이 낮게 우르릉거렸다.

2020년 6월 22일 월요일 (일지)

이 글을 읽는 사람이 있다면 그건 지금부터 몇 달 또는 몇 년 후가 될 것이다. 하루가 다르게 새로운 소식이 들려온다. 이런 시기를 두고 나는 밀도가 높다고 표현하는데 실제로 그렇다. 상실과 분투, 심지어 가끔은 즐거움이 들어찬 감정의 밀도, 분석해야 하는 논문과 사전 인쇄물이 매일 쏟아지는 과학의 밀도가 감당하기 힘들 정도다. 뉴스의 밀도도 높다. 지난 며칠만 해도 트럼프의 털사(Tulsa) 유세*가 있었고, 준틴스**였고, 트럼프와 법무부 장관 윌리엄 바가 뉴욕에서 트럼프를 수사하던 검사를 해고했고, "흑인의 생명도 소중하다(Black Lives matter)" 시위가 계속되고 있다. 뉴욕시, 보스턴, 로스앤젤레스 등지에서 불꽃놀이로 인한 민원이 4,000퍼센트 증가했다는 기사만 서른 건이 넘는다. 최고 수준을 자랑하는 메이시스 백화점의 불꽃놀이를 포함해 저녁 8시부터 새벽 2시까지 도처에서 동시다발적으로 불꽃놀이가 벌어졌다.

저 순간들이 기억나는가?

그때 기분이 어땠는가?

지금은 기분이 어떤가?

오늘 토미가 자신의 에세이 〈투석기에 관하여〉를 낭독하는 걸 들었다. "숨이 가쁜 건 로나*** 때문일까요, 아니면 전 지구적인 팬데믹 시대를 살아야 하는 불안 때문일까요?"

어제 마늘과 바질 소스를 넣고 프라이드 그린 토마토를 만들었다. 요리 잡지 〈본아페티〉에서 찾은 레시피다. 홀푸드에서 에어룸토마토****가 세일 중이었다. 냉장고에 있던 초록색 토마토 두 개는 튀기고 잘 익은 두 개는 소스에 썼다. 튀긴 것은 뜨겁고 톡 쏘고 짭짤하고 바삭하면서도 쫀득했다. 마늘도 함께

---

*   2020년 6월 20일 오클라호마주 털사에서 열린 트럼프 대통령의 재선 지지 유세장이 미국의 십대 청소년과 케이팝 팬의 노쇼로 텅 비었다.

**   미국에서 흑인 해방을 기념하는 흑인 독립 기념일.

***   코로나를 가리킨다.

****   올록볼록한 요철이 있고 살이 부드러운 토마토.

넣은 신선한 소스도 훌륭했다. 나는 친구들—내 격리팟—을 위해서 요리했다. 3월 2일에 라일라를 만난 뒤로 유일하게 얼굴을 본 두 사람이다.

이모칼리는 플로리다주 남부 중앙에 있는 작은 커뮤니티다. 코로나 이동 진료소를 운영하는 국경없는 의사회가 오늘 필수 인력이자 수십, 수백 명씩 코로나에 걸리는 농장 노동자들을 검사, 치료했다. 그들은 필수 인력이다. 그래서 그들은 지금도 일한다. 개인 보호 장비를 갖추지 않고 일한다.

그들은 토마토를 키운다.

이모칼리에는 2만 4,000명이 거주하는데 74.1퍼센트가 히스패닉/라틴아메리카계이다. 이들 가운데 175명이 지난주에 확진되었다. 해당 카운티는 플로리다주에서 기록된 코로나-19 발병의 15퍼센트인 1,200건 이상을 보고했다. 플로리다는—플로리다뿐 아니라 전국적으로 모든 주가—사람의 목숨이 아닌 정치적 체면을 위해 확진자 수를 낮게 보고한다. 플로리다주 네이플스시의 이모칼리에서 가장 가까운 병원은 64킬로미터나 떨어져 있다.

아메리카는 이모칼리다.

뉴욕, 뉴저지, 코네티컷 밖에서 코로나-19는 수그러들 기미가 보이지 않는다. 첫 번째 유행이 지나고 재유행이 시작되었다. 오늘 전국에서 중환자실 병상 가동률이 70퍼센트 이상으로 넘어가면서 호흡이 곤란한 중증 환자, 산소호흡기로 겨우 생명을 유지하는 환자들이 다시 늘어나고 있다.

워싱턴주 야키마—내가 자란 곳에서 5시간 떨어진 사과 생산의 중심지—는 중환자실이 부족해서 환자를 시애틀로 이송하고 있다. 야키마 사람들은 홉을 재배한다. 미국에서 유통되는 사과의 70퍼센트와 전 세계 홉의 20퍼센트가 내 고향 근처 야키마에서 생산된다.

이모칼리는 미코수키족과 세미놀족이 사용하는 미카수키어로 "너의 집"이라는 뜻이다. 너의 집. 야키마는 자신들의 땅, 자신들의 집에서 머물기 위해 전쟁하고 싸웠으나 결국 패배하여 야키마 인디언 보호구역으로 옮겨진 토착 민족의 이름을 딴 지명이다. 야키마 인디언 보호구역은 5,700제곱킬로미터 넓이의 방목장으로 거주민 3만 2,000명과 야생마 1만 5,000마리가 산다. 예전에 가족과 함께 마을에서 고속도로 I-82를 타고 내려가면서 본 적 있다. 창문 밖으로 먼지구름을 향해 머리를 쭉 빼고서.

나는 이양되지 않은 레나페족의 땅에서 자란 토마토를 알코올로 닦아 누군가 기침과 재채기와 호흡으로 묻혀 놓았을지도 모를 바이러스를 제거한 다음 프라이팬에 튀겨 먹고 있는 아메리카다.

나는 지금 무엇을 느끼는가? 어제 뜨겁고 부드럽고 짭짤하게 튀긴 그린토마토를 베어 물었을 때 나는 무엇을 느꼈던가? 엥거핀이 집에 왔고, 안드레이가 집에 왔고, 데번은 집에 있었다. 나는 우리 모두에게 위안이 될 음식을 만들었다. 토마토를 먹는 엥거핀의 표정이 호기심에서 즐거움으로 바뀌는 것을 보았다. "이제 소스랑 같이 먹어봐." 내가 말했다. 마치 1년 전에 그랬던 것처럼. 나는 지금 무엇을 느끼는가? 다시 기쁨을 느끼는 것은 어떤 기분일까? 안 돼, 아무것도 느낄 수 없다면 죽을지도 모른다.

⁓

개인적 글쓰기에 관한 에세이 4/6
: 개인적 질병에 관해서 쓰기

우리가 글을 쓰도록 충동질하는 것이 공공의 재난만은 아니다. 개인의 몸에 일어난 재앙도 같은 역할을 한다. 1976년에 수전 손택은 생사의 갈림길에서 글을 썼다. 손택은 《은유로서의 질병》에서 암에 관해 썼다. 자신이 악성 종양으로 투병할 때 쓴 글이다. 손택은 "오늘날 대중의 머릿속에서 암은 죽음과 동의어다"라고 썼다. "질병이 단순한 병치레가 아닌 악마, 이길 수 없는 포식자로 여겨지는 한, 암에 걸린 대부분의 사람들은 자신이 어떤 병에 걸렸는지 알게 되면서 사기가 떨어질 것이다."

글쓰기는 신체적 해체의 가능성, 사후세계를 믿지 않는 사람들이 온전한 소멸의 위협 앞에서 보이는 합리적인 반응이다. 글쓰기는 영원하다. 이것은 인간의 특징이다. 막을 수 없는 종말이 실감 날 때 더욱 강해지는 특징. 어쩌면 자신의 주변 세계 또는 자기 몸이 받아들인 큰 충격에 대한 작가의 반사적 반응일지도 모른다. 우리는 이해하지 못하기에 두렵고 외롭다. 그래서 자신에게 설명하려고 한다.

손택은 일기를 쓰지 않았다. 일지도 쓰지 않았다. 손택은 대중이 읽을 에세이를 썼다.

손택은 자신이 암에 걸렸다는 말을 입 밖에 내지 않았다. 이 책에서도 자신이 병들었고 끝을 바라보고 있다고 인정하지 않았다. 그녀는 자신에 대해서도, 자신의 병에 대해서도 쓸 수 없었다. 손택은 자신의 병이 사회 안에서 자기에게 준 자리, 즉 마음속 이중의 병에 대해 써 내려갔다. 손택은 병 자체만큼이나 치명적인 '암'이라는 단어의 미신을 치료할 뿐이었다. 손택은 이렇게 말했다. "불치병은 언제나 덕성의 시험이었다." 하지만 손택은 자기가 시험에 들었다고 생각하지 않았다. 그녀는 그저 아팠다.

1979년, 오드리 로드도 암에 걸려 생사를 오가는 상황에서 글을 썼다. 로드는 개인의 언어로 오직 자신을 위해 글을 썼다. 그리고 그 일기를 공개했을 때 이미 《암 일지》라는 제목에서부터 개인적인 이야기인 것이 드러났다. "질병이라는 낙인, 회복과 고통의 두려움이 우리의 목을 졸라 침묵하게 할 수 있다." 로드는 이렇게 썼다. "내가 나 자신에 대해 말하든 말하지 않든 나는 당장은 아니더라도 곧 죽을 것이다. 내가 침묵한다고 하여 그것이 나를 지켜주지는 못한다. 당신의 침묵도 당신을 지켜주지 못한다."

로드는 자신의 고통과 죽음과 몸에 대해 썼다. 로드는 같은 질병으로 싸우고 있는 다른 여성들을 보았으나 실제로 역경을 헤쳐 나가는 과정에서 간절히 바랐던 것은 자기와 같은 '검은' 몸, 페미니스트의 몸, 레즈비언의 몸이었다. 그랬기에 로드는 자기 몸과 병과 죽음의 가능성을 공개했다. 1979년의 유방암은 1976년 손택의 유방암과 같았고, 1973년 우리 할머니의 유방암과도 같았다. 하지만 로드는 '흑인'이었다. 무엇이든 흑인의 병은 다르게 취급되었고 흑인의 유방암은 더 치명적이었으며 상황은 지금도 다르지 않다. 인종의 생물학적 차이가 아닌 인종주의 때문에.

우리 할머니는 1970년대에 암 투병을 하셨다. 나는 엄마한테서 자기 엄마의 고통을 지켜본 과정을 들었다. 우리 가족의 모계 쪽에 남아 있는 기억이다. 할머니는 자식들이 이제 막 성인의 삶을 살기 시작했을 때 이미 돌아가시기 직전이었다. 큰 수술 뒤 화학요법이나 방사선치료가 이어졌을 것이다. 아닐 수도 있다.

유방 절제술을 받은 로드는 브라에 양모로 만든 패드를 넣고 다니라는 압력을 받았다. 가슴을 잘라냈다는 사실이 다른 이들에게 드러나지 않게 하라는 것이었다. 우리 할머니는 실리콘 임플란트 수술을 하셔서 옷을 입으면 (할머니 표현으로) "정상인"처럼 보이셨다. 로드는 "내 모습은 어색하고 고르지 못하고 기이했다. 하지만 옷 속에 그것을 쑤셔 넣었을 때보다는 더 나다웠고 그래서 받아들일 수 있었다. 아무리 그럴듯한 보형물도 현실을 되돌릴 수는 없었고 과거의 내 유방처럼 느껴질 수도 없었다. 나는 젖이 한 쪽뿐인 내 몸을 사랑하거나 영원히 낯선 자신으로 살아가야 한다." 할머니의 인공유방이 터졌을 때 그 고통은 수술보다, 암 자체보다 끔찍했다. 할머니의 딸들은 거울에 비친 엄마의 모습을 언뜻 본 적도 거의 없었다. 할머니의 아들들이 엄마의 몸을 본 적이나 있는지 모르겠다. 나는 이 이야기를 할머니의 두 딸이 들려주어서 알고 있다.

최후이면서 영구적인 소멸에 대한 두려움, 모든 느낌이 멈추는 순간에 대한 공포 때문에 나는 이 특정한 질병이 지닌 한 가지 근본적인 진실을 보지 못했다. 암에 대한 나의 연구는 암을 따로 때어내 해결해야 할 생물학적 문제로 만들어버렸기 때문에 이 진실은 내게 감춰져 있었다. 암은 아프다. 굉장히 아프다. 우리 몸은 우리가 통제할 수 있는 것이 아니다. 할머니가 돌아가신 후 나는 오드리 로드가 자신의 암, 죽음에 가까워졌던 순간에 관해 쓴 글을 읽었다. 로드는 할머니가 애써 말하지 않고 삼키거나 딸들에게만 토로했던 말을 글로 남겼다. 로드는 암에 걸려 생사의 갈림길에서 글을 썼다. "한자리에 눌러앉는 통증과 움직이는 통증, 깊은 곳에서 올라오는 통증과 겉에서 느껴지는 통증, 강한 통증과 약한 통증이 있다. 찌르고 욱신거

개인적 글쓰기에 관하여

리고 쓰리고 쥐어짜고 간지럽고 가려운 통증이 있다." 우리 할머니는 딸들에게 "베개에서 목을 들 때는 10단계 중에서 10만큼 아파. 45킬로그램짜리 추가 머리를 누르는 것 같아"라고 말씀하셨다. 할머니가 내게 물으셨다. "왜 목숨이 아직도 붙어 있다니?"

나는 로드의 사적인 글을 읽으면서 우리 가족에 대해 몰랐던 사실을 알게 되었다. 이것이 개인적인 글, 공개된 일기의 힘이다. 이 정도의 내밀함과 취약성은 단지 글쓰기에서뿐 아니라 인간들 서로간의 관계에서도 새로운 존재 방식의 모범을 제시한다. 우리가 글과 관계를 맺는 방식은 우리가 (가족을 포함해) 타인을 대하고 타인에게 대해지고 싶어하는 방식을 바꿀 수 있다.

손택은 개인적인 글, 또는 암 환자로서 자신의 정체성을 자세히 드러내지 않기로 결심했지만 훗날 다른 에세이에서 이렇게 술회했다. 이번에는 HIV의 은유에 관한 글이었다. "12년 전 내가 암에 걸렸을 때 의사들의 음울한 예견이 불러온 공포와 절망보다 나를 분노하게 하고 심란하게 만든 것은 이 질병의 평판 때문에 이 병에 걸린 사람들의 고통이 가중되는 것을 볼 때였다."

"나는 은유와 미신이 사람을 죽인다고 확신했다."

손택은 책에서 자신의 암에 대해 말하지 않았다. "나는 누군가 자신이 암이라는 사실을 알게 되어 울고 싸우고 위로받고 고통받고 용기를 낸 수많은 이야기에 하나를 더 보태는 것이 별로 도움이 될 것 같지 않았다……. 나 역시 그런 이야기를 풀어놓을 자격은 있지만 말이다……. 내가 볼 때 개인의 서사를 늘어놓는 것은 견해나 신념을 말하는 것보다 덜 유용하다."

그러나 그런 손택의 생각 역시 그녀의 몸에서 나온 것이었다. 나는 독자로서 오드리 로드와 '함께' 느꼈고 그 느낌에서 비롯한 신념을 보면서 내 몸과 마음도 달라졌다. 독자로서 그 일기는 내게 더 많은 것을 보여주었다. 손택은 자신의 암 이야기를 하는 것이 구구절절하고 우리가 이미 많이 보아 알고 있는 흔한 것이라 주장했지만, 내 견해는 다르다. 그것은 그저 '서사'가 아니라 체현된 감정이다. 느끼는 동시에 생각하는 것에는 가치가 있다.

시인 파멜라 스니드(Pamela Sneed)는 저서 《장례식 디바(Funeral Diva)》에서 1990년대 초반에 HIV로 죽은 수많은 흑인 게이 시인들의 장례식에 참석한 이야기를 썼다. 그러나 에이즈로 죽은 것은 흑인 게이 남성만이 아니었다. 여성도 마찬가지였다. 이를테면 "팻 파커(Pat Parker) / 샌프란시스코 출신의 개척적인 흑인 레즈비언 시인 / 암으로 일찍 세상을 뜬 오드리 로드처럼" 파커도 1989년에 세상을 떠났다. 오드리 로드는 유방암으로 1992년에 58세를 일기로 세상을 떠났다. 퀴어 흑인이 HIV로 목숨을 잃고, 퀴어 흑인이 암으로 목숨을 잃었다. 몸(body)은 육체고 시체다. 백인 우월주의가 흑인의 죽음을 낳았다. 암이나 HIV가 아니라 동성애 혐오와 인종주의로 얼마나 많은 생명과 글을 빼앗겼는가?

손택과 로드. 이들의 두 책 중 한 권을 읽을 때면 바로 다른 책에 손이 간다. 내 마음속에서 두 사람은 자매이며 아주 비슷한 상황에 부닥쳤기에 차이가 더 극명해 보이는 쌍둥이다. 한 사람은 에세이를 쓰면서 자기가 암에 걸렸다는 사실을 입 밖에 내지 않았고 다른 사람은 일기를 쓰면서 그 사실을 계속해서 입에 올렸다.

호세 무뇨스는 페드로 자모라가 자기의 사생활을 텔레비전에 공개한 것을 두고 "그와 같은 조건의 사람은 결코 완벽한 사생활을 누릴 수 없다"라고 썼다. 자칭 흑인, 페미니스트, 레즈비언인 로드는 개인의 질병을 모두 공개하는 것이 공/사 이분법을 깨는 급진적 수단이라고 생각했다. 퀴어 흑인에게 그런 이분법적 구분은 언제나 거짓으로 들렸다. 무뇨스의 말처럼 퀴어에게 사생활이란 근래에 주어진 불완전한 권리이다. 미국 역사에서 흑인에게 개인적 삶의 가능성은 없었다. 소유물에 무슨 사생활의 권리가 있었겠는가? 비인간화에 대한 저항은 온전한 인간으로 남기 위해 발명된 언어의 역사이자 이 언어에 폭력으로 대응하거나 주류로 편입시킨 미국 백인 대중의 역사다. 로드는 책에서 자신을 위해 말하고 자기 삶과 생각을, 정확히 자기가 원하는 방식으로 공유한다. 로드가 나를 독자로 염두에 두고 쓴 책이 아님에도 나는 로드가 손택이 할 수 없었던 방식으로 자신의 사생활을 공유해준 것에 무한히 감사한다.

손택의 책은 오로지 밖을, 문학의 세계, 신념의 세계만을 향하고 있다. "내게는 개인의 서사가 신념과 견해보다 덜 유용해 보인다." 내 생각에 개인적인 글에는 내면을 들여다보고, 작가의 몸과 삶을 드러내고, 자아를 자세히 관찰하고, 그 자아를 글 속에서 주장하는 윤리와 미학이 필요하다.

그것들을 쓴다고 하여 반드시 공개할 필요는 없지만, 쓰지 않으면 공개 여부는 아예 논외다. 나머지는 수정, 편집, 공유 범위를 선택하는 문제이다. 삶은 방대하기에 편집이 필요하다. 독자도 자신만의 삶이 있기에 내 삶의 전부를 공유할 수는 없다. 삶의 어떤 순간에 내 견해와 신념이 탄생했는가? 독자와 지루함을 공유하고 싶다면 내 인생의 어느 지루한 순간에 초점을 맞춰야 할까? 내게 의미가 있고 배움을 준 느낌을 응축해낸 순간은 언제인가?

우리의 견해와 신념도 어디에선가 비롯한 것이다. 우리의 침묵이 우리를 지켜주지 않는다는 로드의 말은 어디서나 인용되는 유명한 문장이지만, 그것의 출처가 흑인 레즈비언 유방암 환자의 경험을 쓴 《암 일지》라는 것을 적시하는 일은 거의 없다.

내 견해와 신념은 손택을 읽고 로드를 읽고 내 삶을 사는 것에서 온다.

2020년 7월 18일 토요일 (일지)

옵티멈* 광고: "속도를 위해 자지 않고 깨어 있는 것이 그 어느 때보다 중요합니다."

2020년 7월 19일 일요일 (일지)

발코니에 있는 식물들에 물 주는 걸 잊어버릴 뻔했다. 100일이 다 되어가는 고추 잎이 시들고 있다. 죄책감이 든다. 내 손에서는 어린 식물들이 오래 살지 못한다. 로즈메리, 세이지, 고추, 토마토에서 열매를 수확하는 일이 엄청나게 중요하게 느껴진다. 왜일까? 파티오토마토**만 따 먹고 살 수는 없고 그 많은 토마토를 주렁주렁 키울 파티오도 없다. 이런 식으로는 버틸 수 없다. 내가 어렸을 때 우리 부모님은 식량의 대부분을 직접 기르셨다. 그러지 않았으면 먹을 것이 없었을 것이다. 하지만 적어도 부모님에게는 셀 수도 없이 많은 토마토를 기를 수 있는 비옥한 땅이 있었다. 물론 어느 해는 죄다 썩어버리고 다음 해에는 해충이 극성을 부렸지만.

다른 토마토들은 모두 내 통제 밖이다. 마트에서 토마토를

* 미국 통신 회사.
** 파티오patio는 작은 테라스. 파티오토마토는 가정의 협소한 공간에서 키울 수 있는, 당도가 높고 방울토마토보다는 열매가 큰 교배종.

팔지 않을 수도 있고 비싸서 사 먹지 못할 수도 있다. 하지만 우리 집 발코니의 토마토들은 내가 통제할 수 있다. 정성껏 돌봐서 키우고 그 대가로 먹을 수 있다.

1,000평이 넘는 땅에 파티오토마토를 심는다 한들 지금의 나를 구해주지는 못한다. 나는 내 배를 다 채울 만큼 토마토를 많이 키울 수 없다. 목숨을 부지하려면 어쨌거나 바깥세상에 의존해야 한다.

잠자리에 들기 전에 5분 동안 식물에 물을 주고 그것들이 내게 필요한 전부인 척 연기한다. 이 열매들로 만들 샐러드를 떠올린다. 바질과 토마토와 마트에서 사기에는 너무 비싼 부라타 치즈까지 넣는다. 침대에 눕기 전에 혀로 맛을 보고, 이것이 지금 나한테 필요한 전부라고 상상한다.

2020년 7월 29일 수요일 (일지)

코로나 꿈을 꾸다가 깼다. 첫 번째 꿈은 파티였다. 게이 클럽 같은 곳이 아니라 누가 졸업을 했거나 가족 모임이 있었던 것 같다. 가족과 이웃, 어린 시절 친구들이 모두 모였다. 우리 집은 아니었지만 어딘가 익숙했다. 걸어서 부모님 집으로 돌아갈 수 있는 곳이었다. 파티가 한창일 때 그제서야 나는 깨달았다. 엄마와 동생과 가족들, 친구들과 포옹하며 인사를 나눴는데 문득 주위를 돌아보니 사람들이 몇 달 만에 처음으로 마스크도 쓰지 않고 먹고 마시며 어울리는 게 아닌가. 맙소사, 내가 무슨 짓을 한 거지? 도저히 나 자신을 용서할 수 없을 것 같아.

잠에서 깨지 않은 채로 꿈이 계속되었다. 나는 파티에서 떠날 수도, 꿈에서 나올 수도 없었다. 소리를 지르고 파티장을 뒤흔들고 싶으면서도 평화를 깨고 싶지 않았다. 그래서 계속 남아 미소를 짓고 웃었다. 마음속에서는 '결국 이렇게 바이러스에 감염되는구나' 하고 통탄하면서.

코로나 꿈: 5월부터 기르던 토마토가 마침내 익었다. 열린 토마토가 모두 잘 익어 토마토 풍년이다. 내가 제일 좋아하는 과일. 그런데 어느 날 보니 덩굴까지 싹 다 썩어 있다.

코로나 꿈: 온라인에서 만난 사람과 섹스했다. 백신도 맞지 않은 채 코로나에 걸릴 위험을 알면서도 말이다. 그의 집에 가서 문을 두드리고 들어가 무릎을 꿇었는데 그다음 장면에서 나는 침대 위에 있고 그가 내 안에 있었다. 나는 쾌락이 아니라 위험에 대한 두려움에 몸을 떨었다. 이런 짓을 하면 안 되는 줄 알면서도 하고 있다. 그것이 내가 느낀 위험, 유일한 위험이다. 방이 서서히 멀어지고 침대도 땅으로 꺼지는데 그 남자는 여전히 내 안에 있고 그와 나는 떠 있는 것도 같고 추락하는 것도 같은 상태다. 나는 내가 바이러스에 걸렸다는 걸 깨닫지만, 어느 바이러스인지는 확실하지 않다. 잠에서 깬다.

2020년 8월 19일 수요일 (일지)

데번이 면접을 보러 갔다. 이번 주만 두 번째다. 하지만 지난 4월부터 본 면접이 이 두 번뿐이다. 차마 글로 쓰기도 두렵지만 우리 집 상황은…… 단어도 생각이 나질 않는다. 지금까지 5개월 동안 매일매일 일자리를 찾고 지원하는 게 그의 일이었다. 그에게는 끔찍한 시간이었다. 함께 일할 사람도 없고, 마쳐야 할 일도 없고, 집 밖으로 나갈 이유도 없었다.

데번은 원래의 데번이 아니었다. 그는 침대에서 일어나 운동하고 섹스하고 포옹할 이유를 찾지 못해 힘들어했다. 우울해했다. 그답지 않은 그를 지켜보는 나도 함께 힘들었다.

"직장만 구하면 다 해결될 거야." 6월에 데번이 말했다.

"9월 안에 취직할 수 있을까?" 그러면서 물었다.

"새해가 되기 전에 직장을 구할 수 있을까?" 지난달에 데번이 밥을 먹으면서 말했다.

"할 수 있는 만큼만 하면 돼. 그리고 난 네가 자랑스러워." 내가 대답했다. "나머지는 우리 힘으로 어떻게 할 수 없는 것들이잖아."

데번은 거실의 자기 책상에 앉아 있었고, 나는 나대로 침실에 있었다. 문밖에서 심사하는 사람의 질문 소리가 들렸다. "당신의 이야기를 좀 더 듣고 싶은데요." 듣고만 있는데도 스트레스가 몰려와 결국 이어폰을 끼고 쇼팽의 녹턴을 크게 틀었다. 고등학교 시절부터 마음을 진정시킬 때 듣는 음악이다. 한때는 직접 연주한 적도 있지만 이제는 눈을 감고 손가락 끝에서 소리가 나오던 느낌만을 기억한다.

개인적 글쓰기에 관하여

이번 주와 지난주, 면접 준비를 하면서 데번은 평소 모습을 조금 되찾은 것 같았다. 몇 시간이나 걸려서 슬라이드 쇼를 준비하고는 만족스러워했다. 다행히 파일을 보낸 지 몇 시간 만에 학과장과 전화 면접을 제안받았다. 그는 오늘 면접을 준비하면서 어제 면접의 결과를 기다리고 있다.

냉장고에 샴페인을 넣어놔도 될까? 분명 오늘은 아니다. 아직 계약서에 서명할 때는 아닌 것 같다. 그렇다고 그냥 기다리라고? 괜히 샴페인부터 터트렸다가 일이 잘못되면 어쩌려고? 데번을 위해 이 직장이 꼭 됐으면 좋겠다. 나는 와인도 샴페인도 아무것도 냉장고에 넣지 않았다.

면접이 끝났다. 나는 거실로 나가 아일랜드 식탁에 앉아 글을 쓰기 시작했다. 데번이 전자레인지에 먹을 걸 넣고는 버튼도 누르지 않고 서서 기다렸다.

"자기 괜찮아? 버튼 눌렀어? 소리가 안 들리네?"

그는 그제서야 30초 버튼을 빠르게 눌렀다.

"미안, 뭐라고 대답했는지 생각하느라."

나는 달리 대꾸할 말이 없었다.

"일단 잊어버리고 먹어! 와인 한 잔 줄까?" 오후 2시였다.

"좋지." 하지만 나는 와인을 갖다주지 않았다. 그는 따뜻해진 음식을 들고 소파에 앉았다. 어젯밤에 먹다 남은 연어와 시금치이다. 엥거핀이 알려준 콩고식 음식이다. 나는 다시 쇼팽으로 돌아가 글을 쓰기 시작했다. 그는 〈리얼 하우스와이브스〉

를 틀었다. 우리 둘 다 지금 이 세상보다 조금 더 쉬운 세상으로 사라졌다.

2020년 8월 24일 월요일 (일지)

잠에서 깼다. 아직 졸리다. 여긴 내 침대가 아니다. 나는 해변가 오두막에 와 있다. 노란 벽은 바깥의 햇빛과 같은 색이고 에어컨 소리가 너무 커서 파도 소리는 들리지도 않는다.

데번은 이미 일어나 있었다.

"왜 벌써 일어났어? 너무 일찍인데?" 아침 9시였다. 하지만 우리는 휴가 중이다.

"결과가 나왔어." 데번이 내게 말했다. 하필 휴가 중에⋯⋯. 지금 이 순간이 내 세상의 일부가 아니길 바라지만 어쩔 수 없다. 세상은 우리를 그냥 내버려두지 않는다.

팬데믹 중에 휴가. 하지만 나는 여러 달 동안 치열하게 일했고 글을 썼고 발표했고 가르쳤다. 나는 매년 여름 2주의 휴가를 보내며 재충전한다. 보통 로스앤젤레스에 가서 친구들을 만나고 태평양에 발을 담그고 온다. 지난 5년간 안드레이가 그곳에 살았다. 이제는 그가 뉴욕으로 이사 오기도 했지만 어차피 비행기를 타는 건 너무 무섭다. 로스앤젤레스에서는 하이킹도 했다. 그리고 친구네 집 베란다 후크시아꽃 덩굴 아래에서 로제를 마셨다. 그곳에서 나는 일하느라 깨어 있는 모든 친구들을 위해 요리하고 요리하고 또 요리했다. 그리고 글을 썼다.

데번과 나는 3월 이후로 뉴욕을 떠난 적이 없다. 1월의 여행이 마지막 여행이었다는 뜻이다. 5월에는 할렘과 차이나타운에서 브루클린으로 이사했다. 도시의 한쪽 끝에서 다른 쪽 끝으로 옮긴 셈이다. 새집에는 발코니와 지붕이 있다. 우리는 프로스펙트 파크에서 세 블록 떨어진 아파트에 산다. 내 피부는 햇볕에 그을렸고 머리카락에는 어린 시절의 금발이 문득문득 보인다. 내가 뉴욕에서 보낸 많은 여름 중에서 이번 여름에 가장 밖에서 많은 시간을 보냈다. 이번 여름은 가장 오래 뉴욕을 떠나지 않은 여름이기도 하다. 뉴욕 밖으로는 일주일도 채 나가지 않았다.

데번과 나는 우리가 만든 작은 세계에 살아가는 겁에 질린 두 남성이다. 아파트 벽은 죄어 오는 느낌을 주지는 않아도 밖으로 확장되는 느낌도 없다. 세상은 대체로 정체되어 있다. 데번은 일자리를 찾고 있고 나는 코로나-19에 대한 정부의 대응을 어떻게든 막아보려고 애쓰는 중이다. 글을 쓰고, 운명처럼 다가올 다음 학기 대면 수업을 준비한다. 계속되는 위기의 정체 상태.

데번은 면접에서 떨어졌다.

"시행 경험이 있는 사람을 찾는대." 그가 말했다. 나는 그게 무슨 뜻인지 몰랐다.

그날 밤 우리는 손을 잡고 밖으로 나갔다. 하늘에는 흰 점들이 박혀 있었다. 거리를 걷는데 별들이 셀 수 없이 많아 보인다. 나는 과학자니까 별의 수를 헤아릴 수 있다는 걸 알지만 지금은 과학자이고 싶지 않다. 그저 와인을 마시고 고개를 들어 별들이 보내는 빛을 바라보고 싶다. 오래된 빛. 우주는 팽창하고 있다. 이 별들은 점점 더 멀어진다. 지금도.

나는 단절이 필요하다. 스스로 통제할 수 있는 수준의 단절. 이메일은 하루에 한 번만 확인하고 이메일이 와도 답하지 않고 두어야 한다. 내 것이 아닌 침대에서 늦게까지 자야 한다. "제길, 안 될 게 뭐야?" 하면서 오후 4시에 와인을 따라야 한다. 제길, 나는 정말로 오후 4시에 필스너를 마시고 있다.

"나, 괜찮을까?" 데번이 내게 물었다.

"그럼." 내가 말했다. 믿음직한 내 목소리에 나도 모르게 놀랐다. "첫 면접이잖아. 그냥 연습이었다고 생각하자. 결과가 아니고 과정이라고. 난 네가 자랑스러워." 내가 믿는 대로 한 말이다.

"나도 계속 그렇게 생각해야겠어." 그가 말했다.

지난주, 데번이 집에 들어와 내가 트위터로 트럼프의 영상을 보는 걸 보고 말했다. "미안한데, 그것 좀 꺼줄 수 있을까? 목소리도 듣기 싫다." 침묵. 그러더니 덧붙였다. "저 인간이 내 인생을 망쳤어."

나는 소리를 껐다. "그래, 저 인간은 쓰레기야." 내가 말했다. "하지만 네 인생은 망하지 않았어."

태양이 바닷가 노란 집 다락방으로 흘러 들어온다.

"내가 대신 계속 얘기해줄게. 넌 괜찮은 것 이상으로 좋아
질 거야."

그에 관해서라면 나는 나 자신을 거의 믿는다. 우리 모두
에 관해서라면 나는 나 자신을 거의 믿는다.

＿ʔ＿

개인적 글쓰기에 관한 에세이 5/6
: '배꼽 응시'에 반대한다

고백적 글쓰기란 개인적 글쓰기가 일기나 일지 및 다른 개
인적 문서로 확장되는 것을 내가 부르는 말이며, 장르라기보다
는 미학이다. 물론 미학은 정치적이다. 발터 벤야민(Walter Ben-
jamin)이 《기술복제시대의 예술작품》에서 처음 언급한 것처럼
정치성이 없는 미학은 파시즘이다. 모든 미학에는 정치성이 있
다는 수전 손택의 말은 옳았다. 캠프* 미학처럼 정치성이 전혀
없다고 주장하는 것까지 말이다.

고백적 글쓰기의 경우, 내가 앞에서 언급한 것처럼 우리
는 공적 영역이 사적인 삶, 특히 여성, 퀴어, 유색인종, 그 밖의
소수집단의 쾌락과 공포에 접근하는 것을 허락한다. 단 여기서

---

*   camp. 기교나 과장 등 부자연스럽거나 저속한 취향을 표출하는 퀴어의 미
      학적 양식.

소수집단은 민주주의 체제에서라기보다는 시스젠더 이성애자 백인 남성이 주류인 문화와의 관계에서 소수집단을 말한다. 핵가족은 가족의 단위를 개인화하여 노동력을 좀 더 '유연성 있게' 만들려는 구조다. 경제학자들은 무마찰(frictionless)을 말한다. 물리학자들은 마찰이 불가피하다고 말한다. 마찰은 우리와 세상이 둘 다 존재한다는 것을 보여준다.

핵가족에서 아이와 가정을 돌보는 것은 여성의 일이다. 일자리가 있는 곳이면 어디든 가족 전체가 쫓아갈 수 있다. 삶의 혼란스러움은 마찰이다. 아이들이 이 학교를 좋아하는데, 우리는 가족과 친구 가까이 살고 싶고, 게다가 여성에게도 직장이 있다. 한 가족의 두 어른이 함께 살면서 직장을 구해야 하는 데서 오는 이체 문제(two-body problem)는 마찰이다. 커튼을 젖히고 지금까지 입 밖에 내지 말라고 배운 모든 것을 자세히 들여다보라. 섹스, 육아, 내면의 불안과 우울증. 이것들을 지면에 쓴다고? 이것들이야말로 뼛속까지 정치적이다.

1970년대 말에 존 디디온은 등에 과녁이 새겨져 있을 정도로 문학계에서 유명한 인물이었다. 바바라 그리추티 해리슨 (Barbara Grizzuti Harrison)은 에세이 〈오직 단절뿐(Only Disconnect)〉에서 디디온의 자기중심적 사고방식을 비난하고 그녀의 글이 "차가운 태도"로 쓰였다고 말한 것으로 유명하다. 디디온의 작품이 해리슨에게는 자아에 집착함과 동시에 너무 빈약하고 냉정하고 불안정하게 읽힌다는 것이 내게는 오히려 이 비평의 지적 허무를 대변한다고 생각한다. 그래도 어쨌거나 그 글은 읽어야 한다.

"사실 디디온의 주제는 언제나 자기 자신이다." 해리슨의 말이다. "1960년대에 디디온은 '기억이나 정신적 지주를 가진 이가 아무도 없는 것 같다'고 말했다. 그렇다면 디디온 자신은 무엇에 기대고 있는가? 그녀가 정박한 것은 당연히 자신의 불안이다. 디디온의 불안은 회전하는 세계의 정지점이 아니다."

해리슨은 "디디온은 비논리의 서정시인이다"라고 썼다. "그걸 보고 매력적이라고 하는 이들도 있지만, 나는 아니다."

디디온 자신의 말에 따르면 디디온은 자기가 무슨 생각을 하는지 알아내고 그 발견을 독자와 공유하려고 글을 쓴다. 독자에게 관심을 강요하는 것이 엄청난 일임을 알면서도 말이다. 우리에게는 앎의 시작점에서 글을 쓰는 수필가가 절대적으로 필요하다. 디디온은 그런 수필가가 아니지만 그럼에도 그녀의 작품은 확신 있게 안다고 주장하는 사람이 거짓말하는 지점을 파고든다. 우리에게는 이런 작가도 필요하다. 세상이 허물어지고 있다고 쓰고, 글을 쓰는 자신이 허물어지고 있음을 보여주는 정신과 의사의 소견도 기꺼이 글에 포함시키는 작가 말이다.

해리슨은 마침내 비판의 확실한 빌미가 된 디디온의 정치적 성향을 비평했다. 실제로 디디온의 초기 작품에서는 보수주의적 색채가 드러나고, 여성 운동에 관한 에세이 《화이트 앨범(The White Album)》은 대단히 실망스럽다.

해리슨은 이렇게 비판했다. "1960년대에 자기 잇속만 차리는 '아이들'에 대한 디디온의 많은 주장은 아주 적확하다. 그렇다고 해서 와츠*가 불타는 동안 그녀가 빈들거릴 권리가 있는 것은 아니다." 나도 부분적으로는 해리슨의 말에 동의한다. 그러나 진보 운동의 균열 과정에 대한 디디온의 글도 필요하다. 계속해서 해리슨은 이렇게 말했다. "때때로 디디온이 부자들을 조롱하는 것은 사실이지만 그렇다고 빈곤한 이들에게 멸시를 나타낼 권리가 생기는 것은 아니다. 나는 그런 글을 감상적이라고 부르고, 그런 감수성을 역겹다고 말한다."

계급과 인종에 있어서 디디온의 초기 작품에는 문제성이 많은 것이 사실이다. 그렇다고 디디온을 감상적이고 역겹다고 표현한다? 남성이 이런 식으로 취급된 적이 있던가? 보다 관습적이고, 외부로 향하는 저널리즘을 쓰는 필자라면?

마지막으로 해리슨을 한 번만 더 인용하겠다. "나는 글로리아 스타이넘(Gloria Steinem)이 디디온을 인터뷰하러 가는 기자에게 외친 말을 옮기지 않을 수 없다. '그렇게 항상 질질 짜고, 수영하고, 차 문을 열지 못해 쩔쩔매면서 그 많은 글을 쓸 에너지는 어디에서 나오느냐고 한번 물어봐줘요!'"

화딱지가 나서 차 문을 쾅 닫고 싶다. 누구나 자신의 나약

---

* 1965년 로스앤젤레스 와츠 지역에서 흑인 주민과 백인 경찰의 충돌에서 비롯한 대규모 흑인 폭동인 와츠 봉기를 가리킨다.

함에 대해 쓸 수 있다. 글쓰기가 사람에게 용기를 줄 수는 있을지 몰라도 사람을 강하게 만드는 것은 아니다. 누구나 자기를 무기력하게 만드는 공포, 몸을 압도하는 눈물에 관해 쓸 수 있다. 쓰기의 행위가 생생한 공포의 체험을 부인하지는 못한다. 공포에 질린 채로도 글을 쓸 수 있고, 울면서도 글을 쓸 수 있다.

작가 폴린 카엘(Pauline Kael)이 당시 〈뉴요커〉에서 디디온의 소설 《건 만큼 승부를 걸어라(Play it as It Lays)》가 시작과 결말, 그리고 그 사이에서 여러 번 코웃음을 치게 하는 어쭙잖은 책이라고 부른 적이 있다. 카엘은 디디온의 "영적 공허"를 비난하면서 "이 책에서는 영어권 문학의 전통인 강한 도덕적 직관이 빠져 있다"라고 덧붙였다. 나는 또 한 번 차 문을 쾅 닫고 싶다. "영어권 문학"의 전통에 의문을 제기하고 그것을 퀴어하게 만드는 것이 바로 디디온이 노린 것이다. 확신하지 못하는 것, 그것이 요점이다.

《내 몸은 규칙의 책이다(My Body is a Book of Rules)》라는 에세이집에서 작가 엘리사 와슈타(Elissa Washuta)는 디디온이 자기 정신과 의사의 소견을 책에 실은 것보다 한 차원 더 나아갔다. 와슈타의 책에는 담당 정신과 의사가 쓴 장문의 소견서와 신경 정신 약물을 복용했다고 쓴 일기가 포함된다. 와슈타의 다른 에세이에는 블로그에 올린 글과 개인적인 인스턴트 메시지 대화가 실려 있다. 실물의 콜라주, 살아온 삶의 디지털 나부랭이(digital ephemera)가 글 속에 포함된다.

"나는 이 사랑스러운 일지를 계속 쓸 것 같다"라고 와슈타가 2006년 12월 22일 밤 12시 25분에 썼다. "나는 쓰는 걸 좋아하니까. 내 사적인 것들. 누구에게도 말할 수 없는 내 머릿속 생각들."

이런 고백과 사적 글쓰기—노트, 일지, 톡이나 문자—는 양극성 장애 그리고/또는 트라우마의 만화경 같은 이미지를 만들어낸다. 내 생각에 이것들은 긴 시간 고통스러운 내면의 현실과 함께 살아가는 것이 무엇인지 이해할 유일한 방법이다. 트라우마와 트라우마가 미치는 영향력을 이해하는 것은 말할 것도 없고 어떻게 다른 이의 뇌를 차지할 것인가? 뇌가 하는 일은 결코 선형적이지 않다.

이제부터 본격적으로 아이러니가 시작된다. 와슈타는 너무 개인적이고 "사적"이라 일기에도 간신히 쓸 생각을 책으로 공개했다. 나는 이것이 용감한 것인지 방종한 것인지 모르겠다. 둘 다일지도 모르겠다. 와슈타의 독자로서 나 역시 차마 글로 적기 어려운 개인적인 일들이 있다. 나에게도 담당 정신과 의사가 있고, 나는 렉사프로(Lexapro)를 복용하는데 이 점잖은 세상에서 그 사실을 감추라는 말을 수없이 들었다. 나는 렉사프로 20밀리그램을 복용한다. 열 살 때부터 불면증이 있었고 기억도 나지 않는 시절부터 불안증이 있었다. 그래서 때로는 이 세상에 존재하는 것조차 힘들기 때문이다.

수전 손택은 이렇게 말했다. "도덕적인 인간이 된다는 것은 특정한 종류의 관심을 기울이고, 또 기울여야 하는 의무를 지키는 것이다." 나는 견뎌낼 수만 있다면 내면의 것들, 개인적인 것들, 감춰진 것들, 신체 부위에 관심을 기울이는 것이 가치 있다고 생각한다. 버지니아 울프는《자기만의 방》에서 "쓰고 싶은 것을 쓰는 것, 그것만이 중요하다. 그것이 오래도록 중요하든 고작 몇 시간 중요하든 그걸 두고 누구도 뭐라고 말할 수 없다"라고 말했다.

고백적 글쓰기에는 언제나 이런 비난의 위험이 있다(음란물! 멜드드라마! 혐오스러운!). 마치 인간의 삶이 성기와 성기로 하는 일을 전혀 포함하지 않는다는 듯이, 인생이 멜로드라마와는 전혀 딴판이라는 듯이. 직접적인 비난보다 나쁜 것은 눈알 굴리기, 그리고 애초에 그런 글을 쓰지 말아야 하는 이유로 대는 "배꼽 응시*"라는 표현이다.

응시하는 나는 누구인가? 글을 쓰는 나는 누구인가? 원래 예술은 어느 정도 자기 방종의 측면이 있다. 우리, 작가들은 독자와 시청자의 시간과 관심을 요청한다. 이럴 권리를 부여받았다고 믿는 '우리'는 누구인가? 내 인생이 너무 흥미로워서 누군가 내 일기를 꼭 읽고 싶을 거라고 주장하는 '나'는 누구인가?

멜리사 페보스도 글쓰기 안에서 상황이 얼마나 쉬워지는지를 설명했다. 살면서 헤어진 배우자에게, 애인에게, 엄마에

---

*   navel gazing. 자아, 또는 자신의 감정과 생각에만 지나치게 빠져 있는 상태.

게 말할 수 없던 것들이 갑자기 종이 위에서는 그냥 가능해지는 정도가 아니라 시급하고 불가피해진다. 이는 우선 자신을 위해 하는 일이다. 그렇다면 왜 그것을 세상과 공유하는가? "나의 어둠은 이 세상에서 내가 해야 할 일이 되었다"라고 페보스는 썼다. 다른 이들은 퀴어성, 동의, 중독과 싸워왔다. "네 고통과 마음의 상처가 세계사에 유례 없는 것이라 생각하겠지만," 제임스 볼드윈(James Baldwin)이 쓴 말이다. "그렇다면 책을 한 번 읽어보라."

내 삶은 그다지 흥미롭지 않다. 모든 이의 삶이 대부분 지루함, 아이를 가지는 것을 내키지 않게 하는 공포, 슬픔과 기쁨, 약물, 잠과 꿈, 무(無), 무, 지루함, 무로 이루어진다. 그래서 그것을 글로 쓴 다음 사람들을 속여서 읽게 할 만큼 시급하고 매력 있게 만드는 일은 가치가 있다.

⌇

2020년 9월 8일, 화요일 (일지)

아침에 알람이 울렸다. 오늘은 갈 데가 있다. 빈말이 아니라 진짜 회의가 있다. 줌 회의가 아니라 진짜 회의. 3월 이후로 6개월 만에 처음으로 하는 캠퍼스 회의다. 사무실에 혼자 덩그러니 앉아 있으려고 자전거에 올라탄 게 아니다.

내일 실험실에서 있을 수업을 위해 웹캠을 설치하러 자전거를 타고 학교에 간다. 내가 담당한 다른 실험 수업의 조교들을 만나 수업 때 사용할 실험 장비를 보여주고 웹캠을 설치하러 자전거를 타고 학교에 간다.

이것이 나에게 설정된 세상이다. 이곳에서 나에게는 선택권이 별로 없다. 이 수업은 대면으로 진행하기로 학교에서 결정했다. 나는 수업 조교들을 관리하고 조교들은 미리 과정을 숙지해야 하므로 오늘 이렇게 서로에게 위험이 될지도 모르는 네 개의 몸과 네 개의 심장과 여덟 개의 허파와 네 개의 입이 모이는 것이다.

우리는 서로 1.8미터씩 떨어져 앉았다. 모두 마스크를 썼다. 나는 어떤 버튼을 눌러 고프로(GoPro)가 실제 작동하는지 보여주었다. 조교들 중 나타샤는 내가 강사직을 시작하기 전에 2년 동안 실험실에서 함께 일한 적이 있다. 나한테는 가족 같은 사람이다. 당시 우리는 직장에서 매일 만났고 책상도 붙어 있었다. 단톡방에서도 몇 년이나 같이 있었기 때문에 나타샤의 어린 딸이 어떻게 생겼는지도 안다.

"개비는 잘 크고 있어요?" 내가 물었다. 나타샤가 손을 길게 뻗어 스마트폰에 있는 사진을 보여주었다.

놀라웠다. 사람들과 함께 있다는 게 이렇게 기분 좋은 일이라니. 사람들을 만난다는 게 참 좋았다. 이제껏 나는 항상 다른 사람과의 거리가 몇 센티미터나 되는지 의식했고 방의 공기가 서서히 사람들의 날숨으로 들어차서 위험해지는 상상을 했다. 데번과 안드레이와 엥거핀 말고는 다른 사람과 실내에 이렇게 오래 있어본 적이 없다. 그조차 코로나 검사 일정을 협의하고 이 소모임 밖에서 감수할 위험에 관해 합의한 다음에 가능했다. 심지어 우리는 만나기 전에 서로 몸 상태를 확인하기로 약속까지 했다. 학교에 오면서 나는 회의실 내부의 총 공기량과 사람들과 공기를 공유하는 시간을 계산했다. 하지만 그게 다 무슨 상관이람. 가림막 없이 사람들과 이야기한다는 건 참 기분 좋은 일이었다.

나를 겁나게 하는 것은 다 기분 좋은 것들이다. 전염병이 사람들의 몸과 마음을 어긋나게 만들었다.

한 시간 뒤 나는 담당 심리치료사인 에릭 박사와 줌으로 만났다. 나는 사무실이었고 그는 자택이었다. 우리는 화면으로 만났다.

"언제 자신이 완벽히 안전하다고 느끼나요?" 그가 물었다.

"집에서 침대에 데번과 누워 있을 때요." 내가 대답했다. "그 순간만큼은 완벽하게 안전하다고 느낍니다."

"지금은 어떤가요?" 그가 물었다. "사무실에 혼자 있는데, 자신이 안전하다고 느낍니까?"

"아니요, 오는 길에 엘리베이터도 타고 조교들도 만났으니까……."

"하지만 지금은 어떤가요? 바로 지금이요. 기분이 어떻습니까? 지금 당신을 위험하게 만드는 것이 있나요?"

"아니요." 나는 인정했다. 하나도 없었다.

"안전하다고 느낀 순간들을 온 마음으로 느끼도록 애써보세요." 그가 말했다. 나는 콧방귀를 뀌려고 했지만 눈물이 났다.

나는 순수하게 즐겁고 모든 것이 명확한 순간에도 위험을 느낀다고 말했다. 심지어 그 위험은 지어낸 것일 때도 있다. 요리하면서 칼로 양파나 마늘, 생선과 닭고기를 썰 때 종종 칼이 내 살을 가르는 상상을 하곤 한다. 이미 움직이는 칼날 밑으로 손이 미끄러져 어떤 감각을 느끼기도 전에 깊이 베어 붉은 것이 흐른다. 피가 보이면 거기서 상상을 멈춰야 한다. 최근 몇 년간 요리는 내게 치유의 행위와 다름없었지만 이 안전한 영역에서조차 나는 위험을 느꼈다. 나는 위험이 현실이 된다는 것을 알고 있다. 음식을 만들다 심하게 벤 적이 있기 때문에 아는 것이다. 안전한 것은 없다. 여기서조차.

이 피투성이 이미지는 4월부터 보이기 시작했다. 음식을 하다가 칼에 베여 병원에 가게 되면 거기에서 코로나에 걸릴 수도 있다. 그렇다고 밥을 안 할 수는 없었다. 식당은 대부분 문을 닫았고 포장 음식점도 마찬가지다. 망할. 그래서 도마에 물기가 없는 것을 확인하고 손가락을 바짝 오므린 채로 칼질을 하지만 여전히 칼날이 표피세포를 가르고 피가 흐르는 장면이 머릿속에 떠올랐다. 내가 걱정한 것은 피가 아니었다. 공기였다. 병원에 가서 다친 손가락을 꿰매는 동안 들이마실 공기. 지금은 밤이고 나는 집에서 데번과 함께 있으면서 글을 쓰고 있다.

"지금 당신의 위험은 뭔가요?" 에릭 박사가 묻는다.

"없어요." 나는 혼잣말을 한다. "없어요. 집에서 글을 쓰고 있으니까요."

이제 알겠다. 어쩌면 이게 내가 자꾸 글을 쓰려는 이유인지도 모르겠다. 이 세상에 나와 빈 페이지만 있는 이곳에서는 바이러스에 걸릴 위험 없이 바이러스를 생각할 수 있다. 바이러스는 '저 밖에' 있고 나는 '이 안에서' 안전하니까.

글쓰기에 찬사를 보낸다. 혼자서도 할 수 있는 일, 혼자서도 세상과 할 수 있는 이 일에 축복을, 아멘. 이 행위가 누구를 구원할지 모르겠으나 이미 나를 구했다. 글쓰기의 천국을 찬양하라. 그 천국에서 나는 완벽하게 안전하다. 당신의 손으로 만든 세상을 음미하라. 이 페이지만큼은 내가 통제할 수 있는 세상이다. 내 영혼은 인간의 육체를 만나는 진부한 즐거움을 찬양한다. 인간의 몸이 상처 입지 않게 하라, 아멘. 내 심장을 조율하고 노래하라. 네 개의 입과 여덟 개의 폐, 모두를 안전하게 지켜라, 우리의 입과 폐와 심장을…… 오, 말들이여, 내 폐에 공기를 채우고 이 위험천만한 공기를 내쉬고 들이마시게 하라. 우리 모두 내일 아침에 살아서 깨어나게 하라. 살아서 깊이 숨 쉬게 하라.

2020년 9월 25일 금요일 (일지)

일기를 시작하는 가장 일반적인 말: 한동안 일기를 쓰지

개인적 글쓰기에 관하여

못했다. 좀 피곤했다. 좀 바빴다. 글을 쓸 기분이 아니었다. 별로 쓰고 싶지 않았다.

이것은 내 실험 노트이다. 이것은 오늘 있었던 일이고, 나는 오늘 밤에 쓰고 있다. 나는 일어난 대로 쓰고 있다. 마치 현재 일이 일어나고 있는 것처럼.

별로 쓸 기분은 아니지만 실험 노트는 채워져야 한다. 나는 기억해야 한다. 살면서 여러 번 글을 쓰고 싶지 않은 적이 있었지만 어쨌거나 여전히 글을 쓰고 있다. 이메일이나 문자는 당연하고, 에세이도 책 기획서도 쓰고 있다.

오늘 큰일이 있었다.

오후 1시 22분, 나는 줌으로 내가 아끼는 사람이 박사가 되는 걸 지켜보고 있었다. 그녀는 박사 학위 심사 중이다. 그녀와 나타샤, 그리고 나는 실험실에서 함께 일한 적이 있다. 나는 컴퓨터로 줌에 들어가 있었고 카메라는 켜두었다. 줌에서 발표할 때 최소한 몇 명이라도 나를 보고 있는 게 얼마나 큰 도움이 되는지 알기 때문이다. 이메일은 켜져 있지만 화면에 띄우지 않았다. 내가 쓰던 글은 열려 있다. 나도 이런 내가 마음에 들지 않지만 인정하겠다. 나는 5분에 한 번씩 인터넷 창에 가서 이메일을 확인하고 페이스북 알림을 확인하고 트위터를 확인한다. 데번은 옥상에서 요가를 하든 운동을 하든 하고 있을 것이다. 좋은 날이었다. 시원한 가을날, 가득한 햇살에서 빛과 온기를 찾게 되는 날이었다. 문자 알림이 떴다.

데번　좋은 소식! 계약서 쓰는 중. 인사과 직원 말이 지금
영국에서 승인 작업 중이라는군!

나는 다시 읽었다. 그리고 다시 읽었다. 줌 회의의 흐름을
놓쳤다. 말이 오갔지만 들리지 않았다.
나는 다시 읽었다.

조지프　!!!!!!!

나는 다시 읽었다.

조지프　말도 안 돼, 이렇게 기쁜 일이. 아 진짜, 눈물 나. 샴
페인을 제대로 터트려야겠네!!! 그냥 좋은 뉴스가 아니잖
아!!!!

나는 줌 카메라를 끄고 일어나서 천정을 보고 하늘을 향해
소리 없는 함성을 크게 질렀다. 그리고 다시 1초 동안 크고 길
게 한마디를 외쳤다. "됐어!" 주먹을 불끈 쥐었다.
다시 카메라를 켜고 내 친구가 박사님이 되고 있는 줌 방
에 들어갔다.
5분 후, 데번이 다시 문자를 보냈다.

데번 내려가는 중.

데번이 문을 열고 들어오는 걸 보고 카메라를 껐다. 그는 몸이 땀에 젖었다며 포옹은 거절하고 대신 하이파이브를 했다. 나는 발에서부터 행복감이 밀려오는 타입이다. 나는 "됐어, 됐어, 됐어" 하면서 빠른 스텝으로 춤을 췄다. 데번도 나와 손을 잡고 춤을 췄다. 맥스는 데번과 내가 자기만 빼놓고 노는 줄 알고 짖어댔다.

나는 다시 카메라를 켜고 줌으로 돌아가 친구의 발표를 계속 지켜보았다. 하루에 허락된 마법의 양이 얼마일까? 이런 마법 같은 일들이 계속 이어질까? 데번은 아직 서류를 받지는 못했지만 회사에서 다음 주에 보내겠다고 약속했단다.

몸은 피곤하지만 감사할 따름이다. 내 파트너가 각고의 노력 끝에 인생과 가계부에 생겼던 큰 구멍을 메울 수 있게 되어 감사하다. 내 앞에서 박사가 되는 친구들에게도 감사하다. 내 앞에 있는 다른 이들이 웃을 수 있다면, 나는 분노와 기쁨의 웃음을 한 번에 웃을 수 있다.

2020년 9월 30일 수요일 (일지)

내일이면 10월이다. 믿어지질 않는다. 뉴욕시에서 확진자는 여전히 늘고 있지만 속도는 주춤해졌다. 날이 차가워지면 좀 달라지려나.

데번은 오늘 계약서에 사인하고 정식으로 취직했다. 아침에 안드레이한테서 연락이 왔다. 부모님을 뵈러 폴란드에 가서 몇 주 있다 오겠다고 했다. 일이 계획대로 되지 않은 모양이다. 어머니께서 몸이 많이 안 좋아지셔서 다시 병원에 가셨다가 결국 입원하셨는데, 그만 병원에서 코로나에 걸리셨단다.

"내가 엄마를 병원에 가시게 했어." 그가 말했다. 병원에 가기 전에는 코로나 음성이셨으니 병원에서 옮은 게 맞다.

"병원 안 가고 집에 계셨으면 아마 벌써 돌아가셨을 거야." 나는 그가 이미 알고 있는 사실을 말했다.

올해는 주변 사람들과 그들의 부모님이 편찮으셔서 좋은 일에도 마음껏 즐거워할 수 없다. 이젠 안드레이 부모님까지. 내 친구 안드레이. 삶은 계속되고 죽음도 마찬가지다. 안드레이가 고향인 폴란드로 돌아갔다. 감염이고 뭐고 옆에서 안아주고 위로해주고 싶지만 너무 멀리 가 있어서 그럴 수도 없다.

꧁

개인적 글쓰기에 관한 에세이 6/6
: 말하려는 것을 말하기
나는 피스팅*을 주제로 팟캐스트를 진행한다. 나는 섹스

---

* 항문이나 질에 손을 삽입하는 성행위.

파티의 안전한 섹스 규정에 관해 에세이를 쓰고 온라인에 게시한다. 글에 내가 섹스 파티에 간다고 명확히 밝힌다. 내 첫 책에서는 전 남자친구와 몸을 씻지 않고 오럴섹스를 했다는 얘기를 했다.

이 모든 것이 내 삶이다. 나는 내 팟캐스트에서, 에세이에서, 책에서 그것을 말한다.

6월에 안드레이가 내게 말했다. "적어도 너는 섹스를 하잖아." 내가 남자친구랑 함께 격리하고 있으니까 하는 소리다. 내가 안 한다고 대답했더니 "적어도 스킨십을 할 수 있는 사람은 있잖아"라고 말했다. 그래, 그건 사실이지.

이 일기에 섹스 이야기가 나오지 않는 것은 내가 그동안 섹스를 하지 않았기 때문이다. 요새 섹스는 내 일상의 일부가 아니다. 한동안 데번은 섹스에 관심을 보이지 않았다. 실직한 이후로 자신이 그런 쾌락을 즐길 자격이 없다고 생각했다. 나도 데번보다 조금 더 섹스에 관심이 있을 뿐, 불안하기는 마찬가지였다. 또 지금까지는 한 번도 이런 적이 없었다. 하지만 지금은 팬데믹이고 그래서 웬만하면 쉽게 쉽게 가려고 노력한다.

옛날과 달리, 섹스에 관해 쓰는 것보다 섹스하지 않는다는 이야기를 쓰는 것이 익숙해진 내가 무섭다. 둘 다 공/사 이분법을 깬다. 둘 다 위험하게 느껴지지만 섹스를 하지 않는 쪽은 좀 더 당황스럽다. 나는 섹스를 잃어버렸고, 봉쇄된 내 몸은 늘어지고 있다. 데번은 나를 더 이상 귀엽다고 생각하지 않는다. 나는 늙고 있고 다시 예전으로 돌아가지 못할 것이다.

지금 나는 어떤 게이가 되었나? 예전에 지금보다 더 오래 연애했을 때도 시간이 지나면서 오히려 섹스를 더 많이 했다. 파트너가 있는 여러 연장자들 왈, 섹스는 나이가 들면 시들해지기 마련이고 적어도 오래된 관계에서는 좋을 때도 있고 나쁠 때도 있다고들 했지만, 나는 매번 속으로 '난 달라!'라고 생각했다.

재미 삼아 T. 플레이슈만(T Fleischmann)의 《시간은 몸이 통과하는 물질이다(Time Is the Thing a Body Moves Through)》(참고로 말하면 시공간의 4차원에서)를 읽고 있다. 26쪽까지 읽는 동안 적어도 여섯 번의 난교 파티가 나왔다. 나는 이 책의 두 중심 소재 중 하나인 펠릭스 곤잘레스-토레스도 좋아한다. 다른 한 주제는 퀴어에게 섹스와 우정이 양립할 수 있는가이다. 아무튼 금욕적인 여름을 보내며 나는 내가 나쁜 호모라는 생각이 들었고, 앉아서 이 퀴어 책을 읽는 동안 데번이 내 다리에 자기 다리를 올리고 낮잠을 자는 모습을 보면서는 심지어―주여 용서하소서―이성애자가 된 기분까지 느꼈다.

게이 섹스를 하지 않는 나도 게이일까? 물론이다. 하지만 나 자신과 내 섹슈얼리티를 자체적으로 평가하자면 지금의 나는 원래 내가 설정했던 정체성에 맞게 살고 있지 않다. 나이가 든다는 것은 지겹고 절대 끝나지 않을 일처럼 보인다.

동성애를 우정의 가능성으로 보는 미셸 푸코(Michel Foucault)의 생각이 내 삶의 모습일지도 모른다는 생각이 든다고 말하는 것이다. 말년에 인터뷰에서 푸코는 "어쩌면 나 자신에게 이렇게 물었어야 했는지도 모르겠다. '동성애를 통해 어떤 관계가 형성되고 발전되고 증폭되고 조정될 수 있는가?' 문제는 자기 안에서 섹스에 관한 진실을 찾는 것이 아니라 자신의 섹슈얼리티를 이용해 다양한 관계에 도달하는 것이다. 그리고 의심의 여지 없이 그것은 동성애가 욕망(desire)의 한 형태가 아니라 욕망할 만한(desirable) 무언가인 진짜 이유이다."

피스팅과 섹스를 덜 하는 대신 더 많은 우정을 쌓는다. 또는 둘 다. 친구에게도 피스팅을 할 수 있고 나는 그래왔다. 나는 피스팅과 섹스를 좋아하고 언젠가 다시 하게 되리라고 확신한다. 당장은 격리팟 바깥에서 낯선 이나 친구와 하룻밤을 보내는 것은 위험하다는 생각이 든다. 잘 모르겠다. 하지만 내가 쓴 글들을 보면서 나는 내 인생의 부침을 읽는다. 그리고 적어도 지금은 섹스가 삶의 일부가 아니다. 그러고 싶어도 지금은 섹스에 관해서 쓸 수 없다. 섹스는 내 생활의 진실이 아니니까. 그랬으면 진작 썼다.

사람이 자기 인생의 흐름을 훑어보는 것은 대단히 유용하다. 돌아보면 우정이 끓어오르는 페이지가 한둘이 아니다. 진작 알고는 있었지만 내 삶을 되새김질하며 더 많이 알게 되었다. 이 일지는 내 것처럼 보일 수도 있지만, 그렇지 않기에 더욱 흥미롭다. 지금까지 소개한 내 일지에서 독자는 나와 내 친구들의 관계를 보았을 것이다.

세상만사가 모두 글쓰기라면 죽어가는 파리로도 글을 쓰고 행동으로도 글을 쓴다. 이 문서 파일, 이 일지는 나만의 것이 아니다. 그래서 나는 이 글을 혼자서 출판할 수 없다. 이 안에는 내 가족이 들어 있다. 나는 홀로 살아온 것이 아니기에 그들의 사생활을 공개할 때는 승인이 필요하다. 그들은 자기들이 등장하는 내 삶의 이 일부를 공유하기로 동의했다. 나는 내 가족에게 나와 함께 살고 함께 글을 써주어 감사하는 마음뿐이다.

공/사 이분법을 파괴한다는 것은 위험한 일이지만 그럴 가치가 있다. 나는 벽장에서 성장한 퀴어였지만, 그건 양성애자가 존재한다는 것을 몰랐기 때문이다. 그런 게 가능한 줄도 몰랐다. 섹스가 무엇인지 몰랐기에 두려웠고, 섹스의 즐거움과 동의, "네"라고 말하는 법과 "아니오"라고 말하는 법을 몰랐기에 무서웠다. 이런 것들에 관해 말하지 못하는 것이야말로 파괴적이다. 그래서, 로드에게서 배운 대로, 나는 말한다.

게이 섹스와 관계, 퀴어의 삶에 대해 공개적으로 쓰는 것은 여전히 위험하고 자신을 공개하는 이들은 온라인에서 관종이라고 조롱받는다. 한 걸음 떨어져서 아이러닉하고 냉소적으로 쓰는 태도가 훨씬 쿨해 보일 수 있다. 아이러니, 소비주의, 미국 소설에 관해 1993년에 쓴 에세이에서 데이비드 포스터 월리스(David Foster Wallace)는 당시 유행하는 글쓰기 방식을 미국 소비주의에 대한 풍자로 정의했다. 그러나 그 시절에 풍자와 아이러니는 광고와 텔레비전에서 사용되는 도구였다. 그는 어떻게 작가가 아이러닉한 소비주의를 아이러니로 비판할 수 있겠느냐고 물었다.

그리고 이렇게 대답했다. "우리는 자기가 하는 말의 의미를 한 번 더 말해야 한다."

"이 나라에서 다음에 있을 진정한 문학적 '반항자'들은 …… 하품, 눈알 굴리기, 썩소, 옆구리 찌르기, 타고난 풍자가들의 패러디, '정말 진부해'라는 빈정거림의 위험을 기꺼이 감수하는 자들이 될 것이다. 감상적이고 멜로드라마라는 비난을 받는 자들, 쉽사리 믿는 자들, 창살 없는 감옥보다 시선과 조롱을 두려워하는 눈팅족의 세상에 기꺼이 속아줄 의향이 있는 자들 말이다."

개인적 글쓰기가 월리스의 과제를 이어받았다. 이것이야말로 안성맞춤이다. 수많은 사람들, 대부분 여성과 퀴어, 유색인종이 지금까지 내내 이 땅에서 진지하게 글을 써왔다는 사실을 몰랐다는 건 월리스 자신이 부끄러워해야 한다. 그는 손택의 글을 읽을 수 있는 1993년에 그 글을 썼다. 오드리 로드는 막 세상을 떠났고, 마르그리트 뒤라스는 아직 살아 있었다. 월리스는 존 디디온이 〈뉴욕 리뷰 오브 북스〉에 수시로 에세이를 올리던 시절에 글을 썼다. 그런데도 솔직한 글쓰기가 '트렌디'하지 않다고 생각했다? 말이 되는가? '자아'에 지나친 관심을 보이는 글을 쓴다고 여성과 유색인종과 퀴어가 조롱받은 것이

놀랄 일도 아니다.

코로나 일기보다 더 뻔한 것은 없다. 2020년은 우리에게 인생은 불가능한 우연과 끝없는 지루함으로 채워진 멜로드라마라고 되새겨준다.

6월 22일에 나는 "아직 느낄 수 있다"라고 썼다. 그때의 나도 느낄 수 있었고 지금도 그렇다. 2020년 10월 5일, 안드레이의 어머니가 코로나로 돌아가셨다.

2020년 초여름에 나는 코로나로 안드레이 어머니가 가을 무렵에 돌아가실지도 모른다고 썼던 것 같다. 데번의 할머니가 코로나에 걸리셨을 때는 다들 별로 놀라지 않았다. 이미 연세도 많으신 데다 치매를 앓고 계셨고 폐 수술을 받은 적도 있으셨다. 가정 간호 보호사들이 9개월 동안 할머니 댁을 방문했다. 백신을 맞으실 수 있었지만 집에서 나가지 않는 분이라 예약을 잡아드릴 수가 없었다. 데번의 할머니는 이듬해인 2021년 1월, 내가 렌트한 차로 쏟아지는 눈을 뚫고 롱아일랜드에 있는 호스피스에 다녀오자마자 돌아가셨다. 한 사람만 들어갈 수 있어서 나는 차 안에 있었다. 우리는 팬데믹이 우리 가족을 덮칠 거라는 걸 알았고 그렇게 됐다. 2020년 초여름에 글을 쓰면서 나는 뉴욕에 눈이 다 녹기 전에 코로나가 데번의 할머니를 데려갈지도 모른다고 생각했다. 집단적 슬픔이 모두에게 찾아왔고 우리에게도 찾아올 거라는 걸 알았다. 아직도 그 생각에는 변함이 없다. 단지 시간과 통계, 확진자 수, 운의 문제일 뿐이다.

2020년 3월 21일, 안드레이가 내게 팬데믹이 그의 삶을 바꿔놓을 거라고 말했다. "그냥 그럴 것 같아. 아주 엄청나게." 안드레이의 말을 적어놓았기에 나는 알고 있었다. 2021년 4월 18일, 안드레이가 자기 생일 파티에서 정말 큰 변화가 있었다고 말했다. 언제나처럼 나를 꼭 안아주고는 이렇게 말했다. "엄마가 돌아가셨어. 내 인생에 큰 구멍이 생겼어. 평생 메워지지 않을 거야. 인생이 달라졌어."

당연히 내 인생도 달라졌다. 하지만 그 변화를 보고 말하는 것이 지금의 우리 인생을 받아들이는 첫걸음이 될 것이다.

"이렇게 되길 바란 건 아닌데." 그가 말했다. "이렇게 될 줄은 몰랐네." 우리는 손에 샴페인을 들고 있었다. 장례식과 생일이 있었다. 우리가 든 잔에서, 내 눈에서, 안드레이의 눈에서 거품이 인다.

나는 아직 느낄 수 있다. 내가 기억한다는 것이 기쁘고, 글을 쓴다는 것이 기쁘다. 이제 데번은 내 가족이고, 안드레이와 엥거핀도 내 가족이다. 그들의 슬픔은, 적어도 일부는, 내 것이다. 나는 그 슬픔을 느낀다. 나는 그들의 기쁨도 느낀다. 함께할 때 우리의 기쁨은 쌓이고 쌓여 더는 불가능해질 때까지 쌓인다. 내 몸은 감사로 빛난다. 기쁠 때나 슬플 때나 함께할 내 사랑들. 우리는 이제 가족이고, 압박이 느껴질 때도 있지만 그런 게 가족이다. 죽음이 우리를 갈라놓을 때까지, 그러나 그 순간이 너무 빨리 오지 않기를.

5

HIV와 트루바다에 관하여

나만의 것이었던 친밀감

2014년 말, 나는 뉴욕시에서 게이 남성을 대상으로 하는 가장 큰 섹스 파티 주최자로부터 이메일을 받았다. 대개 이런 이메일에는 시간과 장소, 복장, 참가비가 적혀 있다. 그때까지는 모든 파티가 "콘돔 사용자 전용(condoms-only)"이었지만 안전한 성관계 방식이 새로 추가되었다. "트루바다 예방조치(PrEP)를 했거나 바이러스 미검출자인 참가자는 콘돔 없는 섹스가 가능합니다."

　　내가 이 이메일에 주목한 것은 뉴욕에서 하나 남은 콘돔 필수 파티에서 온 이메일 때문이었다. 이것은 초대장이 아닌 일종의 정책 성명서였고, 이런 이메일은 전에도 그 후에도 받은 적이 없다. 성명서에서는 안전한 성관계가 중요하며, 콘돔은 안전하게 섹스하는 유일한 방법이라고 주장했다. 이 파티는 아직도 콘돔 필수이며 현재로는 유일하다. 지금 생각하면 낯선 시대의 기억이자 유물처럼 느껴진다.

　　나는 양쪽 파티에 모두 가봤다. 하나는 지저분한 브루클린 지하실이었고, 다른 하나는 콘돔 필수 파티는 미드타운의 개인 주택이었다. 많은 남성들이 두 곳 모두에 참석한다. 파티에서 나는 섹스를 하지 않더라도 나체의 남성들이 가득한 방에서 옷을 벗고 있을 수 있다. 그곳은 남들의 몸을 훔쳐봐야 하는 탈의실이 아니다. 이 파티장의 핵심이 그것이다. 여기에서 발기된 몸은 신나는 것이며 가능성으로 가득 차 있고 수치스럽지 않다. 그 즐거운 기분은 힐링이기까지 하다.

나는 이 두 파티에 당시 파트너였던 웨슬리와 갔다. 그곳에서도 우리는 대부분 둘이서만 섹스했는데 집에서와는 달리 포르노를 찍는 것 같기도 했고 색다른 자극이 느껴졌다. 원하면 다른 이들과도 관계할 수 있었는데 그때는 불안과 즐거움 사이에서 전율이 맴돌았다. 파트너 아닌 사람과 오럴섹스보다 수위가 높은 행위를 할 때는 항상 콘돔을 사용했다.

웨슬리와 나는 한 살 차이였다. 우리는 에이즈가 발발하고 치료제가 나오기 전의 게이 세대다. 1995년에 미국에서 5만 명이 죽었다는 뉴스를 들었을 때 나는 열세 살이었다. 섹스가 사람을 죽인다는 것을 알았고 어떤 쾌락도 걱정과 죽음에서 벗어나지 못한다는 것을 알았다. 내가 섹스에 관해서 처음 배운 것은 텔레비전에 나온, 카포시 육종에 걸려 초췌해진 32세 환자의 병변이었다.

HIV는 육신만 죽인 것이 아니었다. 한 가지 섹스 양식과 한 종류의 쾌락도 죽였다. 내 몸과 다른 몸이 잠시나마 필멸의 운명을 염두에 두지 않고 만날 가능성을 지워버렸다. 섹스는 이것이다. 모두가 지켜보도록 모두 벗은, 다른 이의 육신, 내 육신, 내 죽음이었다. 나는 내가 게이라는 사실을 깨닫기 전에 먼저 HIV와 죽음에 관해 알았다. 게이가 되면 죽음과 가까워질 수 있다는 걸 알았지만 그래도 지금 나는 남자와 잔다.

HIV는 나를 떠난 적이 없다. 내가 모르는 HIV 이전 시대가 그립다. 그 과거의 이미지는 양면적이다. 부두 옆에 버려진 건물에서 오럴섹스를 할 수 있었으나 깊은 관계는 많은 이들에게 불가능했고 동성애자의 결혼이란 있을 수도 없는 일이었다. 게이가 제 몸과 제 몸을 사용하는 방식 때문에 위협받는 세계에서 동성애적 관계는 허락되지 않았다. 이제 우리는 결혼할 수 있지만 대신 걱정 없는 쾌락을 잃었다. 나는 걱정한다. 그래서 안전하지 않은 섹스는 일대일 독점적 관계에서만 한다. 하지만 누가 알겠는가? 바람이야 누구나 피우는데. 이성애자들도.

1980년대를 거쳤거나 1980년대에 태어난 이들은 사랑과 섹스를 두려워하는 세대가 되었다. HIV 양성인 작가 폴 모네트는 1988년에 출간한 회고록 《저당 잡힌 시간》에서 이렇게 썼다. "나는 이미 죄책감으로 가득했다. 내가 모르는 이와 섹스하지 않았다면 일어나지 않았을 일이었다. 성병에 걸려 죽는다는 것이 본질적으로 수치스럽다고 느꼈던 것 같다." 알렉산더 지는 당시 뉴욕의 이야기를 한다. "해가 질 무렵 남성들이 옥상으로 올라가 서로 안전한 거리에서 자위하는 모습을 지켜본다. 만지지 않는다면 다치지 않을 것이다."

HIV가 치료 가능한 만성 질환이 된 후에도 나는 여전히

HIV가 치명적이라고 느낀다. 확진이 되면 사랑을 찾고 서로 신뢰하며 섹스하는 것이 더 어려워질 거라는 생각을 늘 해왔다. 나 자신도 HIV 양성인 사람과 데이트하는 것에 거리낌이 있었다. 걱정을 해소해줄 약이 있다면 먹었을 것이다. 몸의 감염이 아니라 트라우마가 생긴 마음을 치료하는 약 말이다. 당장 그 약을 먹었을 것이고 시도 때도 없이 했을 것이다.

꿏

몇 가지 개념 정리: MSM: 남성과 섹스하는 남성. "게이"나 "퀴어"와 달리 정치적, 사회적 함의가 없는 용어. MSM은 HIV 신규 감염 위험이 가장 큰 집단이다. 프렙(PrEP): 노출 전 예방 조치. 프렙은 HIV 음성인 사람들이 음성 상태를 유지하기 위해 먹는 약이다. 트루바다(Truvada): 현재 프렙으로 승인된 유일한 약(2016년 승인). 2004년부터 HIV 치료제로 사용되었지만, 2012년에 HIV 음성인 사람들의 예방 조치용으로만 승인되었다. 이 책에서 트루바다는 HIV 음성인 사람들에게만 특정하게 사용되는 약물을 가리키며, 뉴욕의 게이 커뮤니티에서는 거의 보편적인 약칭이다. 미검출(Undetectable): HIV 양성이지만 항레트로바이러스 치료제로 감염이 통제된 경우. 최신 연구에 따르면 이들이 바이러스를 옮길 가능성은 제로다.

트루바다는 2012년에 시장에 진입했으나 2014년까지는 많이 처방하지 않았다. 트루바다의 제조, 판매사인 길리어드 사이언시스(Gilead Sciences)가 2016년에 보고한 바에 따르면 8~9만 명이 트루바다를 복용했고 뉴욕주에서만 1만 2,500명이 처방을 받았는데 그중 절대다수가 뉴욕에서 받았다. 예방 조치를 시작한 사람의 수는 2013년 말에서 2015년 말까지 2년 동안 5배로 급증했다. 뉴욕시 보건과의 조사에 따르면 남성과 섹스하는 18~40세 남성의 29퍼센트가 이미 트루바다를 복용하고 있다고 추정된다.

나도 일주일 동안 저 수치에 들어갔다. 당시 나는 낯선 사람과 섹스하지 않았다. 내 전 남자친구인 칼리크하고만 했다. 그는 한 달간 집을 비운 후 내 삶을 들락날락했고 나는 그가 바람을 피운다는 증거를 찾았다. 사실은 줄곧 짐작하고 있었다.

우리는 1년 동안 무방비 섹스(unprotected sex)를 해왔다. 나는 항상 남자친구와는 무방비 섹스를 했는데 내게 그건 서로 신경 쓰고 배려하며 신뢰를 쌓았다는 징표였다. 사귄 지 3개월 후에 나는 그에게 무료 진료소에 가자고 했다. 내가 이 남자를 사랑한 것은 그와 섹스를 하면 아주 자유로운 기분, 통제할 수 없을 만큼 자유로운 기분이 든다는 이유도 어느 정도는 있었다. 내 몸은 당신 손에 달렸으니 나를 위험에 빠뜨리지 말아 달라고 부탁했다. 그는 내 눈을 보며 자기를 믿어도 된다고 했다. 나는 그를 진심으로 믿었다. 그가 바람을 피우는 것이 발각된 뒤로 우리는 콘돔을 사용했고 나는 검사를 받았다. 그는 나

아닌 다른 사람과는 콘돔 없이 섹스한 적이 없다고 말했다. 그 것은 오직 나만이 누리는 친밀함이었다. 나는 그의 말이 진실이라고 믿었고 그가 안전하게 바람을 피웠다고 믿었다.

전 남자친구는 한 번 더 기회를 달라고 했다. 그는 또다시 콘돔 없는 섹스를 원했다. 둘 중 한 사람—누구였는지는 모르겠다—이 프렙을 제안했다. 그때는 2013년이었는데 주변에 트루바다에 관해 아는 사람이 거의 없었다. 프렙과 미검출은 데이팅앱에서 안전한 섹스 항목에 올라와 있지 않았다. 게이 운동가 중에는 프렙을 파티 약물이나 독극물이라고 부르는 사람도 있었지만 이 약은 칼리크와 내가 다시 합칠 수 있는 가능성을 제공했다. 트루바다는 그의 말보다 믿음이 갔다.

칼리크는 친구에게서 트루바다 한 병을 빌려 왔고 우리는 매일 한 알씩 파란색 큰 알약을 삼켰다.

하지만 일주일 뒤, 그를 별로 만질 새도 없이 나는 그의 삶에서 떠났다. 프렙은 그와 콘돔 없이 섹스할 기회를 주었지만 그를 안전하지 않은 존재로 만드는 것은 HIV가 아니라는 걸 깨달았다. 어쩌면 난생처음으로 나는 HIV가 두렵지 않았다. 내가 두려운 건 그 사람이었다. 우리가 서로에게 준 상처에는 약이 없었다. 그래서 나는 떠났고, 떠나려고 노력했다.

트루바다는 단일 약물이 아니라 엠트리시타빈(Emtricit-abine)과 테노포비르 디소프록실 푸마르산염(tenofovir diso-proxil fumarate)이라는, 두 개의 약물이 조합된 것이다. HIV 치료제는 다수의 (대개 3개) 항레트로바이러스 약물로 구성되는데, HIV는 돌연변이가 빠르게 일어나 하나의 치료제만으로는 금세 내성이 생기기 때문이다. RNA 바이러스인 HIV는 복제 실수가 잦아서 돌연변이가 많이 만들어진다. 그러나 단일 바이러스가 동시에 두세 개의 약물에 저항할 가능성은 개별 확률의 곱이며 그 값은 영원히 도달하지 않을 0에 가까워진다.

성 노동자, 남성과 섹스하는 남성, 다수와 성관계를 하는 사람 등 HIV 감염 위험군도 트루바다를 복용하면 거의 감염의 위험 없이 무방비 섹스를 할 수 있다. 일주일에 네 번씩 이 약을 복용한 사람들은 HIV 감염률이 96퍼센트 감소한다. 매일 복용하면 감소율은 99퍼센트에 가까워진다. 어느 트루바다 연구에서는 시험에 참가한 사람 중에 HIV에 걸린 사람은 없었다. 노출 전 예방조치인 프렙 말고도 노출 후 예방조치(PEP)가 있는데 콘돔이 찢어졌거나 위험성 있는 섹스를 한 후에 먹는 약이다. 이 약물은 바이러스가 T세포를 찾아가 감염시키기 전에 바이러스의 복제를 제어한다. 바이러스는 절대 몸의 일부가 되지 않는다.

HIV 전파를 예방하는 데 프렙은 적어도 콘돔만큼 효과적이다. 콘돔은 지속해서 적절하게 사용했을 때 항문성교를 통한 HIV 감염을 79퍼센트까지 줄인다. 콘돔을 지속적으로 사용하지 않는 경우라면—조사에 따르면 대부분 남성이 그렇지 않은데—콘돔을 했을 때와 안 했을 때의 HIV 감염률은 통계적으로 유의미한 차이가 없었다.

프렙을 복용하는 동안 HIV 음성인 사람들은 혈류에 항레트로바이러스 약물이 지속적으로 돌아다니고 있기 때문에 혈액에 바이러스가 없다. HIV 양성이지만 미검출인 사람들은 혈류에 항레트로바이러스 약물이 있어서 혈액에 바이러스가 없다. HIV 전염성의 측면에서는 HIV 음성이면서 프렙 복용 중인 사람과 HIV 양성이면서 미검출인 사람을 구분할 수 없다는 말이다.

오랫동안 콘돔과 관련된 존경성 정치*가 존재해왔다. 보수적인 게이 건강 단체는 트루바다에 격렬히 반대했다. 에이즈 보건 재단 대표인 마이클 와인스타인(Michael Weinstein)은 트루바다 반대 운동을 지속해왔다. 이 때문에 트루바다 제조사인 길리어드 사이언시스는 판매에 조심스러웠고, 그래서 2012년에 출시된 약물이지만 2016년이 되어서야 광고를 시작했다. 프

---

* respectability politics. 소수자 집단의 구성원에게 주류 사회의 잣대로 '존중받을 만한' 행동을 할 것을 요구하는 것. 소수자 스스로가 그런 전략을 펴는 것도 포함한다.

렙에 대한 피해망상은 콘돔을 쓰지 않으면 에이즈가 아니더라 도 클라미디아나 매독 같은 다른 감염에 걸린다는 생각으로 이 어졌다. 실제로 2015년에 박테리아에 의한 성 매개 감염이 증가 했지만 이를 트루바다와 연관 짓기는 어렵다. 사실상 성 매개 감염에 대한 수사학은 더 이상 HIV에만 의존할 수 없게 되자 게이 섹스, 특히 무방비 게이 섹스를 병적으로 취급하는 유구 한 역사를 이어가고 있다.

싱글일 때 나는 꾸준히 콘돔을 사용했다. 책임감과 자기 애, 배려를 갖춘 훌륭한 게이 남성은 항상 콘돔을 사용한다고 믿었기 때문이다. 나는 그런 남성이 되고 싶었다. 이성애자 친 구들과 이야기하면서 그들이 무방비로 원나잇을 즐긴다는 걸 알고 충격을 받았다. 게이 남성은 에이즈 이전에도 비위생적이 라고 취급돼왔다. 우리는 자신이 성도착자도 일탈자도 아니라 는 걸 세상에 계속해서 증명해야 했다. 이성애자들은 그와 동 일한 정치적 짐과 HIV의 역사를 짊어지고 침대에 가지 않는다.

HIV 액티비즘 시대에 게이 섹스는 담론의 중심이었다. HIV는 성병이었다. 우리가 섹스하는 방식이 곧 생과 사를 결 정했다. 다큐멘터리 〈역병에서 살아남는 법(How to Survive a Plague)〉에서 우리는 피터 스테일리(Peter Staley)가 팻 뷰캐넌 (Pat Buchanan)과 논쟁하는 장면을 본다. 피터는 게이 남성에 게 콘돔 쓰는 법을 알려줘야 한다고 주장한다. 인간은 섹스 를 멈추지 않을 것이므로 사람들에게 좀 더 안전하게 섹스하는 법을 가르쳐야 한다는 것이다. 이는 곧 목숨을 구하는 일이다! 동성 결혼을 쟁취하기 위한 싸움에서 우리는 기꺼이 자신의 섹슈얼리티를 숨겼다. 퀴어 미디어 훈련 캠프이자 감시 단체인 GLAAD에서 일한 나의 전 파트너는 사람들에게 "동성애자(homosexual)" 대신 "게이"라고 말하게 가르쳤다. 동성애자라는 말은 사람의 얼굴에 "섹스"를 갖다 붙이기 때문이다. 싸움은 상대가 우리가 어둠 속에서 하는 역겨운 행동을 상상하지 않을 때 더 쉬워질 것이다. 우리는 게이의 사랑이 이성애에 바탕을 둔 핵가족과 다르지 않다고 설득함으로써 결혼에 대한 권리를 획득했다. 게이의 사랑도 마찬가지다. 한 달에 세 번, 한 사람의 파트너, 정상 체위, 7분. 안전한 섹스.

그러나 긴장감은 늘 존재했다. 퀴어는 성적, 문화적 선봉이다. 항문 성교는 말하자면 우리 것이었다. 이제는 시트콤에서 이성애 커플의 페깅*에 관해 농담을 한다. 틴더가 등장하기 전에 게이들은 오랫동안 그라인더**를 사용해왔다. 또한 기본적으로 처음부터 모노가미쉬(monogamish)—파트너가 있는 상태에서 합의하에 홀로 또는 커플이 함께 다른 이들과의 섹스나 섹슈얼리티를 추구하는 행위—를 행해왔다.

게이와 HIV 활동가들은 사람들에게 콘돔을 배포하고 사

---

* pegging. 모조 남성기를 찬 여성이 남성에게 하는 항문 성교.
** Grindr. 게이들을 위한 데이팅앱.

용법을 알려주는 문제로 공립학교 및 가톨릭교회 등 보수 기관과 투쟁해왔다. 모두가 죽어가는 세상에서 콘돔은 살아 있기 위한 유일한 수단이다. 콘돔은 그런 대로 효과를 발휘했다. 수십 년 동안 콘돔 문화는 게이 남성 사이에서 배려의 상징이었다. 퀴어의 쾌락은 언제쯤 공격과 지탄을 받지 않을까? 하지만 콘돔은 이제 공중 보건과 공공 정책상의 유용성을 뛰어넘는 문화적 의미를 지니게 되었는지도 모른다.

콘돔만으로는 HIV 전염을 통제하지 못한다. 에이즈는 지금도 증가하고 있다. 사람들은 콘돔의 간섭에 질렸다. 콘돔 없는 섹스가 더 기분이 좋고, 무엇보다 이 긴 인생에서 섹스를 할 때마다 콘돔을 사용한다는 것은 불가능하다.

나는 한때 HIV와 동성 결혼 액티비즘을 한데 묶는 정치를 믿었다. 콘돔은 중요하고 섹스는 절제되고 안전하고 점잖아야 한다는 논리. 가톨릭 가정에서 나고 자라며 나는 언제나 자신의 섹슈얼리티를 두려워했다. 여자만 욕망했을 때에도 나는 내 욕정을 죄악시했다. 내 고향에서는 결혼할 때까지 기다리며 순결을 지키는 것이 보편적이었다. 동정을 지키는 것이 특히 남성에게는 '쿨한' 일이었다. 어른이 되었는데도 머릿속에 굳어진 이런 보수적인 정치적 태도를 바꾸기는 어려웠다. 나는 항상 콘돔을 사용하니까 남들보다 나은 사람이라고 생각했고 그렇지 않은 친구들을 업신여겼다. 물론 섹슈얼리티에 상관없이 모든 인간은 실수를 한다. 사람들은 하지 말라고 세뇌된 일을 할 때 즐거움을 느낀다. 안전하지 않기 때문에 원하게 되는 사랑과 섹스가 있다. 나는 내 전 남자친구를 원했다. 그는 안전하지 않았다. 나는 항상 그의 바람기를 의심했다. 하지만 어쨌거나 우리는 무방비 섹스를 했다.

지난 30년에 대한 전통적인 서사는 생존의 서사였다. 우리는 역병에서 살아남았다. 이 이야기는 너무 평면적일 뿐 아니라 진실도 아니다. 역병은 아직 끝나지 않았다. 그러나 우리는 결혼을 쟁취했다. 내가 대부분의 관계(심지어 이성애 관계)를 너무 편협하게 바라본다고 줄곧 생각해온 제도에 동화된 것이다. 그 바람에 퀴어한 섹스, 퀴어한 난잡함, 퀴어한 분노, 콘돔 없는 섹스, 퀴어한 분리주의, 퀴어한 쾌락주의, 퀴어한 사랑의 자유를 잃어버렸다. 모두 이성애자의 사랑으로는 보이지 않는 것들이다. HIV는 품위와 절제, 일부일처제를 믿는 게이 남성에게 우위를 부여했다. 그리고 그 품위를 이용해 결혼할 법적 권리를 얻었다. 트루바다는 섹스 파티, 스와핑, 쓰리섬같은 새로운 성적 자유를 향해 한 걸음 나아가면서, 신체적으로뿐만 아니라 문화적으로 섹스를 안전하게 만든 콘돔에서 한 걸음 멀어지는 결과를 가져올지도 모른다. 프렙이 게이와 이성애자를 모두 불편하게 만드는 것도 당연하다.

트루바다는 특별할 것도 새로울 것도 없다. 그 안에 있는 항바이러스제는 수십 년 동안 사용돼왔다. 차이가 있다면 그 약물이 투입되는 몸이다. 이제는 HIV 음성이고 아직 바이러스가 들어오지 않은 몸, 지금은 아프지 않지만 이 특별한 종류의 섹스에 의해서만 감염되어 아플 예정인 몸을 위한 것이다.

맞다, 이윤도 한몫한다. 트루바다의 본인 부담 비용은 대략 1년에 1만 8,000달러 정도이다. 트루바다는 이제 길리어드, 한 회사에서만 제조된다. 프렙에 흔하게 쏟아지는 비판 중 하나는 아직 HIV 음성인 사람들에게 부작용이 적지 않은 아주 비싼 약을 권한다는 점이다. 누군가를 부자로 만들어주는 것은 도덕적으로 용인되는 후기 자본주의 시대에 프렙이 게이 섹스를 수익 좋은(그러므로 입맛에 맞는) 사업으로 탈바꿈시켰다는 주장이다. 게이 섹스 파티는 방탕한 죄악이 아니라 길리어드 주주들에게 부가가치가 높은 짭짤한 투자처이다.

이 주장은 프렙이 효과가 있다는 사실로 반박할 수 있다. HIV 양성인 사람이 평생 항레트로바이러스 약을 먹는 것보다는 비용도 저렴하고 부작용에 시달리는 시간도 줄어든다. 그러나 HIV에 대한 공포 때문에 오염되지 않은 섹스의 방책으로 한 달에 1,500달러를 쓴다는 것이 개인이든 사회든 부담스럽지 않을 수 없다.

길리어드에는 보험이 없는 사람들에게 무상으로 약을 제공하는 프로그램과 본인부담금 보조 프로그램도 있다. 따라서 이론상으로는 누구나 저비용에 트루바다를 복용할 수 있어야 한다. 그러나 사실은 문제가 그렇게 간단하지 않다.

이 에세이를 쓰는 동안 하루는 트루바다를 복용하다가 최근에 중단한 친구를 만나 저녁을 먹었다. 그는 길리어드 본인부담금 보조 프로그램의 연간 상한선(3,600달러)에 걸려 혜택을 받지 못하는 바람에 자비로 매달 500달러나 내야 한다. 개인 보험금과 높은 본인부담금 때문에 적어도 트루바다에 대해서 그는 보험이 없는 사람보다도 못한 상황이다.

"나는 그냥 다시 섹스하고 싶어." 친구가 내게 말했다. 그는 독신이고 섹스나 데이트 상대를 대부분 온라인 앱에서 찾는다. 그는 콘돔을 끼고 섹스할 남성을 찾느라 애를 먹고 있었다. 2016년의 내 친구에게 프렙은 성관계에 필수로 느껴진다. 프렙이 없었더라면 그는 무방비 섹스를 하지는 않았을 것이다. 그의 말에 따르면 훅업 문화*가 달라졌다. 콘돔은 더 이상 표준이 아니다.

나는 뉴욕시가 사보험 가입자 중 길리어드 보조 프로그램 상한선을 넘긴 이들을 위한 프로그램을 마련한다는 소식을 듣고 뉴욕시 HIV 예방 운동 책임자인 의사 디메트레 다스칼라키

---

*   Hookup culture. 모르는 사람과 만나 하룻밤 즐기고 헤어지는 문화.

스(Demetre Daskalakis)를 만나서 콘돔과 프렙, 뉴욕시 보조 프로그램에 관해 이야기를 나누었다. 나는 내 친구와 같은 상황에 처한 사람들의 이야기를 전했다. 친구를 돕고 싶었고 그가 약물을 중단하지 않으려면 어떻게 해야 하는지 방법을 알려주고 싶었다. 이틀 동안 해당 기관의 목록을 들고 내내 전화를 돌렸다. 처음에는 311*, HASA**(HIV 양성자만 가능), ADAP***(프렙을 취급하지 않음)에 연락했고, 다음에는 뉴욕시 HIV 진료소에 전화했다. 아무 소득이 없었다. 다음에는 PrEP-AP, 프렙 핫라인, PAN, Xubex까지 뉴욕주 프로그램에 연락했다.

나는 형편없는 클래식 대기음을 들으며 생각했다. '관료제도가 이런 식으로 사람을 죽이는구나, 바흐로.' 몇 달 동안 프렙을 조사했지만 친구를 도울 방법은 없었다. 찾다가 지친 나는 방향이라도 잡아볼까 싶어서 다시 디스칼라키스 박사에게 연락했다. 네, 뉴욕시도 프렙에 있어서 보험 가입자에게 불리한 사각지대를 인지하고 있습니다. 네, 해결책을 강구하길 희망하고 있습니다. 아뇨, 아직은 없습니다. 내 친구가 트루바다를 복용하지 못한 지, 그리고 섹스를 못 한 지도 몇 달이 되었다.

트루바다는 50달러짜리 한 알로 걱정 없는 섹스를 보장한

다. 사람들은 진료소에서 등록 여부와 방법에 대한 간단한 대화를 통해 살기도 하고 죽기도 한다. 어느 지역에서는 의학적, 역학적 증거와는 반대로 아직도 HIV 양성인 사람이 성관계를 하면 감옥에 간다. 여전히 많은 이들이 피차 무방비 섹스에 동의한 경우에도 문제가 생기면 HIV 양성인 사람에게 책임을 전가한다. 시 정부가 프렙과 낙인 없는 HIV 정책에 힘을 싣고 있는 뉴욕에서도 틈바구니로 추락하는 사람들이 많다. 이 도시 밖에서 프렙에 대한 접근성이 가장 낮은 사람들은 원래부터 의료 체제에서 배제되었던 퀴어, 빈곤층, 유색인종, 수감자, 농촌 지역 사람들이다.

향후 몇 년 동안 사회적 지리는 지금까지보다 훨씬 더 중요해질 수도 있다. 프렙 같은 약물이 뉴욕과 달리 미국의 지방에서는 아예 구할 수 없을지도 모른다. HIV 전파를 막으려는 주삿바늘 교환 프로그램*도 현재 인디애나주와 웨스트버지니아주를 포함한 많은 지역에서는 몇 년째 타격을 받고 있다. 미국에서 50만 명 이상이 HIV 양성 판정을 받고도 치료받지 못하고 있다. HIV와 함께 살아가는 사람의 절반이 넘는 수다. 내 친구 제시는 워싱턴 DC에 사는 게이 과학자인데 그의 사촌이 현재 에이즈에 걸려 몸이 붉어지면서 죽어가고 있다. 그는 카포

---

* 마약 사용자들의 주삿바늘을 통한 HIV 감염을 막기 위해 지역 보건소에서 주삿바늘을 무료로 제공한다.

시 육종을 앓고 있는데 얼마 살지 못할 것 같다. 그는 종종 치료제를 구하지 못할 때가 있고 약을 먹을 때에도 친척들에게 자신이 '암'에 걸렸다고 말한다. 이는 우리가 흔히 들려주거나 듣는 이야기가 아니다.

◦

프렙이 처음 소개되었을 때 사람들은 모두 궁금해했다. 프렙이 사람들의 행동을 바꿀까? 콘돔 사용이 줄고 콘돔을 쓰지 않는 섹스가 다시 정상이 되는 세상이 올까? 초기 연구에 따르면 프렙 사용자들은 콘돔을 버리지 않았다. 프렙을 복용하면서도 전보다 콘돔 없는 섹스를 더 많이 하지는 않았다. 그저 더 보호받으며 하고 싶었을 뿐이다.

하지만 최근 조사에서는 반대 결과가 나왔다. 나와 내 친구들도 문화가 바뀌는 걸 실감한다. 여전히 콘돔을 사용하느냐고 물었을 때 콘돔을 써야 하는 사람은 만나지 않는다는 대답이 대부분이었다. 사람들은 점차 콘돔 없는 섹스에 익숙해지고 더 마음을 열고 있다. 앱에서 광고도 하고, 친구들 사이에서도 많이 입에 오르내린다. 전에는 보지 못한 현상이다.

나는 프렙에 대해 공식, 비공식적으로 수십 명의 사람들과 이야기를 나누었다. 최근에는 토미, 데니 미셸(Denne Michelle), 그리고 프랜까지 세 명의 게이 작가와 우리 집 식탁에 앉아 이야기를 나누었다. 이 중에 프렙을 하는 사람은 없었다. 나는 내가 이야기를 나누었던 모든 사람들이 프렙을 복용하든 안 하든 자기 몸, 쾌락, 위험, 섹스 방식에 대한 정보를 바탕으로 어려운 결정을 내린다는 걸 알게 되었다. 어떤 이들은 프렙을 콘돔의 보완용으로 생각하고 어떤 이들은 대체용으로 생각한다. 프렙을 하지 않는 이들도 많고, 한 파트너와 독점 관계가 아닐 때는 사용했다가 말았다가를 반복하는 이도 있다. 처음으로 시도해보고 싶어 하는 사람들도 있다. 우리 집 식탁에 앉은 토미는 1990년대를 살아온 사람으로서 절대 콘돔을 벗지 않을 거라고 말했다. 그에게 프렙은 절대 안전하지도 섹시하지도 않다.

나는 어떠냐고? 남자친구 웨슬리가 이 글의 초안을 읽었을 때 그는 나더러 프렙을 원하냐고 물었다. "아니, 별로. 너는?" 그는 내가 이런 글을 쓰는 것으로 보아 자기와의 관계 밖에서 콘돔 없는 섹스를 원한다고 오해했다. 그렇지 않았다. 나는 단지 내가 보고 있고 살고 있는 세상을 이해하고 싶었고 그것에 대해 쓴 것뿐이다. 하지만 그는 내 말을 믿지 않는 눈치였다. 얼마나 많은 이들이 남자친구에게도 욕망을 감추는가.

우리가 사는 이 시대가 나에게 희망을 준다. HIV에 걸린다고 해도, 그래서 어쩌라고? 과거의 나는 HIV에 걸리면 사랑과 섹스를 찾기 어려울 거라고 생각했다. 이제는 HIV 양성이면서 미검출인 상태가 안전하다는 것을 안다. 섹시하다. 내가 아는 이들 중에도 미검출자와의 잠자리를 선호하는 친구들이 있다.

HIV는 대부분 감염 사실을 모르고 있거나 알면서도 치료받지 않은 사람들로부터 옮는다. 콘돔 없는 원나잇을 선호하는 어느 지인에게는 양성 확진을 받고 치료제를 먹는 사람이 가장 안전한 상대다.

프렙과 U=U(미검출인 사람들은 HIV 전염성이 없다는 생각)는 바이러스를 이루는 물질이나 외형이 아닌 바이러스와의 관계를 바꾸었다. 이것이 생의학(biomedecine)*의 힘이다. 경제력이 되는 사람들은 얼마든지 이용할 수 있는 힘.

맞다, 이제 우리는 훌륭한 HIV 치료제와 예방약 둘 다를 손에 넣었다. 약물이 우리를 완전히 치료하지는 못할지도 모르지만 적어도 살아 있게는 해주고 있다. 1996년에는 사람들 앞에 죽음이 임박해 있었지만 이제는 그렇지 않다. 약은 아름답고도 아름다운 일을 한다. 그러나 약이 모든 걸 해결해주는 건 아니다. 약은 서로 합의하고 위험을 이해시키는 일을 하지는 못한다. 약은 그것을 필요로 하는 지역사회에서 현재 보건 인프라가 아니다. 약물이 낙인을 지우지는 않는다. 약물은 감당할 경제적 여력이 있는 곳에만 존재한다. 약은 이 약을 받으러 병원에 갈 수 있는 사람들을 위해서만 존재한다.

뉴욕시에서 트루바다는 비교적 대세가 되었다. 살아 있는 사람은 모두 위험하다. 모든 섹스도 마찬가지다. 나는 나를 깊

*　의학 연구에서 생물학 생화학 등 자연과학을 응용하는 학문.

이 사랑하지만 내가 그만큼의 사랑을 돌려줄 수 없던 사람들과 잤다. 나는 내가 깊이 사랑하지만 나를 그만큼 사랑하지 않고 거짓말하며 속이는 사람들과 잤다. 나는 그런 전 남자친구와도 즐거움을 누렸다. 우리는 내 서른 번째 생일이 되는 자정에 사랑을 나누었다. 원래는 그라인더에서 만난 원나잇 상대였는데 속궁합이 잘 맞았다. 연인이자 룸메이트이자 남자친구가 된 웨슬리와의 첫 키스. 소파로 몸을 기울이자 코에서 안경이 서로 부딪혔다. 우리는 그라인더에서 만났고 둘 다 트루바다를 복용하지 않았다. 키스, 아니면 오럴섹스까지만 생각했으나 나는 그가 좋았고 그도 나를 좋아했다. 그래서 나는 그를 내 침실에 끌어들여 섹스했다. 콘돔을 끼고 안전하게. 콘돔은 찢어지지 않았다. 수십 년 동안, 그리고 지금도 너무 자주, 이런 작은 쾌락의 순간들이 죽음을 불러왔다. 지금도 가장 필요한 사람의 3분의 1이 프렙에 접근하지 못한다. 지금도 나는 평생의 걱정에서 치유될 수 있는 나의 능력에 대가가 따른다는 것을 안다. 그것을 모두가 손에 넣을 수 있는 것은 아니기 때문이다.

지난 3년간 나는 새로운 종류의 쾌락을 상상할 수 있게 되었다. 놀랍게도 이 즐거움은 내 몸에 기꺼이 거주하고 있다. 그게 프렙 때문인지—비록 나는 복용하지 않지만—아니면 미검출은 안전하고 건강하다는 생각 때문인지, 그것도 아니면 신뢰할 수 있는 파트너 때문인지 모르겠다. 그러나 분명히 그 이상의 뭔가가 있는 것 같다.

나는 내가 깊이 신뢰하던 남자친구나 여자친구와 섹스할 때도 생사가 걸려 있다는 위태로운 기분에서 벗어난 적이 없다. 웨슬리와도 처음에는 그랬다. 우리는 변하지 않았고 나도 변한 것이 없다. 변한 것은 주변의 문화이고 그 변화가 우리에게 감염되었다. 나는 우리가 운이 좋다고 생각했고 모든 사람이 이 행운을 누릴 자격이 있다고 생각했다. 나는 서로의 핏속에 트루바다가 없이도 웨슬리의 옷을 벗겼다. 그 순간 내 필멸성은 사그라들었다. 가끔은 아예 생각나지 않을 때도 있었다.

내가 이 남자에게 삶을 맡긴 것은 옳았다. 하지만 그도 떠났다. 이 에세이가 처음 게재되고 며칠 만에 그가 외국에 직장을 구해 나를 차버리고 떠났을 때 나는 병원에 가서 파란색 큰 알약을 달라고 했다. 남자친구와 나 사이의 안전했던 친밀함이 깨져버렸다. 이제부터 나 혼자서 안전한 친밀함과 안전한 섹스를 만들어가야 했다. 그가 있으면 좋겠지만 그는 가버렸다. 모든 이가 걱정 없이 즐거움을 누릴 자격이 있다. 한순간만이라도, 섹스할 때만이라도, 우리 같은 호모에게도, 나에게도. 나는 나를 속이고 바람 피운 남자를 받아들이기 위해 약을 먹는 게 아니었다. 상상도 못 한 일이었지만 나 혼자서 안전한 즐거움을 만들어야 했기에 약을 먹었다. 그토록 사랑했던, 나 자신만큼이나 사랑했던 남자와 그의 개가 없는 텅 빈 아파트로 돌아오는 것이 얼마나 끔찍했는지……. 하지만 적어도 바이러스에 대한 공포에 시달릴 필요는 없었다. 괜찮았고 괜찮을 것이다.

숨을 크게 들이마시고, 이 모든 것에서 한 발짝 나아가기 위해
약을 삼켰다.

6

전쟁에 관하여
—

미국의 도덕적 논거의 한계

패트릭 네이선(Patrick Nathan)과 공저

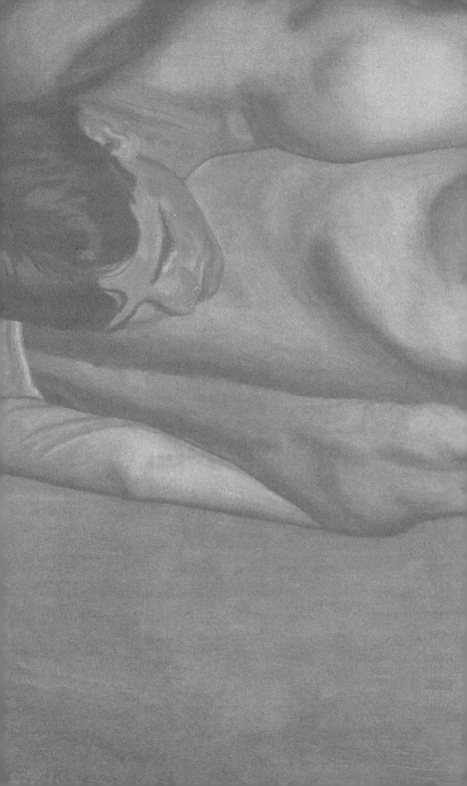

미합중국처럼 전쟁에서 자주 진 나라도 없지만 이 나라는 여전히 전쟁을 시작한다. 선거철에 들리는 "접전지" 소식부터 10년 걸러 한 번씩 벌어지는 "문화 전쟁"까지 우리가 사용하는 언어를 잘 들어보면 이 나라가 자신을 포함한 모두와 항시적이고 끝없는 전쟁 중임을 모를 수가 없다.

미합중국은 더 이상 전쟁이 무엇인지, 어떻게 전쟁해야 하는지 알지 못한다. 사실 마지막으로 의회가 공식적으로 선언한 전쟁—헌법이 전쟁을 허락하는 유일한 방법—은 1942년에 불가리아, 헝가리, 루마니아를 상대로 한 것이었다. 그때 이후로 해외에서의 군사적 폭력은 "개입", "간섭" 또는 "점령"이었고, "전쟁"의 대부분은 국가가 아닌 테러, 빈곤, 마약 같은 개념이나 추상적인 것들을 상대로 한 것이었다.

그것도 아니면 바이러스. 2020년 3월 28일, 뉴욕시 병원이 수용 한도를 초과하기 시작하자 트럼프 대통령은 트위터에 이렇게 썼다. "의료진의 용기로, 과학자와 혁신가의 기술로, 국민의 투지로, 신의 은총으로 우리는 이 전쟁에서 승리할 것입니다. 승리의 그날 우리는 그 어느 때보다 강력하고 단합된 상태일 것입니다!". 6주 후 그는 병원 문을 통과하는 의료 종사자들에 대해 "빗발치는 포탄 속을 뛰어 들어가는 병사처럼 죽음을 무릅쓰고 있습니다. 믿을 수 없이 아름다운 모습입니다"라고 언론에 대고 얘기했다.

물론, 바이러스가 트럼프 대통령의 유일한 "최전선"은 아니다. 같은 해 5월 말, 조지 플로이드의 사망이 뉴스를 도배하고 시위자들이 수백 개 도시의 거리에서 마스크를 쓰고 행진했을 때, 트럼프 정부의 국방부 장관 마크 에스퍼는 각 주 정부에 "전투 공간을 장악하라"라고 격려했다. 이는 트럼프 자신이 평화 시위에 군사력을 투입할 요량으로 1807년 반란법을 들먹이며 협박한 것과 같은 맥락이다. 비슷한 시기에 현직 미국 상원의원 톰 코튼은 〈뉴욕 타임스〉에 "군대를 보내라"라는 제목의 사설을 올렸다.

두 달 후, 학교의 개학이 다가오자 도널드 트럼프가 벌인 코로나-19 "전면전"은 1942년 이후 미국의 다른 모든 "전쟁"처럼 처참히 실패했음이 드러났다. 우리는 세계적으로 국방비 지출뿐 아니라 코로나-19 확진자와 사망자 수(그리고 불평등과 국내 테러 공격, 마약성 진통제 중독 등)에서 선두를 달렸다. 미국 전역에 부정확한 과학 정보와 음모론이 퍼지면서 국민들이—대개 트럼프 대통령의 사람들—은 계속해서 사회적 거리 두기와 마스크 착용을 거부했다. 조지아주에서는 트럼프 쪽 백인 공화당원인 주지사 브라이언 켐프가 조지아주 카운티와 시에서 마스크 의무화를 금지했음에도 자체적으로 마스크 의무화를 강행한 애틀란타 시장 케이샤 랜스 보텀스—민주당 유색인 여성—를 고소하는 지경에 이르렀다.

이것은 질 수밖에 없는 "전쟁"이었다. 뉴질랜드나 일본 같은 국가에서 예증된 것처럼 효과가 입증된 비약물적 개입(거리 두기, 마스크 사용, 손 씻기)을 실행할 수단이 부족했기 때문은 아니다. 전쟁의 승리는 대량 사망을 통해서 이루어진다. 바이러스는 절대 지배되지 않을 것이다.

당시로서는 코로나-19를 무찌를 수 없었을 것이다. 지금은 백신이 (우리가 원한다면) 이 새로운 바이러스에 더 고통받지 않게 예방할 수 있을 도구이다. 그러나 전 세계에서 백신 접종은 여전히 지연 상태이고 백신 접종은 여전히 선택 사항이다. 그 선택이 소극적이며 행동의 결여임에도 바이든 정부의 미국은 계속해서 이 선택을 고집하려는 것처럼 보인다. 돌봄의 수단은 정책 시행에서는 논외인 듯하다. 마스크든 백신이든, 중요한 것 같지는 않다. 우리는 자신과 타인을 돌보는 간단하고 안전한 방식보다 그저 개인의 자유에 대한 잘못된 생각—백신 싫어! 마스크 안 해!—을 앞세우면서 선뜻 행동하려고 하지 않는다. 코로나-19 사태에서 살아남으려면 돌봄과 공감, 생명 존중이라는 새로운 미사여구가 필요하다. 돌봄의 수사는 우리가 말을 하는 방식만이 아니라 국가 구조와 인프라에도 새겨져야 한다. 우리의 의료 시스템에도, 과잉 감시를 통해 지배하고 싶

은 우리의 욕구에도, 우리의 경제, 우리의 군대, 우리의 교육에
도…….

돕고 싶고 살아남고 싶을 때조차 전쟁의 언어가 우리의 혀
를 점령하게 놔두고, 바이러스와 우리 몸의 면역 반응 또는 바
이러스와 국가의 집단 대응을 죽음의 수사로 표현하기는 너무
나 쉽다. 전쟁은 우리를 실망시켰고, 그리하여 우리는 세계를
실망시켰다. 지금 미국에 필요한 것은 전쟁이 아니라 돌봄이
다. 말로 표현되고 정책으로 실행되는 돌봄.

　

"건강"은 우리가 술잔을 부딪치며 건배할 때 부르짖는 바
람이다. 세상에 건강하고 싶지 않은 사람이 어디에 있겠는가?
누구나 잘 먹고 열심히 운동하고 날씬한 체격을 유지하다가 우
아하게 늙어서 죽고 싶고, 간호사가 혈압이나 체지방이 "정상"
이라고 말할 때 뿌듯해하고, 바늘을 튕기며 "정맥이 건강하네
요"라고 말할 때 흐뭇해하고 싶어 한다.

건강을 '정체성'으로 보는 것은 율라 비스가 백신과 정체
성에 관한 2015년 책《면역에 관하여》에서 살펴본 주제이다.
"상대에게 자신이 건강하다고 말할 때 그 의미는 특정 음식을
먹고 어떤 음식은 피하고 운동을 하고 담배를 태우지 않는다는
것이다. 건강은 우리가 살아가는 방식에 대한 보상이고 생활방

식은 그 자체로 일종의 면역이다."

그렇다면 건강하다는 것은 미덕이다. 미국에서는 부자가 되는 것이 미덕인 것처럼 말이다. 건강하고 부자인 것은 그 자리에 오기까지 열심히 노력해왔다는 뜻으로 이해된다. 그리고 현재의 세계적인 팬데믹 시대에 그들의 몸은 가장 안전한 축에 속한다. 많은 사무직 노동자들이 집에서 일하면서 생필품을 배달시킨다. 2020년 "봉쇄" 기간에 홀푸드나 인스타카트 등 식품 구매 대행 온라인몰의 계약직(정규 채용이 아니라) 배송원에게는 그런 선택권이 없었다. 재택 근무를 하는 계층에서 많은 이들이 술집이나 식당에 가는 모험을 시도했고 다른 누군가가 요리한 음식을 먹으며 공공장소에서 한 시간씩 마스크를 벗기 시작했다. 이들을 시중드는 노동자들―압도적으로 흑인이나 갈색 피부 인종―은 현실적으로 다른 선택권이 없다. 그들은 집에서 안전하게 머물 경제적 여유가 없다. 대체로 이런 건강상의 위험과 누가 그것을 감내해야 하는가는 건강과 경제적 특권의 손쉬운 융합에 근거를 둔다.

이처럼 간단히 얻어지는 미덕에 숨이 막힌다. '건강하니까, 좋은 사람이라면, 건강하지 않은 나는 어떤 사람일까?' 몇 달이라는 긴 시간 동안 집에서 혼자 또는 극소수의 친구나 가족끼리 지내면서, 우리 몸을 건강하게 유지하던 일상의 리듬이 완전히 망가졌다. 우리는 구할 수 있는 것만 먹었다. 헬스장은 문을 열었다면 아마 가장 위험한 곳이 되었을 것이다. 산책하

러 나가고 달리고 자전거를 타는 것은 전에 없이 부끄러운 일
이 되었다. 집 밖에 나가는 것은 단연코 이기적인 행동이라 여
겨지고 또 게시글에 올라와 지탄받았다.

오랫동안 질병은 병에 걸린 자의 탓으로 여겨졌다. 암도
한때는 "감정을 억누른" 결과로 여겨졌으나 이제는 유전자, 특
정 바이러스, 발암물질이라는 환경 요인이 작용한다는 것이 밝
혀졌다. 그럼에도 과거의 도덕적 비난에서 완전히 벗어나지는
못했다. 건강한 사람이라면 '알아서' 발암물질을 피했어야 한다
는 것이다. 건강이 한 인간의 생활양식으로 취급되는 사회에서
암에 걸리는 것은 실패를 상징하고 게으름에 대한 벌칙, 또는
기력의 소멸을 의미한다. 흔히 대중의 상상 속에서 암은 곧 망
한 인생이다.

건강의 미덕을 요구하는 것은 그 기대에 미치지 못하는 사
람들을 주체성이 결여된 비인간으로 만드는 방법이다. 이것은
일레인 스캐리(Elaine Scarry)가 《고통받는 몸》에서 썼듯이 전쟁
에 대한 상상에서 필수적이다. 상처 입고 망가질 병사 개인의
몸은 눈에 보이지 않게 된다. "개인의 운명이 아닌 군대 전체 또
는 인구 전체가 [전쟁의] 결과를 결정한다." 군대 전체를 통째
로 "한 거인의 몸체로서 의인화하는 것은 인간이 가장 '극단적
으로 육체화되는' 사건 안에서 사람의 몸이 사라지는 데 일조
한다."

스캐리는 이렇게 쓴다. 시민의 몸은 "전쟁에서 부상을 입

고 절단된 팔다리의 형태로 영구적으로 대여된 것일지도 모른다. 성인인 인간이 보통은 어떤 동의 없이 신체가 '변형되어서는' 안 되는 것임에도 어떤 새로운 정치 철학의 언어적 강압에 의해 자기 몸의 이런 근본적인 변형을 허락하는 것이 더 놀랍다." 전쟁은 "쌍방의 대규모 부상과 그 부상의 궁극적 부인을 요구한다. 그래야 그 속성을 다른 곳에 전가할 수 있기 때문이다." 지도자들은 군사 분쟁이 고통을 주고 수백만 명의 죽음이 예상되는 행위라고 말하지 않는다. 전쟁은 어디까지나 자유와 정의와 단합에 명분이 있다. 국가. 국가의 몸. 지도자의 말에 따르면 개인은 인간의 신체 조직이 변형되기(또는 태워지고 폭발하고 총알을 맞고 절단되기) 위해서가 아니라 민주주의 또는 "우리의 생활양식"을 수호하기 위해서 전쟁터에 보내지는 것이다. 전쟁의 진짜 대상인 인간의 몸과 그들이 고국이라 부르는 곳에 가해지는 상상을 초월하는 규모의 파괴는 정치적 혹은 도덕적인 철학의 언어에서 사라질 뿐 아니라 사라져야만 한다.

이런 군사적 소거는 정치가와 전문가들이 "경제"를 살리기 위해 유권자들을 계속 분주하게 하는 식당과 술집과 학교와 대학을 다시 여는 것이 도덕적이라고 주장하는 데서 반복된다. 경제 활동의 개시는 비록 개인들의 생명이 희생되더라도(당연히 그들의 생명은 아니다) 미국인의 "생활양식"을 보호한다는 논리이다.

코로나-19 위기에서도 전쟁의 언어는 명확하다. 그건 도널드 트럼프뿐만이 아니다. 〈뉴욕 타임스〉를 인용해보자. 우리나라는 "최고의 과학자와 감염병 전문가 들로 무장되었다." 뉴욕의 구급대원들은 병원을 "전쟁 지역"이라고 부른다. 응급구조사들은 "최전선"에서 활동한다. 작가 엘리엇 애커먼(Elliot Ackerman)는 한 신문 사설에서 위협받는 "70퍼센트"—최종적으로 바이러스에 감염될 미국인의 비율—를 이라크 전쟁 당시 가장 큰 전투였던 팔루자 공습에 비교하면서 예상되는 소대의 사상자 비율과 비교한다.

심지어 과학자들도 감염병과 인체의 면역 반응을 은근히 전쟁의 은유로 표현한다. "사이토카인 폭풍"은 바이러스에 대한 인체의 과도한 면역 반응으로 사망에 이를 수 있는 증상인데, 모 장군이 좋아할 만한 군사 작전명처럼 들린다. 약물 개발 논문에서는 클로로퀸과 하이드록시클로로퀸의 효능을 "코로나-19를 무찌르는 데 사용할 수 있는 무기"로 정의한다.

코로나-19에 대한 이 "전쟁"에서 우리는 또한 어떻게 사회가 노출된 "필수 인력"을 "영웅"으로 만들어 그들의 주체성을 유예하는지 볼 수 있다. 의사, 바리스타, 마트 직원들은 모두 희생을 통해 "우리"를 구하는 "그들"로 둔갑한다. 그들을 보호할 의무는 누구에게도 없으므로 이 영웅들은 소모전의 보병처럼 비인간화되고 침묵당하며, 살았든 죽었든, 부정직한 정치적 공염불에 들먹여진다. 의사, 간호사, 의료계 종사자들은 자신을 "건강한" 사람으로 상상할 권리마저 거부당한 채, 개인 보호 장비조차 없이 일한다. 그들은 그런 것 없이도 활약하는 영웅이 니까! 마트 직원에게는 최저 생활 임금과 건강보험이 필요하지 않다! 4층짜리 건물 발코니에서 사람들이 박수 치고 냄비와 프라이팬을 두드리는 소리를 듣지 못했는가? 아마존 노동자들은 병가가 필요없다. 일할 곳이 있는 것만도 감지덕지해야 하니까. 무엇보다 지금은 노동자의 권리 따위를 위해 노조를 조직하거나 직장을 떠날 때가 아니다. 노스캐롤라이나 롤리 경찰서가 4월에 이런 트윗을 올렸다. "지금 우리에게 시위는 필수적이지 않은 활동입니다." 저 노동자들은 어찌 지금이 전시 상태임을 모른다는 말인가?

거부할 수 없는 임금을 위해 일을 계속하는 사람들에게 "영웅이 되려는 선택" 같은 것은 없음에도 우리는 병들어 죽어가는 사람 앞에서 분노가 아닌 박수를 치라고 한다. 그들의 몸은 치명적인 바이러스에 감염될 위험이 누구보다 높지만 우리는 그들의 "희생"만을 생각할 뿐 그들의 몸을 생각해서는 안 된다. 그들이 "병사"라면 죽음은 단지 그들에게 맡겨진 일의 일부일 뿐이다.

하지만 말하건대 건강한 몸을 갖는 것에 미덕 같은 것은 없다. 질병은 인간으로 태어났기에 경험해야 하는 삶의 일부이다. 바이러스는 우리가 인간이 되기 오래전에 획득한 DNA 속에 묻혀 있었고 우리와 공진화했다. 인간의 게놈에는 네안데르탈인의 게놈 조각이 들어 있다. 어째서 그 조각이 남아 있느냐고? 가설에 따르면 그 게놈 조각은 아주 먼 옛날 우리가 아직 더 오래된 고대 인류와 이종 번식 하던 시절에 만연했던 질병에서 우리를 지켜주었다.

맞다, 질병은, 특히 바이러스 감염은, 우리를 변화시킨다. 인체는 우리를 재감염으로부터 보호하기 위해 분자 차원의 기억력을 진화시켰다. 그리고 맞다, 면역계 분자가 바이러스를 압박할 때 우리는 바이러스도 함께 변화시킨다. 한 세포에서 다른 세포로, 한 몸에서 다른 몸으로 옮겨갈 때마다 바이러스는 면역계를 피하기 위해 변이를 생성하고 몸은 다시 또 그것을 인지하는 법을 배운다. 율라 비스가 자기 아이의 면역계에 대해 쓴 것처럼 아기의 몸은 비무장 상태나 무방비 상태가 아니라 "면역학자들이 '순진하다'라고 표현하는 미접촉 상태이다. 예방 접종을 하든 안 하든 아기 인생의 처음 몇 년 동안에는 면역에 대한 빠른 교육이 이루어진다. 그 시기의 콧물과 고열은 모두 시스템이 미생물 어휘를 배울 때 나타나는 증상이다." 이것은 전쟁이 아니라 몇 주, 몇 달, 몇 년에 걸친 대화다. 사람들의 평생뿐만 아니라, 우리 종과, 우리가 항상 함께 살아야 하는 바이러스 사이에 벌어지는 지속적인 대화다.

군대식 사고방식에 저항하려면 이 대화를 인정하고 대화에 참여해야 한다. 필수 인력이든 아니든 미국 노동자들의 끔찍한 "평시(peacetime)" 조건뿐 아니라, 막대한 군사 지출 앞에서 한없이 위축되는 연방 정부의 다른 모든 비군사적 분야와

전쟁에 관하여

마찬가지로 자금난에 시달리는 구식 공공 보건 시스템을 혁신해야 한다. 전쟁의 제한적이고 잘못된 매개 변수에서 벗어나려면 격리와 사회적 거리 두기의 노력을 구금이나 희생이 아닌 공동체적 돌봄의 행위로 이미지를 쇄신할 필요가 있다.

우리가 자신을 국가의 몸, 심지어 세계의 몸으로 상상할 때 바이러스는 우리가 귀를 기울여야 할 대상이지 싸워야 할 대상이 아니다. 그것이 드러낸 우리 문화와 사회의 균열은 원래 존재하던 것이었다. 바이러스가 우리의 피에 남긴 면역은 문화적 면역이 되어 위기에 더 강한 사회로 만들 수 있지만, 그건 우리가 우리 앞에 놓인 교훈을 배웠을 때만이다.

⁓

또 다른 비유를 소개하겠다. 바이러스와 인간 게놈과 마찬가지로 질병, 특히 고약한 질병들은 문화적 DNA에 동화된다. 수전 손택이 《은유로서의 질병》에서 지적한 것처럼, 결핵은 대중이 예술가를 비롯해 "민감한" 개인을 인지하는 방식을 바꾸었을 뿐 아니라 현대 패션모델의 청사진을 제공했다. 마르고, 병약하고, 뺨은 붉고 창백한 얼굴, 젊음과 생기만으로 "응축된" 존재. 좀 더 명확히 말하면 HIV는 전 세계적으로 우리가 성적 쾌락과 맺는 관계를 바꾸었을 뿐 아니라 퀴어 커뮤니티에 지속적이고 고립을 야기하는 낙인을 남겼다. 코로나-19는 불가피하게 한 세대가 경험하는 사회관계와 신체적 친밀감을 바꾸었다.

1878년에 젊고 귀족적인 빌헬름 폰 글뢰덴(Wilhelm von Gloeden)은 "좋은 공기를 마시러" 독일에서 시칠리아로 거주지를 옮긴다. 그는 결핵을 진단받아 높고 건조하고 동요할 일 없는 한산한 시골 마을에서 요양하라는 흔한 처방을 받았다. 시칠리아에 있는 동안 그는 이후 영국인과 북유럽인 들이 몰려오게 만든 아름다운 풍경뿐만 아니라, 섬의 소년과 청년 들의 사진을 찍었다. 그중 여럿이 그의 연인이었다.

오늘날의 기준으로도 폰 글뢰덴은 범죄를 저지른 "타자" 또는 외부인으로 여겨질 수 있다. 그리고 확실히 19세기와 20세기 초에는 사회계약을 위반한 일탈자였다. 그러나 먼 곳에 고립되어 있었기에 용인되었고 그의 작품은 유럽 전역의 살롱에서 팔렸다. 그가 사망한 후 무솔리니 파시스트당이 바티칸과 동맹을 맺고 그의 작품 절반 이상을 몰수하여 파괴한 뒤에야 "사회"는 폰 글뢰덴의 도덕성에 관심을 가졌다. 생전에는 너무 멀리 외떨어져 있어서 어떤 관심도 받지 못했던 그였다. 아마 그가 살았던 구릿빛 소년들의 섬은 런던과 파리, 베를린의 부르주아 아들들로부터 너무 멀리 떨어져 있었던 것 같다.

결핵은 미코박테륨이 일으키는 폐 질환이다. 여느 박테리아성, 바이러스성 질병처럼 한 사람의 성격, 정치 성향, 윤리적 측면과는 아무 관련이 없다. 그러나 손택이 지적한 것처럼 아직 결핵이 불치병이던 시대에는 그렇지 않았다.

손택이 제시하지 않은 것은 결핵이란 질병이 은유적 사고와 도덕주의적 심리로 꽉 들어차 있었다는 사실이다. 결핵 환자는 치료를 위해 사회에서 제거되고, 노동뿐 아니라 가족의 삶이나 강요된 사회관계에서 모두 면제됐다. 사막과 산, 지중해 해안을 다니며 요양원을 전전하는 결핵 환자는 자본주의가 나머지 사람들에게 할당한 역할에서 해방된, 사회경제적 측면에서 체제 전복적인 사람들이었다. 그들을 격리하는 것은 그들만이 아니라 그들의 질병으로부터 나머지 사람들을 보호하기 위한 것이기도 했다.

잉여 자본과 같은 그들의 생활양식이 위험 요소가 되지 않으려면, 다시 말해 매력적으로 보이거나 바람직해 보이지 않으려면 그들을 도덕적으로 분리시키는 것이 가장 좋은 방법이었다. 심리적 결핵의 원형은 자본주의가 언제나 위협으로 간주해 온 것들로부터 자신을 보호하는 방식이었다. 다양한 부류의 희생자를 감염시킨 이 질병은 사회적 연결을 드러낸다. '그들'은 '우리'를 감염시킬지도 모른다. 하지만 결핵균을 죽이는 항생제가 발견되고 나자 결핵 환자는 더 이상 추방되지 않았고 나머지 사람들과 같은 사회경제적, 생의학적 틀 안에서 치료되고 동화되었다. 이제 결핵은 도덕적 질병이 아닌 신체적 질병에 불과하다.

오늘날에는 결핵 환자가 발생했을 때 사회가 익숙하고 효율적인 방식으로 신속하게 대응하여 즉각 검사하고 추적하고 치료하여 격리한다. 이런 발 빠른 대처는 결핵이 개인적인 병이 아니기에 가능하다. 하지만 어떤 질병도 개인적(personal)이지 않다. 암이나 다발성 경화증처럼 병인이 아직 확실히 이해되지 않은 비감염성 질병도 환자의 "잘못"은 아니다. 질병은 우연한 사고이지 악의가 아니다. 그것은 무도덕한(amoral) 것이지 부도덕한(immoral) 것이 아니다. 병에 걸린다는 것은 인간이 겪는 보편적 진실의 하나이다.

그러나 치료와 예방은 '여전히' 개인적이다. 적어도 미국처럼 개인화된 의료체계를 갖춘 나라에서는 더더욱 그렇다. 인간 게놈 프로젝트로 "개인 맞춤형 의약품"의 시대가 탄생했다. 암에서부터 감염까지 모든 질병에 대한 치료가 개인의 고유한 유전자 배경에 맞춰져서 진행될 것이다. 물론 이런 약속은 사람들의 개별적인 게놈 염기서열이 지금까지 알려진 질병의 치료에 대해 아무것도 말해주지 않았기 때문에 아직 요원하다. 물론 이 모든 것이 아주 복잡하고, 대부분은 미리 결정된 것이 아니라 철저히 무작위적이다.

무작위적이고 비개인적인 질병을 극복할 가능성은 자신을 돌보는 능력에 달려 있다. 그래서 질병이 계급과 인종과 권력의 표식이 되고, 사회경제적 지위를 더욱 가시적으로 만든다. 보험에 가입했는가? 지정된 1차 진료 기관이 있는가? 본인부담금과 검진을 받을 돈이 있는가? 회복하는 몇 주 동안 일을 하지 않아도 되는가? 미국에서 질병은 한 사람을 '인간'

으로 드러내고 이웃과 동등하게 대하는 것이 아니라 부유하냐 가난하냐, 보살핌을 받고 있느냐 무시당하고 있느냐, 백인이냐 흑인이냐, 건강하냐 건강하지 않느냐로 드러낸다. 2009년 연구에 따르면 미국에서 파산한 사람들의 60퍼센트가 적어도 부분적으로는 의료비 부채가 원인이었다. 미국에 사는 우리는 부유할 때만 돌봄을 받을 수 있는 수익 지향적 건강 "케어(care)" 시스템 속에서 이미 언제나 생명과 생계를 모두 잃고 있다.

사람의 몸은 망가지게 마련이고 애초에 그렇게 될 몸으로 태어났다. 팬데믹 기간에 몸에 대한 위험은 훨씬 더 '가시적으로' 비개인적인 것이 되었다. 과학자들은 코로나-19에 대한 집단면역이 이루어지려면 인구의 70퍼센트가 감염되어야 한다고 주장했다. 이 나라에서 인구의 70퍼센트가 갖는 공통점이 있다면 아직 목숨이 붙어 이 땅에 살아 있다는 것뿐이다. 당뇨, 심장 질환, HIV, 수많은 다른 질병과 달리 코로나 확진은 반드시 계급을 드러내는 '가시적인' 표지가 아니다(바이러스의 경로에 배치되는 노동자 계급일수록 노출될 가능성이 더 높기는 하지만). 그러나 코로나로 '죽는 것'은 다른 문제다. 이 두 사실─코로나 확진과 코로나로 인한 사망─을 결정하는 것이 무엇일까? 여러 세대에 걸친 건강 격차, 구조적 폭력, 여전히 법과 과학과 건강에 새겨져 있는 노예제와 강제 이주의 유산이다. 트럼프의 주치의이자 전직 공중보건국장이 암시한 것과 달리 흑인이 담배와 술을 너무 많이 하기 때문이 아니라는 말이다. 흑인과 갈색 인종 미국인을 실험용 기니피그로 사용하여 실험한 다음 나머지 사람들에게도 안전하다고 확인되는 순간 그들에게는 접근하기 어려워지는 의료 시스템을 세운 400년의 긴 프로젝트 때문이다. 헨리에타 랙스에게 "암과의 전쟁"에 관해서 물어보면 뭐라고 답할까?

건강은, 심각한 공공 현상으로서, 구성원 전체를 돌보고 싶어 하지 않는 사회를 보여주는 가시적인 지표로 남아 있다. 그것은 "정체성 정치"에 지친 척하는 정치 체제가 부과한 또 다른 "정체성"이다. 병에 걸리는 것은 개인의 도덕적 실패가 아니라 질병 같은 사회현상을 사회적으로 설명하지 않으려고 한 사회의 도덕적 실패이다.

전염병 시대의 통계는 잔인하다. 연령이나 건강 이력에 상관없이 코로나 환자의 일부는 중증으로 악화될 것이다. 2월 초 미국의 사례에서 보듯 오직 1,000명만 감염되었을 때 이 병은 이미 취약한 노년층이 걸리는 병처럼 보였다. 그러나 그 위험을 수백만으로 증폭시키면 사람들의 몸이 실제로 얼마나 서로 연결되어 있는지 이해할 수 있다. 2020년 말, 1월에서 10월 사이에 25~44세의 젊은 층의 초과 사망률이 4만 명에 육박했다. 젊은 이들도 죽은 것이다. 이미 짐작한 사실이다. 이것은 단순한 산수, 통계의 문제이다. 희귀했던 사건들이 확실해진다. 수백만이 백신 접종을 했고, 거의 완벽한 백신이라고 해도, 수학적으로 돌파 감염은 나올 수밖에 없다. 그것을 백신이 실패했다는 증거로 삼으면 안 된다. 오히려 (거의) 전국적인 차원에서 백신이 성공했음을 증명한다. 코로나-19는 모든 사람의 생명에 영향을 미칠 것이며 사람들은 저마다 자기가 아는 사람 중 최소한 한 명은 코로나로 잃을 것이다. 그러나 우리 중 국가가 규정한 "건강하지 않은" 집단에 속한 이들은 더 많은 사람을 잃을 것이다.

어떠한 '몸'도 코로나-19로부터 안전하지 않다. 이 병은 개인의 몸이 병을 물리치지 못한 것을 드러내기보다, 병에 걸린 사람 모두를 돌보지 못한 국가의 총체적 실패를 드러낸다.

◇

전쟁의 심상은 실패의 심상이다. 사실상 완전한 파괴의 심상이다. 우한에서 시작된 "외래 병원체"로서 코로나바이러스는 비행 금지, 국경 봉쇄, 무균 상태의 국가를 "밀폐"하기 위한 통과할 수 없는 벽까지 트럼프 대통령의 예상 가능했던 인종차별적이고 외국인 혐오적인 대처 메커니즘을 빠르게 발동시켰다. 그 덕분에 미국은 이제 감염률과 사망률에서 모든 다른 국가를 앞선다. 2020년 1월에 이미 질병통제예방센터는 코로나-19가 무증상 감염자에 의해서도 전염된다는 걸 알았음에도 대통령은 바이러스를 국경에서 마법처럼 막을 수 있고 다른 "감염성 병원체"처럼 강제 추방할 수 있을 거라고 상상했다. 국경 봉쇄와 제대로 기능하지 않는 공공 보건 인프라가 국가적 몸체를 온전하게 지킬 수 있을 거라고 말이다.

테러, 빈곤, 마약, 암 등과 벌이는 이 나라의 모든 끝없는 불운한 전쟁과 마찬가지로, 보이지 않고, 교묘히 의인화되지만 '결정적으로 인간이 아닌' 적과 맞붙는 "싸움"이란 존재하지 않는다. 오직 인정과 완화, 치료만이 있을 뿐이다.

전쟁은 이 나라가 좋아하는 은유다. 손택이 쓴 것처럼, "자기 이익과 수익성을 계산하지 않은 행동이 어리석다고 여겨지는 사회에서 전쟁을 일으키는 것은 사람들이 '현실적으로' 따져서는 안 되는 소수의 예외다. 비용과 실질적인 결과를 염두에 두고 보면 안 된다는 말이다." 미국에서 전쟁은 정치가들이나 실용주의자들이 "그런데 그 비용을 어떻게 지불하란 말입니까?"라는 불평을 듣지 않아도 되는 유일한 사회적 동원의 요청이다. 아무것도 상품화에서 벗어날 수 없고 팬데믹 한복판에서조차 인간이 경제적 가치로 평가되고 등급이 매겨지는 곳에서 전쟁은 초월적 대상이며 우리의 대표자들이 우리에게 예측 가능하게 되팔 수 있는 유일한 "공익"이다. 부시 2기 행정부가 증명했듯이 고문조차 영웅적인 희생 행위이다.

손택은 계속해서 이렇게 말했다. 특별히 질병에 적용될 때 군사적 은유는 "현대 전쟁에서 적을 대하듯 무서운 질병은 외래의 '타자'로 상상하여 구현된다. 그리고 이때 질병의 악마화가 환자 탓하기로 이어지는 것은 불가피하다." 타자들에게 대규모 상해를 입힌다는 점에서 비도덕적인 행위임에도, 전쟁은 상상적 요소들을 통해 도덕을 설파한다. 선을 대표하는 "우리"가 있고, 악을 대표하는 "그들"이 있다. 둘 사이의 경계는 뚜렷하다. 그 선을 긋는 것은 말할 것도 없이 언제나 국가이며, 방아쇠를 당기는 것 또한 국가이다. 현실에서 서로 합법적으로 전쟁이 가능한 것은 오직 국가뿐이다. 마약, 빈곤, 테러, HIV, 코로나바이러스처럼 보이지 않지만 인간화된 개념과 "전쟁"을 벌일 때 우리는 가해자를 상상할 것을 강요받는다. 모든 전쟁에는 상대가 있어야 한다. 그렇다면 보이지 않는 개념과의 싸움에서는 누구를 상상해야 할까? 마약 중독자, 빈곤층, 미국식 폭력으로 과격해진 극단적 종교인, HIV 확진자 등이 훌륭한 적이다. 복지 여왕*이 레이건의 인종차별적이고 계급주의적인 허수아비가 되어 수백만의 사회 안전망을 제거한 것도 결국 빈곤과의 전쟁에 대한 대응에서 시작했다. 'HIV와의 전쟁'은 HIV에 확진된 개인에 낙인을 찍었으며, 미검출은 비전염성과 동일하며 치료받은 HIV 확진자는 실제로 성관계를 해도 '안전하다'는 사실이 마침내 밝혀질 때까지 수십 년 동안 나쁜 과학을 이끌어왔다.

코로나-19의 경우 가장 분명한 도덕화는 위생, 사회적 거리 두기, 인종에서 나타난다. 확실히 위생과 사회적 거리 두기

---

*   Welfare Queen, 편법적으로 과도한 복지 혜택을 받는 여성.

의 실천은 자기 자신의 생명뿐 아니라 이웃의 생명까지 구할 수 있다. 메가폰을 들고 외치든, 트윗을 하든, 베란다에 나가 소리를 지르든 사람들에게 수치심을 주어 안에 들어가게 만들고 싶은 유혹이 든다.

그러나 전쟁의 은유 안에서 다시 상상하면 사회적 거리 두기를 하지 않는 사람들은 배신자가 된다. "그들"은 바이러스 확산을 뿌리 뽑기 위해 노력하는 "우리"와 어긋난다. 예를 들어 파이어 아일랜드의 독립기념일 서킷 퀸*들은 마스크 없이 수백 명이 모이는 파티를 개최하여 오염의 매개체로서 바이러스에 "합류한다." 이것은 격리를 타자들의 이익을 위해 내 의지에 반해 실시되는 감금으로 보는 군사적 관점을 불러온다. 이는 남을 배려할 의무 없이 어디든 내키는 대로 돌아다니는 평화 시기의 미국적 낭만에 대한 이중 범죄다.

그러나 더 눈에 띄는 것은 이 전쟁 은유의 인종차별적 요소가 미국 내 아시아인뿐 아니라 전 세계 아시아인을 향한 공격을 추동했다는 점이다. 그들은 "침입자"가 되어, 에이즈가 전 세계적으로 수백만 명을 사망하게 한 1980년대와 1990년대에 퀴어와 여성적인 남성들이 마주했던 것과 유사한 폭력을 경험한다. "전염성이 있다"는 꼬리표는 바이러스의 활동과 지능에

---

* circuit queen, 게이 남성들의 대규모 댄스파티인 서킷 파티에 자주 참가하는 사람.

서 기인한다. 한 사람의 애국심이 대중의 심문대에 끌려 나온다. 전염성이라는 정체성을 가진 HIV는 1980년대에 반(反) 퀴어, 반 흑인 폭력을 불러왔다. 퀴어가 된다는 것은 "나머지 우리들"을 위협하는 것이었다. 윌리엄 F. 버클리(William F. Buckley)는 〈뉴욕 타임스〉에서 감염되지 않은 나머지를 보호하기 위해 HIV에 걸린 사람들을 강제로 낙인 찍자고 제안했다. 동성애자(homosexual), 헤로인 사용자(heroin user), 혈우병 환자(hemophiliac), 아이티인들(Haitian)의 4H가 아니면 누가 낙인이 찍히겠는가.

그렇다면 HIV에서 코로나-19까지, 팬데믹의 기원과 병에 걸리고 바이러스를 옮길 가능성이 가장 높은 사람들에 대한 대중의 은유는 바이러스 감염이 아닌 주먹과 칼로 사람들에게 인종차별적 위해를 가한다. 그리고 바이러스 유입에 관한 이런 이야기들은 거짓으로 단순화된다. HIV는 콩고에서 왔다. 그건 맞다. 그러나 식민지화와 도시화의 결과로 발생하여, 벨기에 백인들이 독점한 직업인 의사가 될 수 없었던 콩고인들 속으로 유입되었다. 코로나-19는 바이러스가 인간에게 흘러 들어갈 수 있는 모든 대륙들과 마찬가지로, 도시화가 인간과 동물의 접촉을 증가시킨 세계의 한 구역에서 시작되었다. 이미 취약한 사람들과 바이러스의 확산을 연결 짓는 이야기는 거짓이고 위험하다. 아시아인과 아시아계 미국인 여성들이 운영한 스파에서 8명을 살해한 살인자가 상상한 이야기에는 이 여성들이 자신에게 제공하는 쾌락만이 드러난다. 유가족이 피해자들에 대해 말한 것을 들으면 그의 상상력이 얼마나 거짓이고 치명적이었는지를 알 수 있다. 백인의 상상력은 언제나 깔끔하게 시시비비를 가리길 원하지만 우리가 사는 이 복잡한 세상은 종종 그런 종류의 답을 주지 않는다.

2020년과 2021년에 우리는 아시아 국가들이 코로나-19 유행을 신속히 통제했음에도 아시아계 미국인이나 아시아 이민자들에 대해 왜곡된 논리가 적용되는 것을 보았다. 인종차별과 동성애 혐오는 논리의 규칙이 아니라 권력과 잔혹함의 규칙을 따른다.

몇 달간의 자가 격리가 끝나고 당파적 애국심의 표출─마스크가 나라를 보호하는가? 또는 "트럼프에 반대해" 마스크 쓰기에 찬성하는가?─만 남은 지금 그 가시성은 그저 기억을 상기하는 표지일 뿐이다. 백신과 더불어 우리가 사회적 공간에 존재하면서 호흡기 바이러스 확산을 막을 가장 효과적이고 손쉽게 구할 수 있는 도구인 마스크는 정치적 기표가 되었다. 마스크를 쓰는 사람은 "바이러스의 존재를 믿고" 따라서 일상적인 미국인의 삶에서 마스크를 써야 한다는 쪽을 지지한다. 반면에 마스크를 기피하며, 마스크를 써달라고 간청하는 사람들을 공격하는 이들은 바이러스의 "압제에 저항하고" 있는 것이다. 병자를 보살피고 더 많은 사람이 병드는 것을 막기 위해 혼신의 노력을 기울이는 압제 말이다.

모든 은유를 배제하고 보더라도 사회적 거리 두기는 효과가 '있다'. 우한에서 2020년 2월에서 하루에 거의 3,000명에 달하던 확진자 수가 적극적인 검사, 치료, 감염 여부와 상관없이 사람들을 집에 머물게 강제한 결과 3월에 들어서면서 하루에 100건으로 줄었다. 한국에서는 3월에 3만 명 이상이 자가 격리했고 초기의 확진자 수 급증에도 불구하고 곡선은 빠르게 완만해졌다. 심지어 미국에서도 격리 조치가 실시되고 취지가 명확히 전달되고 심각하게 받아들여진 일부 주―이를테면 뉴욕이나 워싱턴―에서는 감염 속도가 상당히 늦춰졌다.

대개는 군국주의적이고 강제적인 고립으로 받아들여지지만, 격리와 사회적 거리 두기는 지역사회를 위한 배려와 보살핌으로 이미지를 쇄신할 수 있다. 사람들을 철조망 뒤에 가두는 것이 아니라 혼자 있을 때조차 우리는 서로에 의존하여 건강하고 안전한 삶을 살아간다고 되새기게 해주는 지극히 사회적인 활동이라고 말이다. 처음부터 우리는 코로나-19가 고령자와 면역력이 약한 사람들에게 가장 위험하다는 것을 알고 있었다. 또한 미국에서는 흑인과 갈색 인종, 빈곤층에게 더 위험하다는 것도 아주 분명히 알 수 있다. 여기에 젊고 건강한 젊은이들의 사망도 급격히 늘고 있다. 중증 환자가 될 가능성이 적은 사람들은 바이러스 사태로 약간의 '불편을 겪는' 정도일지 모르지만 그들이 옮기는 바이러스에 누군가는 정상적인 생활을 할 수 없게 되거나 병원에 입원하거나 죽을 수도 있다. 중증으로 진행될 가능성이 낮은 사람들도 코로나-19에 감염되면 소위 롱코비드 상태의 코로나 급성 후유증(post-accute COVID-19 syndrom)으로 몸이 약해지고 장기적으로 지속되는 각종 증상을 겪을 수 있다. 바이러스와 바이러스에 대항하는 몸의 반응은 항상 기대와 논리를 거스른다. 겉보기에 경미해 보이는 증상도 몇 달 혹은 몇 년까지 지속된다면 결코 경미하다고 볼 수 없다. 나는 누구도 이런 식으로 고통을 겪는 것은 원치 않는다. 마스크 쓰기, 백신 접종, 거리 두기처럼 간단하고 손쉬운 조치를 통해 다른 사람들을 배려하는 것은 고통을 막는 유일한 방법이다.

또한 코로나-19의 높은 감염률(확진자 한 명당 5.7명에게 옮길 수 있다)을 볼 때 격리 조치는 병원이 중증 환자로 포화되는 것을 막는 방법이기도 하다.

격리된 우리는 혼자일지 모르지만 격리 행위를 통해 우리는 자신이 사는 지역사회에서, 또 이 지구에서 혼자가 아님을 증명한다. 격리는 사회적인 행동이지 개인적인 희생이 아니다.

～

팬데믹을 거치며, 원하는 것은 무엇이든 할 수 있는 사람이라는 미국인의 이미지가 복잡해졌다. 자유분방한 미국인 상이 졸지에 미국인답지 않은 것이 됐다. 전쟁의 상상력이 이런 상실과 타협할 수 있게 돕는다. "방역 조치에 협조하는 당신은 국가에 '복무하고' 있습니다. 자가격리를 하고 이동을 제한하는 것은 바이러스와 '싸우는' 한 방법입니다." 이런 식으로 전쟁의 은유는 가장 이타적인 사회적 행동까지 어김없이 개인적 선택의 영역으로 흡수해버린다. 그러면서 그것이 진짜 미국인에 관한 것이라고 생각하게 만든다.

이것은 유혹적인 사고방식이다. 이를테면 애커먼이 상상한 코로나-19와의 "전쟁"에는 "전시 리더십"이 필요한데, 예상대로 트럼프 대통령의 역량은 부족한 것으로 판명됐다. "트럼프 대통령의 초기 부활절 전망은 남북전쟁이나 제1차 세계대전 같은 다른 분쟁의 시발점에 병사들에게 던졌던 '크리스마스는 집에서'라는 공허한 약속과 소름 끼칠 만큼 닮았다." 말할 것도 없이 코로나-19 팬데믹은 두 국가의 충돌이 아니다. 그러나 애커먼이 그 은유를 따라잡지 못한 트럼프의 실패를 지적한 것은 옳았다. 트럼프는 "국민과 정직하게 대면하지 못했고, 국가로서 어떤 도전에도 완벽하게 대처할 수 있다고 장담하면서도 이 위기의 실상을 국민에게 솔직하게 알리지 못했다"는 점에서 지도자의 역할을 다하지 못했다. 트럼프는 공공연히 경제를 "미국인의 생명"보다 중시했는데, 대통령이라면 '인정해서도' 안 될 일이었다. 애커먼은 세 가지 갈등을 더 설명한다. "9.11 테러와 진주만, 저 옛날 국가 건립 시기에도 미국인들은 단합하는 방법을 알고 있었다." 이슬람 혐오 범죄, 일본계 미국인의 "강제 수용", 대서양 노예무역과 아메리카 원주민 대학살은 당연히 삭제되었다. 그러나 적어도 저 대통령들은 달러 손실과 침체한 시장에 대해 신문이나 방송에서 떠들어대지 말아야 한다는 것쯤은 알았다. 그들은 비록 전쟁이 지도자가 더 큰 세계를 상대로 하는 또 다른 거래일지라도 전쟁의 언어가 얼마나 "포괄적"이어야 하는지는 알았다. 하지만 트럼프는 대놓고 미국의 국민이 아닌 미국의 경제를 이끌며, 살아 있는 진짜 사람들을 무시하고 경제의 건강에만 조바심을 냈다.

그러나 지난 몇 달간의 흐름에서 보았듯이 대규모 사망과 통제 불가능한 바이러스 감염이 경제에 좋지 못한 것은 사실이다. 경제적 타격이 아주 적었던 국가들은 바이러스 확산을 확실히 막기 위해 완전히 문을 내렸던 국가들이다. 한국은 몇 주 동안 실내 식당의 문을 닫았다. 일본은 실업률을 3퍼센트 미만으로 유지했지만 미국의 실업률은 15퍼센트까지 치솟았다. 오스트레일리아와 뉴질랜드는, 섬나라라서 국민들이 드나드는 것을 통제하기 훨씬 쉬웠겠지만 그럼에도 상당히 선방했다. 그랬다. 코로나 확진자 수를 줄이려면 국민의 이동을 통제해야 했다. 그런데 많은 이들이(특히 미국에서는) 다른 사람들의 건강을 희생하더라도 자신의 자유, 권리가 더 중요하다고 생각하는 것 같다.

트럼프는 전쟁의 은유가 미처 예상하지 못한 현상이었다. 그의 서사에서 코로나로 죽어가는 것은 친구도 이웃도 심지어 미국인도 아닌 그와 그가 이끄는 당에게 더 중요한 다른 것이 있었다. 규제 없는 이익. 트럼프는 전쟁 은유의 지적 빈곤을 드러냈다. 코로나-19는 미국이 비상사태에서 운영되어온 방법을 바꾼 것이 아니라 지금까지 항상 어떻게 운영해왔는지를 드러냈다. 우리는 '함께(with)'였던 적이 없었다. 오직 '맞서(against)' 싸웠다. 서로서로. 상대가 이웃이든 과거든 심지어 우리 자신이든 가리지 않고 늘 맞서 싸웠을 뿐이다. 짧지만 파괴적인 바이러스와의 전쟁에서 보았듯이 전쟁은 절대 우리를 구해주지 못한다. 전쟁은 죽일 뿐이다.

⌀

"문화적 DNA"에 관한 은유로 돌아가보자. 코로나-19를 일으키는 바이러스와 "싸우는" 대신, 그것으로부터 뭔가를 배우루 수는 없을까? 팬데믹을 사회 차원의 교육을 위한 기회로 여길 수는 없을까? 손택의 관점에서 이것은 당연히 "의미를 빼앗아 가는 것"이 아니라 "의미를 부여하는 것"이다. 그러나 언어가 은유로 이뤄진 데는 이유가 있다. 은유는 생각을 안내하고 연결하도록 돕는다. 우리가 은유를 '선택한다'는 것은 우리에게 전쟁이 아닌 돌봄과 배려의 은유를, 파괴가 아닌 가르침의 은유를 선택할 능력과 역량이 있다는 뜻이다.

이런 의미에서 "역병(plague)"은 교훈적인 단어이다. 손택은 이렇게 썼다. "대개 전염병은 역병으로 여겨진다. 그리고 대규모로 발생하는 이 질병은 단지 견뎌야 하는 것이 아닌 피해를 입는 것으로 여겨진다. …… 질병에 의미가 있다면 그것은 곧 집단적 재앙이며 한 공동체에 대한 심판이다."

역병은 개인의 질병이 아닌 사회적 현상이다. 기이한 바이러스가 출현한 순간부터 효과적인 예방법과 치료법이 개발될 때까지 일정 기간—어떨 때는 짧게, 어떨 때는 10년 이상—에는 특히 그러하다. 접촉하는 모두에게 타격을 주므로 가장 취약한 이들을 보호할 책임은 '공동체'에 있다. 그러나 일단 백신이나 치료법이 개발되어 널리 배포되면 그때부터 바이러스는 다시 개인화된다. 누구누구는 바이러스가 있고 누구누구는 없으며, 누구는 백신 접종을 했고 누구는 아니다. 대개는 돌봄과 치료에 대한 접근성이 다르기 때문이다.

우리는 코로나-19라는 역병이 이어지는 수개월 또는 수년이 넘게 이런 생각을 계속하고, 또 만약 이 바이러스가 우리를 완전히 떠난다면 그때는 코로나-19 자체를 초월해서 생각하게 될 것이다. 몸이 있다는 단순한 이유만으로 모든 사람들은 감염과 상해, 질병과 죽음의 위험을 안고 있다. 게다가 우리는 모두 연결되었으므로 당신의 병이 곧 내 병이다. 모두의 몸이 함께 취약하다는 사실은 의료체계를 비롯한 상호 돌봄을 요구한다.

전쟁의 은유를 돌봄의 은유로 뒤집으려면 질문 자체를 뒤집어야 한다. 일례로, 우리는 우리의 필수인력을 위해 무엇을 해야 하는가? 우리는 우리 사회의 가장 취약한 이들을 위해 무엇을 해야 하는가? 이 질문의 답에는 다양한 층위가 있으며 시간의 범위도 고려해야 한다. 아주 가까운 장래에 노동의 가치는 다른 사람들이 밥을 먹게 해주고 병원에서 기다려주고 그곳까지 데려다주기 위해 가장 큰 위험을 무릅쓰는 이들에게 보답하는 방향으로 바뀌어야 한다.

그래서 연방 정부와 주 정부는 아무리 "사회주의"처럼 보이더라도 재해 대책에 더 힘을 기울여야 한다. 코로나-19를 성공적으로 억제한 모든 국가에서 볼 수 있듯이 사람들은 얻는 게 있어야만 집에 머문다.

현대 전쟁에 대한 미사여구와, 건강과 사회계층의 연관성을 보면 상상하기 어려운 일이지만 서구 의학에서 가장 오래된 은유의 하나는 전쟁이 아닌 돌봄이었다. 히포크라테스는 "의학의 기본 지침"을 마치 "흙을 생산하는 배양 과정"인 것처럼 설명했다. "우리의 타고난 기질은 흙이고 스승의 가르침은 씨앗이며 젊은이를 가르치는 것은 적절한 철에 맞춰 땅에 씨앗을 심는 것과 같다. 가르침을 전하는 것은 대기가 식물에 먹이를 주는 것과 같고, 부지런한 공부는 밭을 일구는 것과 같다. 그것은 만물에 힘을 주고 성숙하게 하는 시간이다." 말하자면 서양의학의 시작은 침입이나 식민지화가 아니라 '발아'였다. 몸과 마음을 주의 깊고 인내심 있게 돌보고 키워서 몸과 마음이 치유되고 다른 사람들과 더불어 번성할 수 있게 하려는 것이다.

의사와 간호사들은 전사가 아니다. 그들은 돌보는 사람들이다. 그들은 영웅이 아니다. 그들은 노동자다. 그들을 이런 식으로 바라보고 생각한다면, 그들이 집에 머물지 않는 덕분에 우리가 집에 머무를 수 있으며 따라서 우리는 그들에게 빚지고 있다. 그들은 "우리의 자유를 위해" 죽어가는 사람들이 아니다. 그들은 우리가 제대로 된 예방책을 거부하기 때문에 죽어가고 있다. 그들 역시 몸을 가진 인간이기 때문이다. 우리가 책임질 생각이 없고 최선을 다해 돌보지 않기로 선택한 몸을 가졌기 때문이다. 일터를 되도록 안전하게 만들어야 하는 것은 모든 미국인의 책임이다.

의학은 무기가 아니다. 살기 위한 필수적인 처치이다. 1996년 이후의 HIV에서처럼 적어도 최선의 시나리오에서는 그러하다. 그러나 HIV의 사례에도 정치적인 측면이 있다. 약물이 HIV와의 전쟁에서 '무기'가 된다면 우리 사회는 누가 뒤에 남겨지는지, 누가 희생되는지 목도하게 될 것이다. 해외에 있는 수백만 명은 말할 것도 없고 남부 농촌 지역의 흑인 퀴어들이 그런 사람들이다. 전쟁은 사상자가 생기는 것은 불가피하다고 가정하고, 종종 사상자들의 실제 죽음에 도덕적 정당성을 부여한다.

돌봄은 그렇지 않다. 의학을 치료와 돌봄으로 보는 관점은 약물 발견 과정을 처음부터 끝까지 재구성하기 시작할 것이다. 다시 말하지만 HIV의 예는 교훈을 주었다. 과학자들이 그 명백한 사실을 발견하기까지 수십 년이 걸렸다. 만약 HIV가 있는 모든 사람들이 (비싼) 치료를 받는다면 우리는 새로운 감염이 일어나는 것을 완전히 막을 수 있다. 치료가 곧 예방이다. HIV 양성인 사람들을 최선을 다해 치료하는 것이 HIV 음성이든 양성이든 모두에게 도움이 될 것이다. 수학 모델에 따르면 우리는 새로운 감염이 발생하지 않게 간단히 치료할 수 있다. 그렇다면 그것을 가로막는 장애물이 무엇인가? 차로 2시간 거리에 있는 병원, 진단 검사를 받지 못하는 농촌 지역, 낙인, 치료제와 돌봄의 비용이 그것이다.

(예를 들어) 복제약이 이미 잘 개발된 상태라면 특허를 연장해 가장 많은 이윤을 얻을 수 있는 약 대신에 희소한 질병 또는 충분한 의료 혜택을 받지 못하는 사람들이 주로 걸리는 질병—이런 병들은 항상 자원 집약적이고 따라서 비용이 많이 들고 그래서 수익성이 낮다—에 대한 새로운 약물을 연구하기 시작해야 한다. 돌봄은 이윤을 추구하는 제약 회사들 사이의 "군비 경쟁" 대신에 사람들의 삶을 사용하고 처분하는 것이 아닌, 살리고 개선하는 협력적 노력을 상상한다. 돌봄은 우리가 수십 년 동안 실패한 시스템, 그 치명적인 결과물이 너무 자주 비가시적인 것이 되는 시스템에 대해 다시 생각할 것을 허락, 아니 요구한다. 돌봄은 죽음을 더는 비가시적인 것으로 만들지 않는다.

팬데믹은 어떤 직업이 우리의 생존에 진정으로 필요한지를 명확히 보여주었다. 이런 직업의 대다수가 비난받는 노동자 계층의 일이라는 것은 충격적이기도 하고 그렇지 않기도 하다.

모두를 지탱하는 산업, 서비스, 의료계 직업을 유색인종이 도맡고 있다는 것은 전혀 놀랍지 않다. 만약 이 직업들이 여전히 저임금 상태이고 "영웅"의 지위가 다시 조롱으로 강등되는 코로나 이전의 "정상 상태로 복귀하길" 바란다면 그것은 진정한 돌봄이 아니다.

작가 오드리 로드는 1970년대 후반에 유방암 진단을 받았는데 당시에는 치료 방법이 수술과 방사선뿐이었다. 치료에 들어가기 전부터 치료가 끝난 후까지 로드는 일기를 썼고 《암 일지》로 출간했다. 로드는 "죽음을 정면으로 마주하고도 받아들이지 않았다면 두려워할 것이 무엇이 더 남아 있겠는가? 죽음의 존재를 삶의 과정으로 받아들인다면 누가 또다시 내 위에 군림하겠는가?"라는 질문을 던졌다.

"죽음에 대한 유일한 대답은 살아 있음의 열기와 혼란이다"라고 로드는 썼다. "신뢰할 수 있는 유일한 온기는 피의 온기이다. 나는 지금 맥이 뛰는 나의 피를 느낀다." 이 순간, 이 세계적인 팬데믹과 대규모 죽음에 직면하려면 용기와 힘, 그리고 자신의 몸과 서로에 대한 깊은 감사가 필요하다. 우리는 죽음을 만드는 자본주의적 방식으로 되돌아가면 안 된다. 엉망진창인 삶의 혼돈을 최선을 다해 받아들여야 한다. 돌봄은 그 받아들임의 방식이다. 돌봄은 사회계층에서의 서열이나 개인이 맡은 노동의 종류와 무관하게 인간의 생명, 모든 생명의 가치를 중시한다(미국 이민세관집행국 관리나 억만장자처럼 직업이나 지위

자체가 해악의 한 형태인 것들은 제외하고. 그러나 직업을 빼앗는다고 해서 은퇴를 강요당한 사람을 더는 돌볼 수 없다는 뜻은 아니다). 전쟁, 제국주의적 팽창, 전투, 경쟁, 식민주의라는 자본주의의 은유와 현실은 우리 사회에 깊숙이 자리 잡고 있지만 치유할 수 없는 것은 아니다. 율라 비스의 말처럼, "자본주의와 경쟁할 정도로 강력한 에토스를 상상하는 것이, 설령 그것이 인간 생명에 내재한 가치에 기반한 에토스라 할지라도 얼마나 어려운가는 자본주의가 얼마나 성공적으로 우리의 상상력을 제한해 왔는지 알려준다."

호세 에스테반 무뇨스가 쓰기로, "예컨대 자본주의는 우리로 하여금 그것이 자연의 질서이며 일이 진행되는 필연적인 방식이라고 생각하게 할 것이다." 어슐러 K. 르 귄(Ursula K. Le Guin)은 이 점을 한 연설에서 명쾌하게 정리했다. "우리는 자본주의 안에 살고 있다. 그 힘에서 벗어나기는 힘들다. 그러나 그건 과거 왕의 신성한 권리도 마찬가지였다. 인간이 쥐고 있는 어떤 권력도 인간 자신에 의해 저지되고 바뀔 수 있다. 저항과 변화는 종종 예술에서 시작되고 아주 자주 우리의 예술, 특히 말의 예술에서 시작된다."

비스, 무뇨스, 르 귄이 모두 동의한 사실에 동의하지 않을 수 있을까? 이제 우리의 임무는 마치 근육을 단련하듯 자본주의의 한계 밖에서 상상력을 훈련하는 것이고 우리가 다른 미래를 쓸 수 있는 사람임을 믿기 시작하는 것이다.

작가뿐 아니라 모든 사람이 말의 예술에 참여한다. 모두가 말을 하고 모두가 글을 쓴다. 전문 작가만이 아니라 우리 모두가 돌봄의 언어, 이어주기와 사랑을 만드는 일상의 예술을 선택할 수 있다.

"우리는 함께 위험에 처한 사람들이다"라고 도나 해러웨이(Donna J. Haraway)가 썼다. 코로나-19와 기후 변화 앞에서 전 세계는 함께 이겨내거나 함께 몰락할 한 몸이다. 우리는 지금 서로와의 연결성을 확실히 볼 수 있다. "우리는 공생 시스템이다. 여지 없이 '함께-되는(become-with)' 사람들이다. 그냥 '되기'는 없고 언제나 '함께 되기'만 있을 뿐이다"라고 해러웨이는 썼다. 곤경에 휘말린 생명정치학적(biopolitical) 생태계로서 우리는 코로나-19와 싸울 것이 아니라 함께되기 해야 한다. 예를 들어 백신 접종은 면역계로 하여금 바이러스에 감염되지 않으면서 SARS-CoV-2의 스파이크 단백질과 함께-되고 대화를 나누게 허락한다. 이제는 누가 이 대화에 접근할 수 있는지가 돌봄의 미사여구를 이루는 핵심이 된다. 백신으로 지구의 모든 사람을 보호할 때까지 SARS-CoV-2는 인간의 방어와 백신을 잘 피하게 진화할 것이다. 결국 모두 함께되는 것이다.

그래서 돌봄과 지역사회에 기반한 대안을 상상하는 것은 '가능'하다. 그 상상력은 은유의 수준에서 불꽃과 함께 시작되고 점화된다.

계속해서 코로나-19와 전면전을 벌이며 싸우려고 든다면 우리는 계속해서 패배할 것이다. 대규모 사망을 면하기는커녕 계속해서 받아들일 수밖에 없을 것이다. 코로나-19와 관련해 전쟁은 언제나 이 죽음을 묘사했다. 죽음에 대처하는 것이 아니라 죽음을 예언하고 받아들였으며 심지어 도전하기까지 했다.

바이러스 학자들이 예측하듯이, 그리고 실제로 그렇게 되고 있는 것처럼 코로나-19가 1년 이상 지속되면 이 역병이 우리에게 가르쳐주는 것은 이 병은 우리의 잘못이 아니고, 이 병과는 싸울 수 없으며, 아픈 자는 약하지 않고, 죽은 자는 실패한 것이 아니며, 지도자들은 지금이든 나중이든 우리를 고립에 빠트리기 위해 폭력의 망령에 의지해서는 안 된다는 것이다. 코로나-19 백신은 놀라운 생의학적 도구임을 증명하고 있다. 은 총과 마법의 힘으로 마침내 사라지더라도 코로나-19는 우리의 몸과 문화적 기억 속에 통합될 것이다. 우리는 '우리가 어떻게 바이러스와 싸우고 투쟁하고 전투하고 고통받았는가'가 아니라 '역병 속에서도 어떻게 서로를 배려하고 돌보았는가'라는 틀로 이 역사를 기록해야 한다. 내 말을 명심하라. 이것을 기억하라. 코로나-19가 어떻게 역병에서 함께 살아남을지 그리고 어떻게 세상이 전과 같지 않게 만들지를 가르치게 하라.

7

멘토에 관하여

—

내 앞에 다른 나

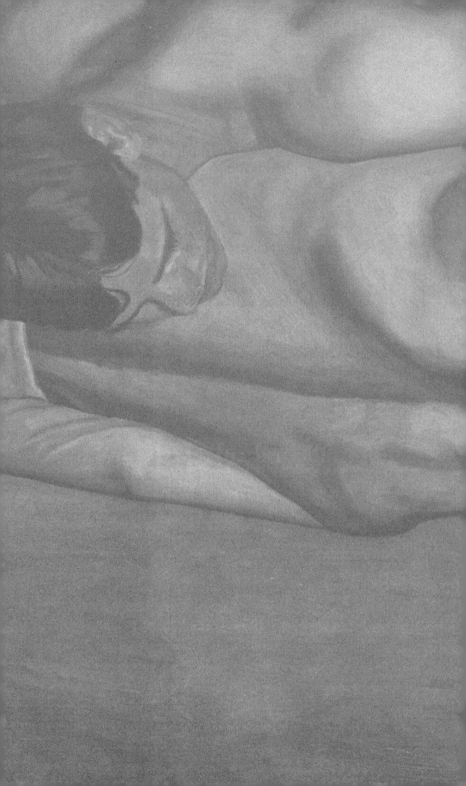

많은 퀴어의 부모님처럼 우리 부모님도 이성애자였다. 나는 워싱턴주 시골 마을에서 자랐다. 집에 케이블을 설치할 수 없어서 아버지가 지붕에 안테나 회전자를 설치해 뿌옇게나마 NBC 화면을 보긴 했지만 때는 〈윌 앤드 그레이스〉*가 방송되기 전이었다. 게이가 된다는 것에 대해 내가 아는 거라고는 어릴 때는 두들겨 맞고 커서는 에이즈에 걸려서 죽을 거라는 것이 전부였다.

대학에 가서야 어떻게 게이가 섹스하는지를 알았다. 그 무렵에는 남성에게 끌리고 있었다. 처음으로 좋아한 남자는 내가 학내 아르바이트로 관리하던 학교 농구팀에서 선수로 뛰던 멀쑥한 남학생이었다. 여전히 나는 서로에게 호감이 있는 두 남성이 어떻게 섹스하는지 감을 잡을 수 없었다. 물론 키스를 한다는 건 알았다. 또 남자들이 자위하는 짧은 동영상을 본 적이 있었고 그 정도는 내 경험으로도 알고 있었지만, 그 이상 뭘 할 수 있을까? 게이는 어떻게 섹스를 할까? 도무지 상상이 되지

---

*   게이 주인공이 최초로 등장한 시트콤이다.

않았다.

남성간 성관계에 대해서는 무지했다면 친밀감은 더더욱 미지의 세계였다. 어떻게 호모라고 놀림받지 않고 애정을 표시할까? 어떻게 스킨십을 할까? 호모라고 불리는 것은 최악이었다. 특히 자신이 진짜 호모일까 봐 걱정하고 있다면 말이다. 당시 남성끼리의 애정 표시는 (지금도 많은 사람들한테는 그런 것 같은데) 잠시 방문 중인 이국 땅의 낯선 언어였고, 나는 아침에 오렌지 주스를 주문하고 저녁에 바에서 진 마티니를 주문하는 것 같은 시시한 말조차 사전을 찾아야 했다. 남자가 자기 옆을 지나치는 내 팔을 붙잡는 것은 무슨 의미인가? 프리스비 팀에서 선전했을 때 엉덩이를 툭툭 치며 지나가는 것은 그저 격려의 몸짓인가?

"그럼 넌 게이 남자들이 뭘 한다고 생각했어?" 한번은 내 순진함에 놀란 이성애자 친구가 내게 물었다. 그 대화 후 2주 뒤에 봄방학이라 집에 갔을 때 나는 손가락 두 개를 내 몸에 넣어보았고 대학을 졸업하면 꼭 게이 섹스를 배울 수 있는 도시에 가서 살겠다고 다짐했다.

✺

흑백사진 속 알렉산더 지가 새 에세이집 《자전소설 쓰는 법(How to Write an Autobiographical Novel)》의 표지에서 능글맞게 웃으며 나를 보고 있다. 책 안에는 또 다른 그의 사진들이 있다. 격자 속 여기서는 활짝 웃고 있고, 저기서는 추파를 던진다. 내가 제일 좋아하는 사진은 키스하는 얼굴이다. 이 사진들은 지가 아이오와에서 예술학 석사과정을 밟을 때 당시 남자친구에게 보내려고 포토 부스에서 찍은 것이다. 사진 속 지는 다정하고 섹시하고 장난기 넘친다. 수십 년 전 그의 삶과, 그가 맺고 또 잃어버린 관계를 엿볼 수 있었다.

알렉산더 지도 나처럼 인터넷이 없던 시절 외따로 떨어진 곳에서 자랐다. 하지만 나와 달리 그는 그저 범생이 백인 게이가 아니라 백인 마을에서 성장한 한국계였다. 지의 책은 어린 시절로 시작하지만 장소는 고향인 메인주가 아니라 외국인 멕시코다. 지는 그 낯선 곳에서 집에서는 한 번도 가져보지 못한 소속감을 느꼈다. 우리가 어디에, 누구에게 속하는가 하는 주제가 책의 모든 에세이를 관통하며 각각을 별개의 글이 아닌 회고록의 한 조각으로 만든다.

지는 HIV/에이즈 위기가 절정인 시기에 메인주의 고향에서 대학으로, 그리고 샌프란시스코로 이어지는 삶의 실타래를 따라간다. 그는 어려서 아버지의 죽음으로 트라우마를 겪었고, 이후 게이 남성들이 에이즈로 죽어가는 세상에서 성인이 된다.

그의 에세이들은 모두 하나의 끈으로 연결된다. 장미 정원에서의 시적인 회상에서 시작해 글쓰기에 대한 목록식 서술, 그리고 끝은 소설로 마무리하는 등 글의 형식은 달라지지만,

HIV/에이즈 위기, 학대받은 어린 시절, 자신의 이야기를 소설로 쓰기로 결심하는 과정, 트라우마와 치유, 읽기와 쓰기, 사랑, 거짓 사랑을 깨부수기, 예술의 가치를 훼손하고 심지어 조롱하는 세상에서 예술 하기 등의 주제가 돌아가면서 반복된다.

이것이 바로 지의 책이 가진 힘이자 탁월함이다. 그는 처음에는 한 주제에 대해 슬쩍 암시만 던지고 훨씬 뒤에서야 자세하게 풀어낸다. 독자는 관계에 실패한 20대를 다루는 장에서 그의 어린 시절 학대 경험을 알게 된다. 훌륭한 작가, 특히 플롯을 잘 짜는 작가들은 총이 발사되기 직전까지 주인공의 손에 총을 쥐여주지 않는 법이다. 우리는 기다리고 기다리다가, 여러 해가 지나고 여러 페이지가 넘어간 뒤에야 손가락이 방아쇠를 당기는 장면을 본다. 이런 구성과 지의 트레이드마크인 정확하지만 헤매는 듯한 문장이 독자를 한 장에서 다음 장으로 빠르게 이끈다. 그러나 이런 성공적인 서사 장치가 트라우마를 주기도 한다. 장전된 채 줄곧 한자리에 자물쇠나 안전장치 없이 놓여 있던 총이 어느 틈에 발사하여 우리를 산산조각 내고 우리가 안전하게 세워놓았다고 믿었던 세상을 폭파한다.

⟶

나는 자신과의 약속을 지켰다. 학부를 졸업하고 1년간 외국에 있다가 2006년에 생물물리학 박사 과정으로 뉴욕에 왔다.

나는 대학원에 내 또래 게이 과학자들이 많은 걸 보고 놀랐다. 하지만 교수 중에 커밍아웃한 게이는 없었다. 새로운 대도시에 적응하느라 시간은 걸렸지만 마침내 나는 과학계 밖에서도 많은 게이 친구들을 만났다. 모두 내 또래였다. 학교에서 만난 멘토들은 모두 이성애자였고 과학자였고 나이가 있었다. 내 과학 멘토들은 많은 지혜를 일러주었지만 나라는 사람의 특별한 몸의 생물학에 대해서는 조언하지 못했다.

퀴어들은 대개 다 커서 동족을 찾게 된다. 우리는 멘토를 찾는다. 지금까지 살아남아 오랫동안 쌓은 연륜을 기꺼이 공유하고 내가 좀 더 수월하게 살아갈 수 있게 도와주는 사람 말이다.

나는 HIV가 에이즈를 일으키는 바이러스라는 사실이 확인되기 1년 전에 태어났다. 2006년 뉴욕으로 이사했을 당시 나보다 5~10살 많은 수많은 게이 남성들은 역병에서 살아남지 못했다. 1996년에 나는 열세 살이었다. 그해에 에이즈 치료 약물에 단백질 분해 효소 억제제가 첨가되었다. HIV 확진자들이 죽음에서 벗어나기 시작한 해였다.

"나는 항상 세상에서 내가 찾아 헤매던 것이 되어야 했다"라고 지가 썼다. "그리고 내가 되어야 할 그 사람이 이미 존재했기를 바랐다. 내 앞의 또 다른 '나'로서." 퀴어 과학자로서 내 친구들과 나는 이 말에 너무도 공감했다.

이런 정서는 지의 인종이나 퀴어성, 작가가 되려는 포부에서 분리할 수 없다. 또한 그가 다른 책에서도 썼듯이 HIV 위기라는 상황과도 떨어뜨려 생각할 수 없다. 1989년에 처음 샌프란시스코에 도착한 지는 "우리와 같은 사람이 전에 존재한 적 없다는 잘못된 인상을 받았다. 내가 도착했을 때 우리를 맞아줬을 사람들이 이미 죽어버렸기 때문이다."

지는 이렇게 썼다. "우리에게는 용맹함의 모델이 부족했다. 그래서 사랑과 사회운동의 모델을 창조해야 했을 때처럼 용맹함의 모델도 직접 만들어야 했다."

나도 2006년에 뉴욕에 도착했을 때 아주 비슷한 기분이었다. 나를 맞아줄 연륜 있는 퀴어들이 10년 전에 세상을 떠났다는 기분……. 내 친구들도 나와 같은 인상을 받았다고 했다. 우리는 살아갈 방법을 스스로 창조해야 했다. 삶은 우리가 배워 온 것과는 아주 달랐으니까.

로맨틱 코미디에서는 내 질문의 답을 찾지 못했다. 비가와 비극을 찾아서 읽었지만 사랑에 성공하고 살아남은 게이 소설은 없었다. 에이즈 역병의 시기와 그 전에 나온 퀴어 작품들에서는 '지나치게' 여러 세대가 모여 있는 퀴어 공동체를 발견했다. 나는 아버지와 아들처럼 보이는 몇몇 관계들에 대해서는 불편함을 느꼈다. 젊은 게이 남성은 연장자와의 성적 관계를 통해서만 게이의 세상에 소개되는 것처럼 보였기 때문이다. 또한 이런 관계가 낭만화되기 쉽다는 것도 문제적이었다. 적어도 누군가는 젊은 게이에게 어떻게 세상에 존재하고, 어디를 가고, 어떻게 관장을 하고, 파퍼*가 무엇이고, 어떻게 사용하고,

어떻게 여럿이 하는 공개 섹스(public sex)와 친밀한 관계가 함께 갈 수 있는지를 설명해줘야 했다.

나는 과학계에서 만난 멘토들에게서는 퀴어 인생의 본보기를 보지 못했다. 그들은 보통 자신들의 관계에 대해 솔직했지만 그들의 관계는 글러먹은 시작과 커다란 상실로 가득한 나 자신의 엉망인 삶보다는 우리 부모님의 결혼 생활과 훨씬 가까워 보였다. 나는 거기서 답을 얻지 못했다. 결국 나와 내 친구들은 우리가 직접 관계를 만들어가야 한다고 느꼈다.

어쩌면 모두가 똑같이 느낄지도 모르겠다. 부모 세대가 살았던 삶은 우리가 살아가야 할 삶의 방향을 제시하지 못할 수 있다. 20대를 살아가는 모두가 자신이 세상에 진입하는 것을 도와줄 "부모도 아니고 연인도 아닌" 사람을 찾고 있다. 그러나 그것은 퀴어성의 저주이자 축복일지도 모른다. 아마도 제2차 세계대전 이후로 모든 게이 세대가 자신이 태어난 핵가족 밖에서 자신을 재발명해 새로운 퀴어한 가능성, 앞으로 걸어가야 할 지평을 만들어가야 했을 것이다. 우리는 이 여정을 따랐던 많은 이들의 죽음을 감당해야 했다. 나는 그 세대의 고통과 상실을 감히 상상조차 할 수 없지만, 나 역시 게이로 성장하는 외로움은 알고 있다.

---

*   N-아밀 나이트레이트. 혈관확장제로서 항문, 목구멍 등의 근육을 이완시킨다.

지의 책 《자전소설 쓰는 법》에는 홍보를 위한 약간의 속임수가 있다. 제목은 "~하는 법"이라고 시작하지만 거기서 끝나지 않는다. 제목만 보면 글쓰기에 관한 책인 것 같고 '실제로' 그렇기도 하지만 그것이 전부는 아니다.

《자전소설 쓰는 법》은 자신이 살아온 삶과 그 삶을 살았던 자기에 대한 기억이다. 지는 기억한다. 지는 나와 다른 방식으로 HIV 시대를 기억한다. 작품집 중에서 어느 초기 에세이를 보면 그가 액트 업(ACT UP, AIDS Coalition to Unleash Power, 권력 해방을 위한 에이즈 연대) 시위장에서 다친 친구를 실은 구급차 옆면에 손을 대고 있었다. 그 손은 경찰에게 보내는, 자신을 공격하지 말라는 신호였다. 그가 알고 우리가 아는 그 신호는 간단히 무시되고 만다.

세상을 떠난 벗을 위한 애가 "피터를 보내고"에서 지는 그 시대의 무게를 공유한다. 벗이자 지인이자 너무 젊은 나이에 가능성이 지워진 예술적이고 아름다운 젊은 남성을 잃는 게 얼마나 끔찍한 상처인지 보여준다. "내가 뒤따라 미래로 가고 싶었던 사람들이 죽었다." 친구를 잃는 것은 "영원한 가능성의 상실이다. 남은 것은 거의 없고 상실감은 무한하다." 마치 "하늘의 별들이 모두 바다로 떨어져 사라진 것처럼."

지는 살아남아 그 이야기를 들려준다. 나는 비행기에서 처음 "피터를 보내고"를 읽고 육신이 위험에 빠진 HIV 양성인 청년 피터와 HIV 음성인 그의 친구 알렉스를 떠올리며 두 낯선 승객들 사이에 앉아 흐느껴 울었다.

기억과 경험은 지혜의 핵심이다. 하지만 그것만으로는 충분하지 않다. 많은 이들이 최악의 순간을 겪으면서 스스로를 등지고 친밀한 관계에서 멀어지며 자신을 솔직하게 보지 못하고 숨는다. 삶 자체가 도망이 되어버린다. 그의 책에 따르면 지는 그런 식으로 수십 년을 보냈다.

그러나 알렉스 지는 자신이 글쓰기를 가르치는 학생들에게 이렇게 말한다. "고통은 정보다. (……) 고통은 그대들에게 들려줄 이야기가 있고 그대들은 그것을 경청해야 한다." 지가 젊은 시절에 저지른 실수는 돈이나 성공, 또는 사랑으로 고통을 제어할 수 있다고 믿은 것이었다. "돈은 고통을 이겨내는 힘이 아니다. 고통을 마주하는 것이 힘이다."

HIV 위기는 아직도 이 나라 곳곳에서 계속되지만 뉴욕시에서 트루바다 시대의 내 또래 게이들은 HIV 위기의 고통과 상실을 잊기 쉽다. 마치 2020년이 유별난 해였던 것처럼 화이자백신을 2~3차까지 맞고 클럽으로 돌아갈 수 있다면 아주 좋을 것이다. 우리는 위험을 무릅쓰고 트라우마를 잊는다. 하지만 고통은 정보다. 지나간 것에 대한 기억, 그 고통을 기꺼이 인정하는 자세야말로 우리에게 필요하고 또 멘토에게 첫 번째로 배우고 싶은 것이리라.

나는 나의 글쓰기를 통해 처음으로 나이 많은 게이 친구들을 만났다. 에이즈 위기의 여파 속에서 성장하며 에이즈가 어떻게 내 몸과 쾌락의 관계를 바꾸었는지에 대해 쓴 글이 특히 반응이 좋았다. 나는 뉴욕에 살았고 이미 30대였다. 그 시대를 살아남은 게이 작가들은 우리가 여전히 HIV에 대해 말하는 것에 기뻐했다. 그들은 잊힐 것을 걱정했기 때문이다.

내 페이스북 인박스에 처음으로 슬며시 기어 들어온 나이 많은 남성은 전형적인 사기꾼 멘토였다. 그는 시인이었다. 진작 알아봤어야 했는데, 아무튼 그는 내게 만나서 커피 한잔하자고 권했다. 그러고는 눈보라를 뚫고 다운타운까지 나를 만나러 왔다. 우리는 게이 남성들이 흔히 그러듯 자연스럽게 시시덕거렸고 그는 자신이 유명 작가나 출판 에이전트와 친분이 많다고 은근히 과시했다. 얘기하다 보니 그가 사실은 내 글을 거의 읽지 않은 게 분명해졌는데 그건 그가 내 작품보다 나에게 더 관심이 있다는 첫 번째 암시였다.

얼마 뒤 그가 나에게 업타운으로 와서 싸구려 중국 음식을 시켜 먹으며 넷플릭스를 보자고 문자를 보냈을 때 나는 놀란 척조차 할 수 없었다. 당시 나는 남자친구인 웨슬리와 우리 개 윈스턴과 함께 살고 있었기 때문에 쉽게 핑계를 댈 수 있었다. 그 후 에이전트와 연결해주겠다던 은밀한 제안들이 사라지고 낭독회나 행사에서 내 눈을 슬슬 피하는 모습을 보니 그가 나에게 접근한 진짜 의도가 확실해졌다.

그러나 다른 수많은 사람들이 시간과 진정한 조언과 사랑을 아끼지 않았다. 그다음으로 알렉스가 왔다. 나는 알렉스를 틴 하우스 여름 글쓰기 워크숍에서 처음 만났다. 그는 강사였고 내가 친하게 지내던 퀴어 친구들이 그의 수업을 들었다.

우리들은 이성애자 강사와 학생 들이 자러 간 후 로제 와인을 마시며 보통의 동성애자들처럼 유대를 느끼고 빠르게 친구가 되었다. 알렉스는 대화에 끼어들어 경청하다가 중간에 몇 마디씩 농담을 던졌고 침묵의 순간에 완벽한 조언을 남겼다. 한 주제를 깔끔하게 마무리하는 지혜로운 조언이었다.

나는 이 작가 워크숍에서 알렉스뿐만 아니라 이후로 몇 년 동안 나와 함께 일하게 될 토미와 프랜, 데니 미셸(Denne Michelle)도 만났다. 그곳에서의 일주일이 나에게 열어준 관계가 내 인생의 방향을 바꾸었다. 세상의 많은 일들이 그렇듯 이 역시 되돌아보았을 때 비로소 알게 된 것이다. 당시에는 그저 함께 밖에 나가 로제 와인을 마시며 웃고 떠들었고, 누군가 수줍은 미소 뒤에 숨어 자신을 소개하는 순간 이미 오래 알고 지낸 사이 같은 기분을 느꼈을 뿐이다.

워크숍의 작법 세미나에서 알렉스는 의도적으로 말을 천천히 하면서 여러 차례 휴지를 두었다. 청중들은 그의 말을 듣기 위해 몸을 앞으로 기울이고 메모를 했다. "소설이란," 그가 말했다. "그저 삶의 이야기가 아닙니다."

회고록도 마찬가지이다. 나는 그 말을 노트에 받아 적었다.

그해 말에 내 파트너는 외국에서 직장을 구해 떠났다. 내가 글에 다른 전 남자친구들에 대해 쓴 것처럼 자기에 관해 쓸까 봐 걱정된다고, 그는 그런 식으로 사는 것에 지쳤다고 했다. 나는 알렉스에게 그의 글쓰기와 연애의 관계에 대해 메시지로 물었다. 내가 읽은 에세이에서 그도 과거의 사랑과 연인에 관해 썼기 때문이었다.

"저는 힘든 일이 있으면 글을 쓰면서 극복해요." 내가 말했다.

"얘기를 듣고 보니 당신이 글을 쓰는 방식으로는 오래 버티기 어려울 것 같아 걱정되네요." 알렉스가 내게 답했다. 그는 오래전에 스스로 3년의 법칙이라는 걸 세웠다고 했다. 작가 애니 딜러드(Annie Dillard)한테서 빌어 온 것이었다. 알렉스는 3년이 지나기 전에는 어떤 것도 글로 쓰지 않는다. 남자가 연관되어 있다면 더 오래 기다리기도 한다.

그가 문자로 말했다. "살아 있는 이들은 글 속에 사는 것을 불편해합니다."

그러나 지는 글쓰기를 향한 내 의지를 달가워하지 않는 사람은 내 글을 달가워하지 않을 거라고 했다. 그는 책에서도 같은 말을 했다. "당신 글에 등장하는 인물에서 자신을 발견한 사람은, 설사 그를 그린 것이 아닐 때도 그것이 자기라고 생각합니다."

그 후로 알렉스는 몇 달 동안 2주에 한 번씩 나를 보러 왔다. 그는 내게 말을 걸어주고 술과 저녁을 사주었다. 그는 우정을 제안했다. 알렉산더 지처럼 나는 내 인생 대부분을 고통에서 도망치며 살았고 나를 기꺼이 받아주는 남성들의 품으로 도피했다. "언제나 새로운 남자, 또 다른 욕망의 도깨비불이 있었다"라고 지는 썼다. 그는 자신의 삶을 이곳에서 저곳으로 이 연인에서 저 연인으로 옮겨 다니며 끊임없이 자신과 마주하는 과정으로 묘사했다.

나는 알렉스에게 파트너인 더스틴을 언제 처음 만났냐고 물었다. 당시 서른네 살이었던 나는 그의 대답을 듣고 안심했다. 두 사람은 알렉스가 40대일 때 만났다. 50대와 60대의 게이 동료들이 나와 같은 것을 겪으며 살았다는 단순한 사실이 나를 더 편안하게 해주었다. 그들이 살아남았다는 사실 자체가 이미 내게는 큰 깨달음이었다. 전에는 그럴 수 있으리라는 확신이 없었기 때문이다. 알렉스는 "생각한 것보다 더 많은 것을 잃을 수도 있지만, 어느 누가 상상한 것보다 더 강하게 다시 성장할 수도 있어요"라고 말했다.

⁂

나는 작가다. 알렉스 지의 책은 표면적으로 "~하는 법"에 관한 책이다. 나는 픽션은 별로 쓰지 않는다. 한때 2년간 문학

에이전시에 보낸, 파편에 불과한 끔찍한 소설을 제외하면 말이다. 그 작품은 결코 빛을 볼 일이 없겠지만 상관없다. 알렉스 지가 《자전 소설 쓰는 법》에서 당신이 출간하는 첫 소설이 "당신이 처음으로 쓴 소설은 아닐 것이다"라고 말했으니까.

내가 출간한 첫 책이 내가 완성한 첫 책은 아니었다.

나는 작가이지만 몇몇 워크숍을 제외하면 글쓰기를 정식으로 배운 적은 없다. 학부 시절에 문학을 공부했지만 프랑스어를 배웠고 그것도 생물학에 관심이 있어서 배운 것이었다. 내가 글쓰기를 배운 것은 읽기와 쓰기에 관심이 있고 좋은 글을 쓰고 싶어서였다. 나는 나만큼이나 글쓰기에 관심이 있는 내 또래 친구들에게 작법을 많이 배웠다. 에이전트나 편집자한테서도 많은 도움을 받았다.

나는 글을 쓰고 그것이 얼마나 먹히는지를 보면서 작법을 배웠다. 어떻게 글쓰기가 내 삶에 자리잡을 수 있을지, 어떻게 내 미래의 가능성을 훼손하지 않으면서 나 자신에 대해 쓸지 알아내려면 멘토의 지도가 필요했다. 나는 퀴어의 섹스와 사랑, 이별을 너무 자세히 공개한 바람에 직장을 얻지 못하면 어쩌나, 남자를 만나지 못하게 되면 어쩌나 걱정했다.

내게 필요한 것은 안내였다. 어찌 보면 그저 확신이 필요했는지도 모르겠다. "나는 그가 걸은 길, 그가 밟은 길을 어떻게 찾을지 알지 못했다. 그래서 스승이 필요하다는 생각이 들었다." 알렉스가 쓴 말이다.

책도 교사가 될 수 있다. 나는 나 자신의 고통에 관해, 그것을 되풀이하지 않고도 쓸 수 있다는 것을 알아야 했다. 괴로움을 더 찾아 헤매지 않고도 괴로움에 대해 쓸 수 있다는 것을 알아야 했다. 글쓰기는 나를 과거에 가두는 것이 아니라 과거로부터 해방시켜줄 수 있다는 걸 알아야 했다. 《자전 소설 쓰는 법》이 그 답이었다. 알렉스의 작품이 내게 말한 것처럼 글쓰기는 힐링이 되지 못했지만 내 길을 가로막지도 않았다.

⁂

좀 더 어렸을 때 접했다면 이 책들이 어떤 선물이 되었을지 상상한다. 진작 읽었으면 좋았을 걸 하는 책의 목록은 아주 길다. 앤 카슨(Anne Carson), 제임스 볼드윈, 매기 넬슨(Maggie Nelson), 수전 손택과 오드리 로드의 말들(……). 일찌감치 읽어야 했지만 이미 세상에 나와 있는 줄도 미처 몰랐던 책들이 꽂힌 책장의 이미지는 달콤쌉쌀하다. 그 책들이 나에게 준 달콤함, 그 책들이 너무도 절실했으나 너무 늦게 내 손에 들어왔다는 쌉쌀함.

나는 이제 저 작가들의 작품으로 채워진 책장을 갖고 있다. 내가 아직 살아 있어 그들을 모두 알게 된 것이 참으로 행운이다. 함께 술을 마시며 알렉스가 내게 친구로서 말해준 것이 있는데, 게이 작가들은 자기 글이 캠프처럼 드라마틱하게 읽힐 것에 대한 두려움을 극복하려면 자신에게 관대해져야 한다는 것이었다. 자, 지금부터 시작한다.

　장면 1: 나는 나다. 때는 2018년, 도널드 트럼프가 대통령이고 세계는 쓰레기 더미이다. 나는 뉴욕대학교에서 생물학을 가르치는 강의 전담 교수이다. 나는 글을 읽는 사람일 뿐 글을 써본 적은 없다. 나는 내가 사귄 친구들 중 누구와도 진짜 친구가 되지 못했는데, 그건 우리 모두가 빈 종이를 꺼내놓고 그것이 노래하게 만드는 불가능해 보이는 일을 하려고 애썼기 때문이다. 나는 선배 작가들이 HIV 위기를 겪으며 쓴 글을 읽지 못했기에 어떤 멘토도 만나지 못했다. 나는 알렉스를 알지 못하고 존이나 토미, 데이비드와 랜달, 다넬도 알지 못한다. 이 사람들 중에 내가 아는 이는 없다. 그러나 그들의 작품은 안다. 주말이면 사무실에 앉아 책을 읽는다. 나는 책 읽기를 좋아하니까. 책의 겉표지는 소방차처럼 붉고 작가는 나를 노려본다. 책 속에서 남자와 사랑하고 헤어지고 괴로워하고 치유되며 나와 비슷한 삶을 살았던 한 남자의 목소리를 발견한다. 책에 쓰인 글에서 나는 텔레비전에서 보았던 에이즈 위기의 기억을 떠올린다. 행간의 침묵을 들으려고 몸을 기울인다. 책 속에서 지도와 역경과 진실을 찾는다. 30대, 40대, 50대에 창의적이고 진실한 삶을 살기 위해 모델을 찾는다. 이 책은 살도 뼈도 아니고 숨도 쉬지 않는다. 그렇지만 우정이고 돌봄이며 사랑이다. 나는 서른다섯이고 아직 한 번도 만난 적 없는 이 멘토를 책에서 찾았기에 울고 있다.

장면 2: 때는 2018년이고 나는 열두 살, 열세 살, 아니면 열네 살쯤 된 아이다. 이 아이는 나지만 지금의 나는 아니다. 열네 살 때 내가 살던 벌목촌 도서관에서는《춤추는 댄서(Dancer at the Dance)》같은 책은 구할 수 없었다. 물론 그런 것을 찾아볼 생각도 못했다. 하지만 지금은 2018년이다. 그리고 이 책《자전 소설 쓰는 법》은 〈버즈피드〉나 〈틴 보그(Teen Vogue)〉에서 소개될 만큼 화제다. 열네 살의 내가 광고를 본다. 나는 내 성적 취향이 궁금하고 또 언젠가 작가가 되고 싶다고 생각한다. 엄마한테 그 책을 사달라고 했더니 단순히 "~하는 법" 책인 줄 알고 사주신다. 나는 그 책에서 거울상처럼 그려지고 왜곡된 내 모습을 본다. 고약하고 거대한, 내 앞의 진짜 미래를 본다. 눈물이 난다. 사는 게 쉽지 않을 것 같다. 하지만 아는 편이 낫다. 이제 와서 생각하면 더 일찍 알았더라면 좋았을 것 같다. 내 힘겨운 삶을 좀 더 사랑하게 되었을 테니까. 불자동차처럼 붉은 이 책을 스쿨버스에 앉아서 읽어도 게이 책인 줄 아는 사람은 없다. 그래서 나는 안전하다. 집으로 가는 버스에서 세상은 더 확장되고 나 자신의 미래가 불가피하고도 가능하고 또 위대한 것으로 느껴진다.

장면 3: 2018년. 내게는 알렉스와 그의 작품이 있다. 그리고 나는 글쓰기가 내게 준 선물에 깊이 감사한다. 내 육체? 나는 내 몸을 사랑하게 되었고, 좋은 날에는 그의 게이 우정과 퀴어 멘토십이라는 선물에 감사하며 충만한 기쁨에 잠에서 깬다. 그것이 없던 삶을 기억하는 나는 그 소중함을 잘 안다. 그걸 찾기까지 30년도 넘게 걸렸다. 이제 알렉스의 책은 책상 위 내 채점을 기다리는 분자생물학 시험지 옆에 있다. 이 책의 페이지는 곳곳이 접히고 뜯겨 있고 내 펜은 종이로 된 살점을 파고들었다. 이 책을 통해 열린 내 눈은 다가올 것을 알고 있는 미래를 상상한다. 이제 되돌릴 수 없다. 세상에는 변화가 필요하다. 최근에 알렉스는 내게 자신의 책에 대해 이야기하면서 우리는 세상을 변화시키려고 애쓰고 있다고 말했다. 우리는 글쓰기가 변화에 한몫할 것이라 믿을 만큼 정신이 나갔다. 이제 오로지 앞으로 나아가는 일만 남았다.

8

백인성에 관하여
—
해를 끼칠 자격

뉴스에서 미국인들에게 코로나-19가 아직 중국 내부에서만 확산 중이라고 보도했을 때, 그리고 누가 바이러스에 감염되어 죽을 확률이 높은지에 대한 데이터가 공개되었을 때 일부 언론은 코로나바이러스가 모두에게 똑같이 작용할 거라고 보았다. 이 바이러스는 모두를 위협하는 존재이므로 다 함께 맞서야 한다고들 입을 모았다. 예를 들어 전 백악관 안보 보좌담당관 수전 라이스는 3월 13일 〈뉴욕 타임스〉에 "바이러스는 사람을 가리지 않는 암살자"라는 제목의 논평을 썼다. 이 바이러스는 누구의 할머니든 똑같이 죽일 것이다. 이는 모든 사람이 적극적으로 방역에 나서게 하려는 의도였다. 우리는 모두 똑같이 위험에 처했으니까.

내가 여기에서 말한 "우리"란 자유 인본주의적 미국 대중의 상상이자, 언론과 전문가들이 말하는 미국의 집단적 우리이자, 거기서 피어나는 모든 소소한 대화에 등장하는 우리이다. 미국인 대다수는 아마 바이러스가 자신들에게 영향을 주지 않으리라고 생각했을 것이다. 바이러스를 위협으로 본 이들도 다른 질병처럼 코로나바이러스가 우리 중에 가장 취약한 이들에게 가장 큰 영향을 준다는 증거를 모두 무시했다. 내가 창립 멤버였던 활동 단체인 코로나-19 워킹그룹(COVID-19 Working Group)에 있던 우리들은 3월 초에 이미 뉴욕의 노숙자들이나 수감자들도 큰 피해 대상임을 파악했다. 또한 재택 근무를 할 수 없는 "필수 인력"들도 모두를 위해 자신의 건강을 희생해야 할 것이며, 이들은 백인이 아니고 부유하지도 않으며 언론이나 학계, 정부에 소속된 사람이 아닐 가능성이 높다는 것도 인지했다.

라이스의 글이 나온 지 한 달도 채 되지 않은 4월 8일, 〈뉴욕 타임스〉는 "백인보다 흑인과 라틴계 사람들에게 두 배 더 치명적인 바이러스"라는 머리기사로 기사를 올렸다. 뉴욕시에서 우편번호가 아닌 인종별 코로나-19 확산 현황을 공개하기까지는 우리가 설립한 단체의 하나인 블랙 헬스(Black Health)의 공이 컸다.

병에 걸리고 죽을 확률이 큰 집단이 누구인지가 확인되자 4월 중순에 연방 정부는 다수의 지역에서 확진자가 급증하는 와중에도 다시 전면 개방을 추진했다. 셧다운을 철회한 첫 번째 계기는 누가 가장 위험에 처했는지 알게 된 것이었다. 미국의 정상화를 위해 누구의 목숨을 기꺼이 내버리겠는가. 애플파이만큼이나 미국답다. 그건 바이러스가 인종차별을 하기 때문이 아니었다. 바이러스는 자연 세계의 일부이지만 인종차별주의는 언제나 인간의 작품이다.

바이러스와 박테리아가 인종을 가리지 않는다는 말은 사실이다. 바이러스와 박테리아는 생물학적 실체이지만 인종은 그렇지 않기 때문이다. 수십 년에 걸친 사회과학적, 생물학적 연구는 인종이 유전적 배경이 아닌 사회적 범주임을 보여주었다. DNA의 염기서열만 봐서는 누가 백인이고 누가 흑인인지 말할 수 없다. 왜냐하면 이 나라의 역사를 놓고 보면 일부 백인에게는 아무도 모르게 역사가 지워진 흑인 조상의 피가 흐를지도 모르기 때문이다. 트리샤 고다드 쇼(Trisha Goddard Show)에 출연해 자기 DNA의 14퍼센트가 사하라 이남 아프리카 혈통임을 알게 되어 충격에 빠진 백인 우월론자에게 물어보아라. 이는 그가 주장한 것처럼 "통계적 소음"의 결과가 아니다. 그러나 아프리카 기원의 DNA 염기서열을 갖추었다고 하여 그가 백인이 아닌 것은 아니다. 그는 여전히 백인이다. 왜냐하면 그는 자신을 백인라고 불렀고 그의 가족 역시 그러했기 때문이다. 많은 아프리카계 미국인들도 사실은 가계도에 꽤 많은 백인 혈통을 지니고 있다. 그건 노예제도와 그 후에 일어난 강간의 유산이며, 한 방울의 법칙*이 남긴 공포의 유산이다.

흑인성, 갈인성(Brownness), 백인성은 생물학적(biological) 구분이 아닌 생의학적(biomedical) 구분이다. 다른 것은 의료다. 즉 인간의 또 다른 발명품이요, 특정한 장소(사무실과 병원)와

---

*   흑인의 피가 한 방울이라도 섞여 있으면 흑인으로 간주한다는 원칙.

개입(정기검진, 약물, 수술)으로 이뤄진, 또 다른 사회적이고 사회학적인 구성물이다.

의사들은 흑인 환자의 통증을 심각하게 받아들이지 않아 제대로 치료하지 않을 가능성이 크다. 흑인 여성은 출산 과정에 사망할 확률이 더 높다. 암, 심장 질환, 당뇨, 자가면역질환을 포함한 많은 질병 발생률이 백인보다 흑인이나 갈색 피부 인종에서 더 높으며 대개 사망률도 마찬가지다. 흑인이나 라틴계가 주로 거주하는 지역의 병원은 백인 거주 지역의 병원보다 시설이 열악하기 때문에 코로나에 걸렸을 때 받을 수 있는 치료의 질이 더 낮았다.

의료는 인종, 계급, 지리와 아주 밀접한 관계가 있다. 사회가 요구하는 방식으로 우리 몸을 관리하려면 의료보험이 필요하다. 우리는 몸에 좋은 음식을 먹고 정기적으로 검진을 받고 아프면 병원에 가고 운동하고 영양제를 챙겨 먹고 약을 먹으면서 건강에 신경 쓴다. 이 모든 것에 시간과 돈이 들어간다. 그래도 훌륭한 사람들, 건강한 사람들은 그러면서 산다. 그렇지 않나? 율라 비스가 말하는 '정체성'으로서 건강(good-health-as-identity)'은 실제로 인종차별적이다. 그것은 '우리'가 저 죽음들을 만들어내는 시스템을 세워놓고 흑인들 자신에게 죽음의 책임을 돌리는 또 다른 방식이다.

해리어트 워싱턴(Harriet Washington)과 알론드라 넬슨(Alondra Nelson) 그리고 도로시 로버츠(Dorothy Roberts)와 같

은 학자들의 방대한 문헌에 따르면 이런 일이 처음은 아니다. 미국 의학은 흑인을 대상으로 연구가 이루어졌지만, 정작 연구가 끝난 뒤 흑인들에게는, 흑인 몸을 이용해 '우리'에게 안전성이 확인된 약물에 대한 접근이 차단되었다. 미국인에게 '우리'란 항상 백인이었다.

제임스 매리언 심스(J. Marion Sims)는 감염의 위험을 줄이기 위해 수술 과정에 사용할 소독과 은봉합사를 개발한 19세기 의사로, 미국 산부인과의 아버지로 불리지만 사실은 수술이 필요하지 않은 건강한 노예 여성을 대상으로 실험했고, 심지어 돈을 주고 실험 대상을 사오기까지 했던 인물이다. 정보에 입각한 동의 같은 것은, 아니, 동의 자체를 구한 적이 없었다. 누군가의 소유물이 무엇을 거부할 수 있었겠는가?

이 땅의 토착민 일부는 유럽 식민주의자들이 의도적으로 들여온 천연두에 의해 체계적으로 말살되었다.

죽어가는 헨리에타 랙스(Henrietta Lacks)의 동의 없이 헬라(HeLa) 세포*를 채취했고 그녀의 세포는 지금까지 영원히 살고 있다. 헬라 세포는 수년간 수많은 약물과 백신을 시험하는 데 사용되었지만 랙스의 가족은 가난에 허덕였다. 랙스의 세포는 HIV 치료제와 코로나 치료제를 시험하는 데도 이용되었다.

---

* 1951년 헨리에타 랙스의 자궁경부암 조직에서 분리, 배양된 세포. 인간 생물학과 의학 발전에 지대한 공헌을 해왔다.

나는 실험실에서 랙스를 생각했다. 패트리 접시에 '그녀의 세포들'을 키우면서.

앨라배마주 터스키기에서는 연구자들이 매독에 걸린 흑인 남성들을 수십 년간 치료하지 않고 이 질병의 "자연적인" 과정을 관찰했다. 매독을 쉽게 치료할 수 있는 항생제가 널리 보급된 후에도 많은 이들이 방치되어 죽었다. 연구자들은 평소이 지역 사람들이 받기 어려웠던 진료와 검진을 무료로 제공하는 척하면서 참가자들을 속이고 실험했다. 실험은 1972년이 되어서야 끝이 났다. 그리 오래된 이야기가 아니다. 터스키기는 흑인 학자들과 이야기꾼들의 지칠 줄 모르는 노력 덕분에 헨리에타 랙스와 함께 미국 생의학 인종차별주의의 대표적인 사례가 되었다. 그러나 백인들의 입에서 그 이야기가 나올 때는 대개 그런 사례가 "인류의 이익을 위한 과학"에서 일탈한 끔찍한 예외라고 전제한다. 내가 박사 학위를 받은 록펠러대학교는 "인류에게 이익이 되는 과학"을 자신들의 사명으로 내세운다. 과연 대학이 누구를 인류로 생각하는지 궁금하지 않을 수 없다. 내가 이 학교에 다닐 때, 100명이 넘는 교수진 중에서 미국 국립보건원이 정의하는 소수집단 출신은 하나도 없었다. 우리가 과학을 본질적으로 선하고 옳은 것이라고 생각하기는 너무나 쉽다. 하지만 과학은 도구일 뿐이며, 해를 끼치는 데 손쉽게 사용될 수 있다. 과학에서 벌어진 피해 사례는 예외나 이상치가 아니다. 과학에는 언제나 백인 우월주의가 내재해 있었다.

정보에 입각한 동의 없이 푸에르토리코 여성들에게 충격적인 고용량의 피임약이 시험되었고 그 결과 이들은 평생 생식 능력에 문제가 생긴 채로 살아야 했다. 자라면서 나는 항상 자유분방하고 시위로 넘쳐났던 1960년대를 살고 싶다고 생각했다. 하지만 나는 그 모든 백인 미국인들이 부르짖는 자유를 위해 누구의 몸이 희생되었는지 알지 못했다.

대니얼 케블레스(Daniel Kevles)의 《우생학의 이름으로(In the Name of Eugenics)》에서 자세히 설명된 것처럼 초기 인류유전학자들은 우생학과의 밀거래를 통해 모든 비(非)백인들의 결점을 찾고 선택적 교배를 통해 인간 "종족"을 개량하려고 했다. 가족계획 연맹의 창시자인 마거릿 생어(Margaret Sanger)는 미국 여성들이 피임할 수 있게 하기 위해 반(反)흑인 우생학자와 동맹을 맺었다.

해리엇 워싱턴의 《의료 인종격리정책(Medical Apartheid)》는 1990년대 컬럼비아대학교 소속의 한 연구자를 사례로 들었다. 그녀는 공격 장애가 유전된다는 가설을 시험하기 위해 형들이 청소년 범죄에 연루된 12세 소년들―어린이―에게 기분 전환을 가져오는 체중 감소 약물인 펜펜(펜플루라민)을 주어 공격성을 부추겼다.

HIV를 통해 우리는 바이러스가 백인이 다른 이들을 죽이거나 해칠 때 사용할 수 있는 여러 도구의 하나라는 것을 배웠다. 게다가 한번 시작된 바이러스 감시(나쁘게 말하면 바이러스

범죄화)는 되돌리기 어렵고 쉽게 남용된다.

2013년에 마이클 존슨(Michael Johnson)은 미주리주에서 "부주의하게 타인에게 HIV를 감염시켰다", 그리고 "부주의하게 타인에게 HIV를 감염시키려고 시도했다"*는 두 가지 죄명으로 체포되었다. 둘 다 미주리주에서는 심각한 범죄 행위였다. 이 사례는 저널리스트이자, 학자이자 작가인 스티븐 스래셔(Steven Thrasher)가 버즈피드를 통해 광범위하게 알렸다. 감염 경로를 추적할 수 있는 분자 검사가 있는데도 실제 존슨이 누구에게 HIV를 감염시켰는지는 확실히 밝혀지지 않았다. 존슨과 섹스한 후 양성이 되었다는 사람을 포함해 존슨과 그의 섹스 파트너들조차 검사를 받지 않았다.

마이클 존슨은 흑인이었고 당시 백인 중심 대학의 레슬링 선수였다. 스래셔가 자세히 설명한 바와 같이 그의 백인 섹스 파트너들은 존슨에게 성적으로 집착했고 서로 동의하에 무방비 성관계 또는 오럴섹스를 했음에도 이후 존슨이 HIV 양성이라는 사실을 알았을 때 예상 가능한 폭력으로 대응했다. 두 사람이 콘돔이나 노출 전 예방요법 없이 섹스의 위험에 적극적으로 동의했음에도 HIV 전염의 위험, 사실상 죄는 전적으로 존슨의 몸과 존슨이라는 사람에게만 돌려졌다.

HIV를 범죄화하는 법률은 흔하지만 효과가 없는 것으로

---

*   미수에 그쳤다는 뜻.

널리 알려졌다. 이 법으로 HIV 감염률이 낮아지지 않았다는 뜻이다. 법은 합의된 성관계의 모든 짐을 한쪽에만 전가한다. 어떤 지역에서는 HIV 확진 사실을 밝히지 않은 상태에서 위험하지 않은 성적 접촉을 한 경우도 불법이다. 최초의 HIV 역병 발발과 HIV 공포의 시기부터 시작된 이 형법은 과학에 근거를 두지 않았다. 이 법은 현재 HIV 음성 또는 양성 커뮤니티 어느 쪽에도 도움이 되지 않지만 여전히 2021년 현재 35개주의 형법에 포함되어 있다.

존슨은, 전 과정을 지켜본 스래셔의 보고에 따르면, 동성애 혐오와 인종차별로 물든 재판 뒤 유죄 판결을 받았다. 징역 30년 형을 받았고, 5년을 복역한 후에 항소심에서 풀려났다.

질병이 범죄로 취급되면 자신이 양성일지도 모른다는 공포 때문에 사람들이 검사 자체를 주저하게 된다. 확진되면 말 그대로 생물학적 위험인물이자 잠재적 죄인으로 몰리는데 누가 검사를 받으려고 하겠는가?

과학자이자 작가인 할라 이크발(Hala Iqbal)이 출판한 에세이는 미국의 국가 안보 인프라가 자기들에게 필요한 데이터를 수집하기 위해 상대를 개의치 않고 어떤 짓까지 벌이는지 보여준다. 2010년대에 미국 중앙정보국은 오사마 빈 라덴의 자식을 찾기 위해 그의 은신처로 추정된 파키스탄의 한 지역에 가짜 간염 예방 접종 진료소를 설치해 주민들로부터 DNA 샘플을 추출했다. 이 사기성 백신 접종에 대한 뉴스는 파키스탄 국민들에게 최악의 공포를 심어주었고 이후 백신에 대한 회의론이 커지면서 아동 예방접종 전면 금지로까지 이어졌다. 파키스탄 국민들도 백신을 통해 집단 면역을 얻고 코로나-19로부터 보호받아야 하지만 미국 정부가 그것을 불가능하게 만든 것이다.

흑인과 갈색 인종도 여기 미국에서 생의학적 감시를 포함해 정부의 감시 대상이 된 오랜 역사가 있다. 악명 높은 터스키기 실험은 미국 남부 시골의 많은 흑인 남성들을 추적했는데, 매독처럼 얼마든지 치료할 수 있는 박테리아성 감염의 치료를 수십 년 동안이나 방치했을 뿐 아니라 계속해서 그들의 샘플까지 취했다. 당시 매독을 일으키는 박테리아는 실험실에서 배양하는 것이 거의 불가능했다. 그래서 정부는 진단 검사 개발에 필요한 매독균을 확보하기 위해 이 사람들로부터 조직을 채취했다. 인간이 효율적인 생체 인큐베이터가 된 것이다.

미국 애국자법* 덕분에 연방수사국, 중앙정보국, 이민세관집행국을 비롯한 법률 집행 기관은 연방, 주, 개인 의료 정보에 쉽게 접근할 수 있었다. 1950년대부터 1970년대까지 중앙정보국은 코인텔프로**를 통해 블랙 팬서를 포함해 흑인 민권 운동 단체에 잠입하여 사찰하고 말 그대로 흑인 운동가들을 살해했

---

*   Patriot Act. 2001년 9/11 테러 이후 테러 및 범죄 수사의 편의를 위해 시민의 자유권을 제약할 수 있도록 제정된 미국 법률. 2015년에 폐지되었다.

**   Counter Intelligence Program의 약칭. FBI가 미국 내부의 저항적인 정치조직을 파괴할 목적으로 설립한 프로그램.

다. 당시 생의학적 인종차별은 너무 노골적이어서 블랙 팬서들은 자체적으로 흑인을 위한 무료 진료소에 투자하고 과학자들과 협업하여 아프리카계 미국인의 발병 비율이 더 높다는 이유로 의학계가 무시한 낫적혈구빈혈 진단 검사를 개발했다. 미국의 감시 활동은 코인텔프로로 그치지 않았다. 뉴욕의 이슬람교도들도 2001년 이후로 수년간 감시당했고 대부분 뉴욕 경찰이 잠입하여 그 일을 수행했다. 미국 국가안보국은 수년간 수없이 많은 미국인의 메타데이터와 개인 통화 기록을 수집했다.

이러한 역사 때문에 아주 많은 미국인들이 정부에 개인 정보를 제공하는 일에 몹시 민감하다.

이것이 우리가 사는 세상이고, 우리가 만든 세상이다.

이제 2020년에 또 다른 팬데믹이 일어났다. 의학은 인종을 가렸고, 그 결과는 치명적이었다. 코로나 이전에 재앙적인 팬데믹을 일으켰던 HIV를 보라. 흑인과 퀴어, 특히 흑인 퀴어는 최악의 역병을 견뎌야 했고 지금도 견디고 있다.

코로나-19로 흑인과 갈색 인종이 더 많이 희생될 것은 불을 보듯 뻔한 일이다. 사람은 먹어야 산다. 그러나 줌상에서 긴 하루를 보내고 로그오프한 다음 퇴근하면 누가 음식을 배달하는가? '우리'는 결코 갇혀 있지 않았다. 그저 위험을 더 가난한 다른 이들에게 떠넘기면서 집에 머물러 있었다. 그들은 흑인이거나 갈색 인종일 가능성이 크다. '우리'—백인 미국인과 우리가 건설한 인프라—는 특히 눈에 잘 보이지 않는 곳에서 언제나 이런 죽음을 허용했고 영속해왔다.

전혀 새로울 건 없다. "위기는 몰역사성(ahistoricity)의 감각을 창조한다." 아프리카계 미국인과 아프리카 디아스포라를 연구한 메이블 윌슨(Mabel Wilson) 교수가 블랙 라이브스 매터(Black Lives Matter, 흑인의 생명도 소중하다)와 코로나-19 공개 토론에서 한 말이다.

하나도 새로울 것 없지만 여전히 끔찍하다. 코로나-19가 모든 사람을 똑같이 공격하지만 그럼에도 흑인과 갈색 인종과 아메리카 원주민을 집중적으로 죽이기 때문에 식당과 학교를 폐쇄할 필요도, 거리 두기를 할 필요도, 마스크를 쓸 필요도 없다는 것인가? 미식축구는 또 어떤가? 선수를 비롯한 노동자의 대다수가 흑인과 히스패닉이지 않나? 선수 팀의 엄청난 인원과 여행 일정을 보지 않았나? '우리'는 즐겨야 한다. 백인은 해를 끼칠 특권이 있다. 너희들은 공을 차라.

&

토니 모리슨(Toni Morrison)을 인용하자면 백인에게는 아주 심각한 문제가 있다. 제임스 볼드윈의 말을 빌려보자. 당신의 인간성이 다른 인간을 정복하는 데서 완성되는 것이라고 믿는다면 그것은 당신의 진정한 가치와 당신이 인간성을 보는 관점에 대해 무엇을 말하는가? 다시 한번 토니 모리슨의 말을 빌려보자. 만약 어느 백인에게서 인종을 제거해도 그 사람은 여전히 자기가 강하고 똑똑하고 키가 크다고 느낄까? 만약 다른 사람의 무릎을 꿇리고서야 자기가 키가 크다고 느낀다면 그건 당신에게 아주 심각한 문제가 있는 것이다.

자본주의는 모두를 원자화하고 비인간화한다. 우리는 인간이 아닌 노동자가 된다. 노동자는 삶을 보장받을 권리가 없으며 사회에 빚을 진다. 우리는 먹고 안식처를 얻고 살아 있을 능력과 우리의 노동력을 맞바꾼다.

아주 단순하게 말하면 자본주의는 대부분의 노동자가 자신의 노동을 임금과 거래하는 경제 시스템이다. 사기업은 이 노동력으로 상품을 만들거나 서비스를 제공하고, 회사는 소유주와 주주의 이익을 극대화한다. 기업주는 부르주아 계급이고 노동자는 프롤레타리아 계급이며, 지배 계급은 부르주아 계급과 부유한 (대개는) 귀족의 목소리를 두루 아우른다.

이 모든 것이 시장이라는 마법 같은 장소에서 일어난다. 그곳에서는 얼마나 많은 소비자가 상품을 구매하고 싶어 하고 (수요), 상품을 제작하는 데 얼마나 비용이 들고 얼마나 만들기 어려운지(공급)의 보이지 않는 손이 상품의 가격을 결정한다. 노동자의 니즈(임금)와 소유주의 니즈(이윤)가 상충한다. 소비자에게 비용을 전가하지 않는 한, 노동자에게 임금을 더 지불할수록 자본가의 이익은 줄어들기 때문이다.

이것이 우리가 원자화되는 방식이다. 우리는 온전한 한 사람으로 필요한 존재가 아니다. 우리는 우리의 노동이고 소비이다. 우리가 더 많이 일하고 더 많이 소비할수록 소유주와 귀족 계층에게 우리의 가치는 커진다. 저들에게는 대개 국가의 정책을 결정하는 권한이 있다. 그리고 한 노동자 계급이 다른 노동자 계급을 경멸하도록 부추기면 이들은 임금을 너무 적게 주는 소유주에 반발하는 대신 서로 대립하게 된다. 한편 대체로 여성이 수행하는 가사 노동은 눈에 잘 보이지 않고 보수도 없다. 가족과 사회 규범으로부터 일탈하고 "생산적인" 일이 아닌 다른 것을 갈망하는 자는 처벌을 받는다. 또한 "생산성"이 있는 토지를 소유한 사람은 누구나 자본가 계급에 그 땅을 양도해야 한다. 엘리사 와슈타가《백색 마법(White Magic)》에서 워싱턴주의 선박용 운하와 물길을 영원히 바꾸어놓은 댐에 관해 이야기하면서 우리(백인)는 땅조차 제 손아귀에 넣어야 직성이 풀린다고 말한다. "물과 땅 사이에 경계를 설정한 것은 비영구성과 변화가 부동산을 형편없이 만들기 때문이었다. 자연은 정착민들에게 만족스럽지 않았다. 자연은 쓸데없는 변화를 요구했다."

자연은 대지를 두고도 그 우위에 서서 힘을 행사하려는 백인의 욕구로부터 안전하지 않다. 특히 한밑천 잡을 수 있을 것 같은 곳이라면 말이다. 하지만 백인의 눈에 그렇지 않은 곳이 어디 있기는 한가?

자본주의는 모든 "-주의(-ism)"와 "-공포증(-phobia)"의 원인은 아닐지 모르지만 그것들의 공통분모임은 확실하다.

내 생각에 백인성은 개인간의 폭력과 체제에 의한 폭력을 통해 완전한 인간성을 되찾으려는 수백 년 된 관습이다. 우리는 폭력을 통해 주체성과 통제력을 소유한다고 상상한다. 《성의 역사》와 《감시와 처벌》에서 미셸 푸코는 신체적으로 처벌하고 고문하고 목숨을 빼앗을 권리는 과거에 군주인 왕에게 주어졌던 것이라고 언급한다. 다른 사람을 해할 권리는 곧 권력과 동의어였다.

이 책들을 포함한 여러 책에서 푸코는 목숨을 빼앗을 권리가 정부와 국가의 간접적 권한이 된 역사를 추적한다. 그는 학교, 생의학, 병원, 감옥을 삶과 죽음에 가해진 권력을 점유한 공간으로 묘사한다. 이는 체제 차원의 인종차별이 어떻게 생명을 앗아가는지 조사할 때 언급되는 기관들이다. 하지만 푸코는 이 모든 손상을 충분히 연결하지 못했다.

다행히 역사학자 아실 음벰베(Achille Mbembe)가 군주와 "생명 권력"(biopower. 생명을 주거나 보류할 권리)"에 대한 푸코의 아이디어를 인종과 인종차별에 직접 연결했다. "인종의 정치는 궁극적으로 죽음의 정치와 연결된다. (……) 생명 권력의 경제에서 인종차별의 기능은 죽음의 분배를 조절하고 국가의 살인 기능을 가능하게 하는 데 있다." 음벰베는 노예제도, 인종차별, 식민주의는 국가(그리고 다른 행위자들)가 되도록 많은 (주변화된) 사람들을 최대한 파괴하려는 "죽음의 세계'를 만든다고 주장하면서 에세이를 마무리 지었다. 음벰베는 그런 국가에서 삶은 "살아 있는 죽음"의 상태라고 주장한다.

다행히, 음벰베와 더불어 역사학자 세드릭 로빈슨(Cedric Robinson)도 있다. 《검은 마르크스주의(Black Marxism)》에서 로빈슨은 오늘날 인종의 개념이 봉건제도에서 자본주의가 출현하면서 시작되었다고 본다. 자본주의의 출현 자체는 대서양 노예무역과 아프리카, 아메리카, 아시아가 식민지화된 시기와 일치하며 또 식민지에 의존한다. 백인성과 흑인성을 포함한 인종의 현대적 개념은 봉건주의에서 자본주의가 출현하면서, 또는 자본주의의 출현 때문에 탄생했다. 이는 봉건주의가 훌륭했다는 말이 아니다. 봉건주의는 보상이 거의 없거나 아예 없는 잔인한 노동력 착취였다. 푸코는 봉건주의의 '직접적' 잔혹성이 자본주의로 넘어가면서는 보다 간접적이고 분산된, 하지만 결코 덜 잔혹하다고는 할 수 없는 체제로 대체되었다고 말한다. 군주가 삶과 죽음에 직접적으로 행사한 권력은 병원, 은행, 학교, 감옥을 포함한 다양한 기관을 통해 간접 통제로 대체되었다. 필수적인 약의 가격도, 임신중지가 보건 서비스로 보장되지 않는 것도 왕이 정한 것은 아니다. 하지만 둘 다 많은 사람을 죽음으로 몰고 갈 수 있다.

또한 로빈슨은 유럽의 상황에서 인종은 흑인성의 개념이 유럽에 도착하기 전부터 존재했다고 설명한다. 흑인 노동자나 노예화된 흑인이 있기 전에 유럽에는 슬라브족과 아일랜드인이 있었다. 로빈슨은 이들 역시 인종화되고 착취당하는 소수민족이었다고 주장한다. 그렇다면 이들에게 권력을 행사한 자는 누구인가? 미국에 식민지를 세운 이들과 같은 자들로, 농업과 무역업, 제조업에서 착취한 노동을 이용해 시작부터 많은 수익을 남긴 귀족과 신흥 부르주아 계급이었다.

백인들에게는 권력이 있었다. 백인들은 절대적인 권력자였다. 이들은 마음대로 해하고 죽일 수 있었다. 그러나 그 후 수백 년 동안 백인성은 돌연변이를 겪으면서 착취와 처벌, 해할 자유를 숭배하는 민족을 더 많이 통합했다. 로빈슨이 주장한 대로 슬라브인과 아일랜드인이 봉건 체제의 유럽에서 인종차별을 당하는 범주에 속한다면, 현재 상황으로 보아 백인성은 역사적으로 변이의 가능성이 다분하다. 슬라브인과 아일랜드인의 후손은 21세기의 미국에서 명명백백한 백인이다. 로빈슨은 대서양 횡단 노예무역이 세계의 지리와 시장을 재편하고 노예무역으로 창출한 부가 유럽에서 새로운 계급을 만들어내면서 이런 변화가 시작됐다고 말한다. 경제 계급은 더 이상 귀족과 농민으로만 나뉘지 않는다. 여기에 무역상과 변호사와 의사가 추가되었다. 영국에는 상류 지주 계층이 있다. 이 새로운 돈과 새로운 계급들! 모두 약탈한 땅을 착취하고 훔친 노동력에 대가를 지불하지 않으며 축적한 자본으로 이루어졌다. 부르주아가 나타났고 자본주의가 서서히 탄생을 준비하고 있었다. 전 세계적으로 부르주아는 압도적으로 백인이었고, 새로운 계급이자 인종적 가능성이었다. 산업화에 자금을 대고 자본주의를 공고히 한 부가 새로운 계층을 도시로 불러 모아 도시 노동자로 탈바꿈시켰다. 다시 한번 말하지만 로빈슨이 상기시킨 바, 부는 식민주의와 노예제도에 의해 형성되었다.

지금 우리는 분명 《맨스필드 파크》*와는 전혀 다른 세상에 살고 있지만 애초에 그 세계에 의해 형성된 세상이다. 나는 아일랜드계 미국인이고 백인이다. 20세기 미국의 상황에서, 백인성은 빠르게 의미를 확장했다. 민족상의 백인—독일계 미국인, 아일랜드계 미국인, 그리스계 미국인—은 은행과 정부를 운영하는 백인 앵글로색슨계 개신교도들(WASPS)처럼 반흑인, 반원주민 인종차별주의자가 됨으로써 백인성을 구매했다. 노엘 이그나티에프(Noel Ignatiev)의 《아일랜드인은 어떻게 백인이 되었나(How the Irish Became White)》, 데이비드 뢰디거(David Roediger)의 《백인이 되는 길(Working Toward Whiteness)》에서 우리는 미국에서 인종 구성의 방대한 변화를 두고 고심하는 두 작가를 본다. 이런 전환—아일랜드계 미국인이 성 패트릭 축일** 말고는 자기 뿌리를 들먹이지 않고 범민족 백인 노동자 정체성을 강조하게 된—의 근간에는 노동조합, 뉴딜 일자리, 주택 소유처럼 흑인을 배제한 제도들이 관련되어 있다.

이 백인 인종 집단은 마침내 반흑인 인종주의를 통해 통

---

* 제인 오스틴이 1813년에 발표한 장편소설로, 전통적 신분사회와 신흥 부르주아 계급의 남녀들의 애정과 욕망을 다룬다.

** 기독교를 아일랜드에 전파한 성파트리치오를 기리는 축일.

합을 마무리 지었다. 이는 노예제도하에 시작하여 계속된 과정이다. 소설《리버티(Libertie)》에서 케이틀린 그리니지(Kaitlyn Greenidge)는 1863년의 인종 폭동을 묘사한다. 이 폭동에서 (당시 백인성에서 상당히 배재되었던) 소수민족 백인들(ethnic whites)이 남북전쟁 징집에 "항거하기" 위해서 흑인 가족, 기업, 노예해방론자들을 공격한다.

W. E. B. 듀보이스(Du Bois)는 중요 작품인《흑인 재건(Black Reconstruction)》(로빈슨이 아주 많이 인용한다)에서 이 점을 명확히 했다. "노예제도라는 시스템을 유지하는 데 필요한 경찰력이 백인 빈곤층에 의해 대단히 효과적으로 운영되었다. (……) [노예제도가] 그들에게 일자리를 제공하고 지배인, 노예 감독관, 순찰 시스템의 일원으로서 어느 정도의 권위를 주었다. 그러나 그 외에도 자신이 주인과 한 패가 됐다는 허영심을 채워주었다." 듀보이스가 설명했듯이 노예제도에서 시작해 20세기를 거쳐 빈곤한 백인이 미국의 백인성에 완전히 통합되었을 때 반흑인감정은 백인에게 흑인 '위에' 행사할 수 있는 힘을 주었다. 거기에 우리가 넘어간 것이다. 더 좋은 노동 환경이 아니라며(그래도 흑인들의 작업 환경보다는 낫다), 더 좋은 주택 환경이 아니라며(그래도 흑인들보다는 낫다) 말이다. 더 좋은 직업이 아니라며(그래도 흑인들보다는……), 더 좋은 교육환경이 아니라며(그래도 낫다). 그리고 흑인을 뒤에 남긴 채 사다리를 끌어 올렸다.

그렇다. 이것은 당연히 가르고 정복하기 위한 방법이며 심지어 백인에게도 성공적인 억압 방식이었다. 그러나 맞다, 이것이 우리가 선택한 길이다. 더 좋은 세상을 만들려는 노동자 연대와 모든 인종에 대한 치명적인 현 상태를 인정하는 인종적 위계질서 사이에서 백인은 선택했다. 자유를 선택하는 대신 원래의 봉건적 경향을 택했다. 해를 끼칠 자유를.

백인성은 선조들의 폭력, 즉 아메리카 원주민들의 집단 이주와 죽음, 대서양 횡단 노예무역에서 벗어날 수 없다. '하지만 "내" 선조들은 그런 짓을 하지 않았는데? 내 아일랜드 조상은 가난하게 미국에 도착한 사람들이야! 그리고 지금 우리를 봐!' 한 개인의 조상이 노예를 소유했든, 남북전쟁에서 노예제 폐지를 위해 싸웠든, 그저 한 세대 전에 이 땅에 도착했든, 미국의 백인성은 우리 것이다. 듀보이스가 상기시킨 것처럼 반흑인 인종주의는 우리가 유지했다. 비록 직접 요청하지는 않았더라도 미국에서 백인으로 살면서 이 역사를 소유하지 않고 또 백인의 권력으로부터 도움받지 않았다고 말할 수는 없다.

나는 유독한 백인성에 둘러싸여 자랐다. 해로운 남성성으로 흠뻑 절여진 백인성은 나에게도 폭력이었다. 여성적인 성향이 강하고 책 읽기를 좋아한 어린 백인 소년에게 폭력은 물리적일 때도 있었고(주먹으로 가슴을 때리고 철제 사물함에 머리를 짓누르며) 나라는 사람의 어쩔 수 없는 모습을 감시하고 지적하는 형태일 때도 있었다("왜 다리를 꼬고 앉아 있니, 기집애처럼"). 대체로 이들은 가난했다. 그래서 어린 나는 항상 혼란스러웠다. '이것'이 특권을 가진 백인의 모습인가? 고향 사람들은 푸드스탬프를 받아 생계를 유지했고 고물 자동차를 몰았고 늘 돈에 쪼들렸다.

내가 자란 곳에서 백인들은 포드사의 F-150 트럭을 몰며 CB 라디오에서 울려 퍼지는 컨트리뮤직으로 백인성을 드러냈다. 나는 그곳에서 벗어나야 했다. 그곳에는 나라는 인간에게 미래의 가능성 같은 건 없었다. 나는 대학에 가서 구원받고 싶었다. 하지만 그곳에서도 백인성은 그다지 친절하지 않았다. 주머니 사정이 안 좋고 여성적인 성향을 가진 아이에게는 말이다. 남학생들은 빈티지 사브를 몰고 밀러 하이라이프를 마시며 90년대 랩을 듣고 데이트 강간을 했다. 나는 차를 살 돈도 없었고 여자애 같은 18세 숫총각이었다. 그곳에도 나를 위한 공간은 없었고 내 여성스러움은 여전히 나를 수상한 존재로 만들었다. 나는 충격을 받았다. 부유하고 교육 수준이 높은 백인은 다를 줄 알았기 때문이다.

하지만 어딜 가든 사람들은 내가 동부의 명문 사립학교나 아이오와주 유명한 공립학교 출신의 별다를 것 없는 백인 아이일 거라고 생각했다. 한편으로 나는 그것이 분했다. 그래서 되려 내 인종과 계급이 잘 드러나게 행동했다. 술을 거의 마시지 않으면서도 "맥주는 더 이상 아침에만 마시는 음료가 아닙니다"라고 적힌 트럭 운전사 모자를 쓰고 다녔다. 촌스러운 카고 반바지를 입고 쪼리를 신었고, 내가 살던 동네 사람들처럼

"ain't(are not의 축약형)"과 이중부정을 사용했다. 나는 내 계급적 배경이 크게 드러나지 않는 것에 분개했다. 내가 사람들이 내 얼굴과 몸을 보고 기대한 것과 얼마나 다른 어린 시절을 보냈는지 알리고 싶었다.

나에게 건강한 방식으로 백인이 될 수 있는 방식 따위는 없었다. 사브를 모는 백인으로 동화되기란 어차피 불가능했다. 그들의 사회구조에서 작동하는 게임의 규칙을 파악할 수 없었고 그래서 거기에 적응하지 못했다. 나는 나 자신에 대해 잘 알지 못했기에, 합당한 방식, 심지어 내가 주위에서 보고 자란 사람들을 문화적으로 전유하는 기분이 들지 않는 방식으로 나 자신의 인종을 수행할 수 없었다. 솔직히 말해 고향에서 나는 내 머리를 사물함에 처박고 가슴팍에 주먹질을 하는 아이들 사이에서 살아남기 위해 그들보다 잘났다는 기분이 필요해서, "ain't"라고 말하는 아이들을 조롱했기 때문이다.

백인성을 얻으려면, 심지어 백인들 자신도 얼마나 비싼 대가를 치러야 하는 것인가? 물론 백인성에만 고유한 특성도 아니다. 가부장제 역시 남성에게 해롭다. 어려서 나는 남자아이가 백인 남성성에 저지를 수 있는 최악의 죄를 저질렀으니, 나는 울었다. 항상 울었다. 콧물까지 흘려가며 흉하게 울었다. 슬퍼서 운 적은 없었고 좌절하거나 실망하거나 무서워서 울었다. 나는 감정을 너무 많이 느꼈다. 하지만 남자아이는 자고로 '느끼지' 않는 법이다. 겉모습은 남자였지만 어렸을 때 내 모든 행동(흐느적거리는 손목, 제빵을 좋아하는 것)을 감시받으며 살았던 것이 평생 나에게 해를 끼쳤다.

호세 에스테반 무뇨스는 사후에 출간된 책 《갈색의 감각 (The Sense of Brown)》에서 쓰기를, "히스패닉들의 정서적 표출이 과도한 것이 아니라 규범적인 백인의 정동 수행이 감정의 빈곤에 가까울 정도로 최소화된 것이다"라고 썼다. 같은 책의 뒷부분에서 그는 "역사의 현시점에서 백인성을 결핍으로 규정하는 것이 매우 중요하다"라고 썼다. 성장기의 나에게 얼마나 필요했던 이야기인가. 울어라, 어린 조이야, 울어. 세상은 힘겨운 법이고 앞으로 더 힘겨워질 테니!

만약 백인 가부장제가 소년 시절 나의 감정을 허락했더라면 나는 훨씬 큰 가능성을 안고 자랐을 것이다. 나는 감정을 느끼지 않을 수 없었다. 그 이유로 나는 벌을 받았다. 벌을 준 이들은 다른 백인 소년들이나 남자 어른들이었다. 그들의 인종과 백인성의 표출은 나처럼 규범적인 백인 남성성을 위반할 수밖에 없는 사람을 해하도록 허락했다.

나는 그것을 모두 내 몸속에서 태워버리고 싶다. 이 글을 쓰는 지금 나는 분노로 불타오른다.

제2차 세계대전 이후 내가 속한 집단을 비롯해 아주 많은 인종 집단이 새로 백인성에 편입하게 되었을 때, 기업은 재빨리 그들이 감당할 만한 수준의 상품들을 만들어냈다. 그들은 4분의 1 에이커의 땅과 다섯 개 평면도의 주택 중 하나를 골라 소유할 수 있었다. 자기 차를 갖고 공장 관리직으로 통근할 수 있었고, 정서적 억압 없는 교외의 피난처로 이주할 수 있었다. 백인들이 브롱크스에서 미드타운까지 통근할 수 있게 고속도로를 설계한 도시계획가 로버트 모지스(Robert Moses)의 역사가 그 이야기를 전한다. 존 디디온의 1980년대와 1990년대 캘리포니아 에세이도 같은 이야기를 한다. 디디온의 수많은 작품 중에서도 내가 제일 좋아하는 에세이 〈레이크우드의 골칫덩어리〉가 그 정점을 찍는다.

새로 백인이 된 자들이 백인성을 허락받은 것은 당연했지만 한편 백인 은행가, 백인 건설업자, 백인 부동산 중개인 같은 다른 백인들은 실로 엄청난 돈을 벌었다. 나는 왜 어떤 이들이 백인성을 선망하는지 이해가 간다. 특히 자본주의 안에서의 삶이 얼마나 불안정한지를 전제하면 말이다. 부자와 유명인이 살아가는 모습이 너무나 매력적이라 그들의 부가 어디에서 왔는지, 그 부에 어떤 도덕적, 정신적 파산이 동반하는지는 무시하기 쉽다. 다 함께 《위대한 개츠비》를 읽어보자.

백인성이 백인을 해친다. 백인 우월주의를 신봉하는 한 우리는 절대 자본주의의 경제적 폭력성에서 벗어날 수 없다. 미국인의 삶을, 해를 끼칠 자유로 보는 한 정신적 파산에서 벗어나지 못할 것이며, 상대적인 미국식 평안을 백인 앵글로색슨계 개신교도(WASP)의 문화적 규범―남들 앞에서 울지 마라, 큰 소리로 떠들지 마라―과 거래하는 한 삶은 트라우마에서 빠져

나오지 못할 것이다. 백인성, 인종차별적 가부장제, 동성애 혐오와 트랜스젠더 혐오, 그리고 이 모든 것의 근간에 있는 자본주의라는 힘은 우리가 지구에서 살아갈 능력을 소멸시키고 있다. 여기서 말한 우리는 인간종을 말한다. 자본가 계급은 화성이나 뉴질랜드를 탈출구로 생각할지도 모른다. 나는 화성에 내 자리가 없다는 것쯤은 알고 있다. 어차피 그 여행에 별다른 환상도 없고. 차라리 여기 남아 침몰하고 말겠다. 지구가 살거나, 아니면 우리 다 함께 죽거나.

백인이 아닌 몸으로 살았다면 내 삶은 아주 많은 부분에서 극적으로 달랐을 거라는 걸 잘 안다. 크고 작은 트라우마가 내 일과 몸과 영혼에 미쳤을 영향은 감히 상상조차 할 수 없다. 공감은 여기까지만 가능하다. 함께 듣고 읽고 쓰고 조직할 수는 있지만 인종 문제에서 백인은 언제나 학생이다. 왜냐하면 인종차별을 직접 경험한 적이 없기 때문이다. 지금 내가 말하는 인종차별은 단순히 심한 편견—정체성의 특성 때문에 누군가를 싫어하는 것—으로 정의되는 것이 아닌, 구조적 힘을 뜻한다. 인종차별은 짐 크로 법*에서부터 중국인 배제 정책과 레드라이닝**, 지방세로 운영되는 오늘날의 학군제까지 권력 시스템이 깊이 심어 넣은 것이다. 소외된 사람들에 대한 어쭙잖은 공감

---

* 공공시설에서 백인과 유색인종의 분리를 핵심으로 하는 법.

** redlining, 금융사가 특정 지역에 대한 대출 불이익을 주는 행위.

만으로 조직적 해악을 되돌릴 수는 없다. 말과 행동의 연대만이 유일한 희망이다.

타로 카드에서 내가 유일하게 좋아하는 카드가 죽음이다. 아름다운 수채화로 그린 타로 카드가 내 책상 위에, 데이비드 워나로위츠가 친구 피터 휴아르(Peter Hujar)의 죽은 몸을 찍은 사진 옆에 있다. 카드 한 벌마다 수채화로 된 카드 한 장을 보내주었다. 내 것은 죽음이었다. 이 카드 세트를 받고 처음 카드를 뽑았을 때 이 죽음의 카드가 나왔다. 이 특별한 카드 세트는 내가 깨끗이 손을 털고 끝내야 할 때, 그리고 앞으로 나아가기 두렵거나 어떻게 해야 할지 모를 때만 사용한다. 한 벌의 타로 카드는 순환한다. 끝나지 않는 이야기이다. 죽음은 이야기의 끝이지만 언제나 또 다른 이야기의 시작이기도 하다. 죽음은 한 사람이 얻은 지식을 응고시킨다. 죽음은 한 사람이 여행의 끝에서 얻은 지혜에서 온다.

토니 모리슨의 말을 빌리면, 백인들에게는 아주 심각한 문제가 있다. 인터뷰 중에 모리슨은 눈에 띌 정도로 불편해 보이는 찰리 로즈(Charlie Rose)에게 이렇게 말한다. "'그 사람들'은 자기가 뭘 할 수 있는지 직접 생각해봐야 해요. 저는 거기서 빼주세요."

"그럼 백인들에게 무료 조언을 부탁드립니다." 로즈가 모리슨에게 부탁했다.

"제 책에 다 나와 있어요." 모리슨이 웃으며 미소로 대꾸했다.

저는 빼주세요. 미국에서 흑인과 갈색 인종과 토착민을 뺀 백인성은 어떤 의미이고 또 어떤 모습일까? 누가 백인성을 위해 일하는가? 백인성은 사람보다 돈을 더 섬긴다. 이는 비인간화의 방식이고, 그래서 모리슨의 말대로 "도덕적 열등"이다. 우리는 이것이 사실이라는 걸 안다. 우리는 자신과 다른 이들을 다치게 하는 일을 언제든지 그만둘 수 있다. 남을 해치는 특권보다 연대를 선택하고, 그러면서 백인성이 우리에게 가한 (트라우마적인) 구속에서 벗어날 수 있다. 나는 낙관론자는 아니지만 살아서 그날을 내 눈으로 보고 싶다.

죽음은 순환의 한 주기가 끝나는 지점이며 그때까지 얻은 지혜의 응결이다. 백인성은 사멸되어야 한다. 할 수만 있다면 그것을 죽이는 일에 동참하고 싶다.

2020년 7월, 패트릭과 나는 이 책의 6장이 된 전쟁, 언어, 그리고 질병에 관한 글을 함께 작업했다. 우리는 덕후처럼 수전 손택의 저작과, 율라 비스가 질병, 정체성, 역사에 관해서 쓴 《면역에 관하여》를 포함한 몇 권의 책과 글을 읽고 또 읽었다. 우리 에세이가 출판된 후로는 다시 이 글을 쓰기 시작할 때까지 《면역에 관하여》를 읽지 않았다. 율라 비스가 말한 "정체성으로서의 건강"이 우리 주장의 핵심이었다. 이 주제에 관한 비스의 글은 명확했고 우리는 비스의 말을 여러 차례 인용했다. 그러나 이후에 나는 페이스북에 비스가 인종에 접근한 방식을 비판하며 그가 과학적 측면에서 틀린 부분이 많고 사람들이 왜 그 책을 좋아하는지 모르겠다는 논지의 멍청한 글을 올렸다.

내 게시물은 옹졸했다. 나는 사람들이 왜 그 책을 좋아하는지 알고 있었다. 나는 정체성에 관한 비스의 글을 좋아했고, 그래서 우리가 쓰는 글에도 사용한 것이다. 비스의 문장은 아름다웠다. 그러나 책을 다시 읽으면서 충격을 받았다. 처음에는 나 자신에게 좌절했던 것 같다. 책이 처음 출간되었을 당시에는 책을 읽고 이렇게 분노한 기억이 없었다. 어쩌면《면역에 대하여》가 출간된 이후로 세상이 바뀐 건지도 모른다. 내가 달라진 건지도 모르고. 비스를 좀 더 빨리 알아보고 발언하지 못한 자신에게 느낀 분노를 비스에게 돌리고 있었다. 자책하지 않기 위한 뻔한 투사였다.

백인성을 심문하든 아니든, 작품에서 어떤 식으로 인종을 사용할지에 대해 논의하는 것은 백인 작가가 할 일이라고 생각한다. 나는 비스가 그걸 잘하고 싶었을 거라고 생각한다. 우리 사이에는 내가 흠모해 마지않는 공통의 친구들이 있다. 하지만 비스의 작품이 갖는 약점—작품을 말끔히 봉합하는 백인성과, 비스가 충분히 탐구하지 않은 그 백인성과 불가분의 관계인 반흑인성—을 살피지 않고는, 전에 패트릭과 내가 사용했던 것처럼 내 글에 비스의 글을 사용할 수 없었다. 나는 정체성에 대한 그 책의 태도 때문에 내 책에서도 비스의 책을 빌려 써야 했다. 나는 그 책의 백인성을 따져봐야 했다. 비스가 별로 잘했다고 생각하지 않기 때문이다.

비스의 작품에서 내가 느낀 문제는 비스가 인종, 특히 미국의 흑인성, 비스 자신의 백인성과 계급, 그것이 그녀에게 허락한 권력과 자신이 백인성과 어떤 관계인지를 명시적으로 주장하지 않은 채 아주 걱정스럽고 불편한 방식으로 인종을 사용했다는 점이다.

"백신은 마치 노예제도처럼 한 사람이 자신의 몸에 대한 권리에 대한 시급한 문제를 제기한다." 율라 비스는 미국에서 예방접종과 인종에 대한 논의 중에 이렇게 썼다. 그리고 어떻게 19세기 백신 거부자들이 강제 예방접종에 대한 은유로 노예제도를 사용했고 노예제 폐지에는 아무 관심도 없으면서 단지 백신을 반대하는 입장을 지지하기 위해 '폐지'라는 수사적 언어를 들먹였는지를 썼다. 하지만 설령 그렇다 해도, 대다수 독자들에게 노예제에 비유할 만한 것은 아무것도 없다. 백신 접종은 말할 것도 없고 말이다. 비스는 노예였던 아프리카인 오네시무스(Onesimus)가 이 나라에 처음으로 백신에 대한 지식을 들고 왔다고 생각했고, 감염성 질병이 어떻게 수백 년 동안 유독 흑인과 토착 미국인들에게 불균등하게 영향을 미쳤는지에 관해 말한다.

그렇지만 비스는 자신의 백인성, 또는 자녀에게 백신을 맞혀야 할지 그렇다면 언제가 좋을지를 두고 안절부절못하는 (비스가 거주하는) 시카고 북부 교외 지역사회의 백인성을 명시적으로 나타내지 않았다. 왜 굳이 그래야 하느냐고? 어차피 모두가 비스는 백인이라는 걸 아는데…… 그러나 모든 사람이 인종화(racialized)되었고 그건 백인도 마찬가지다. 그리고 백인 작가가 제 인종인 백인성을 명시하는 것은 중요할 뿐 아니라 필수적이다. 비스에게는 자신과 제 친구들의 인종과 계급을 슬쩍 암시하는 것으로도 충분했을지 모른다. 게다가 비스의 글에는 백인성에 대한 비판이 내재되어 있다. 하지만 내게는 그걸로 충분하지 않았다. 백인성은 다른 인종처럼 명확히 명명되어야 한다. 암시적인 비판은 눈에 잘 띄지 않으며, 수세에 몰릴 필요 없이 참여하려는 독자들만 더 끌어들일 것이다. 나는 역시나 그것이 우리 시대에 불충분하다고, 하지만 우리 시대도 그렇게 새롭지는 않다고 믿는다.

어쩌면 백인 독자들이 그런 자기 방어적 태도에서 벗어나 이 에세이를 끝까지 읽으며 함께 고심할 거라고 믿는 내가 순진한지도 모르겠다. 그러나 나는 백인들이 품은 최악의 충동을 향해 글을 쓸 수는 없고, 매일 크고 작은 인종차별로 사람이 죽는 세상에서 그것이 상당한 차이를 불러올 거라고 생각한다.

인종에 대한 율라 비스의 접근은 예방접종과 노예제도 사이의 단순한 비교를 넘어선다. 비스의 작품에서 백인성은 제대로 탐구되지 않았지만, 인종은 비스에게 일관된 은유인 것 같다. 흑인성은 은유로서 이 책에서 수시로 등장하지만 동시대 다른 사상들에서처럼 살아 있는 인물로 나타나는 일은 별로 없다. 그 많은 참고문헌 중에 아프리카계 미국인 사상가의 글은 거의 인용되지 않았다. 또한 비스는 이를테면 "군중이 잘못된 결정을 내린 사례의 기록은 허다한데 그중에서 린치가 떠오른다⋯⋯"라고 말했다.

그런가? 짐 크로 법 시대의 린치는 '군중 심리'에 의한 '사고'가 아니라 정부의 지원을 받은 계획된 관전 스포츠였다. 린치에 관해 쓰면서 비스는 백인성, 우리의 해할 자유에 관해 말한다. 린치, 즉 국가가 후원하는 인종차별적 테러를 단순히 "나쁜 결정을 내린 군중" 탓으로 돌리는 것은 정당하지 않을뿐더러 몰역사적인 태도이다. 하지만 이것이 흥미로운 반전인 이유는 비스는 확실히 린치가 잘못되었다고 생각하는 진보주의자이기 때문이다.

린치는 백인을 왕으로 생각하는 행위이다. 린치는 백인에게—심지어 빈곤한 백인에게조차—막강한 힘을 준다. 상대가 흑인이라면 고문하고 목숨을 빼앗을 수 있는 권력 말이다. 린치는 해할 자유의 극단적 표현이며 단순히 실수한 군중 심리도, 군중의 "잘못된 선택"도 아니다. 분명히 비스는 이런 식으로 백인 우월주의를 들먹이는 대신 인종이 연루되지 않은 군중의 진짜 나쁜 결정과 비교할 수 있었다. 예를 들어 자본주의 체제에는 닷컴 버블에서 서브프라임 모기지 사태까지(절대적으로 유색인종들에게 피해를 주었다) 비논리적인 집단 의사 결정이 만연하다.

비스가 책의 말미에서 자신의 Rh(-) O형 피를 헌혈하려고 갔을 때 자기 옆에서 똑같이 Rh(-) O형 피를 헌혈하는 남성이 "어두운 피부"인 것을 보고 놀란 이야기를 한다. 비스는 Rh(-) O형 혈액형이 어느 지역에서 가장 많은지 찾아보았다. 비스는 "이 혈액형은 또한 서유럽[아마도 율라 비스 자신], 그리고 아프리카 일부[아마도 다른 남성]에서 온 사람들에게 다소 흔하게 나타난다"라고 썼다.

"우리는 대가족이다." 비스는 "검은 피부"를 가진 남성에 관해서 이렇게 썼다. 나는 깊은 분노를 느꼈다. 여기에는 중요한 것이 빠졌다. 비스는 자신의 인종도 그 "어두운 피부" 남성의 인종도 정확히 말하지 않았다. 어두운 피부가 인종은 아니다. '명료하게 밝혀야 하는' 순간에조차 인종을 말하기 꺼리는 태도는 은유와 예시로 인종의 이미지(노예제도, 린치)를 사용하는 것과 철저히 반대된다. 타인의 인종을 말하지 않으면 자신의 것도 말하지 않아도 된다. 말하지 않아도 된다면 작품에서도 직면할 필요가 없다.

나는 퀴어다. 현재 백인 비종신 대학교수이며, 뉴욕시의 견실한 중산층으로 전보다는 좀 더 편안하게 살 만큼의 돈을 벌고 있다. 나는 인종 문제에서 엉망이었다. 나는 백인 미국인이고 그래서 내가 엉망으로 굴었다면 내가 한 일이 왜 잘못이고 그 해악을 어떻게 책임지고 되돌릴지 이해하고 싶다. 그게 내가 이 책에서 하려는 일이기도 하다. 페이스북에 올린 글은 비열한 일갈이었을 뿐 다정한 요청이 아니었다. 나는 그 글을 비스에게 쓴 것이 아니라 그저 친구들에게 토로한 것이었다. 하지만 온라인이라는 사실을 잊었다. 율라 비스가 그 글을 보고(당연히 내가 태그한 건 아니고 서로의 친구가 전한 게 분명하다) 내게 연락해 왔다. 내 글에 화를 내는 것은 당연했다. 나는 누가 알려줬냐고 묻고 싶었지만 참았다. 그리고 내 게시글의 어조와 내용에 대해 사과했다. 당신의 글과 연구를 존경한다고 말하면서 다만 그 책에서 인종이 사용되고 제시되고 생략된 방식이 염려된다고 덧붙였다. 또한 검증되지 않은 백인성의 렌즈로 과학을 보는 것은 내 친구 챈다 프레스콧-와인스타인(Chanda Prescod-Weinstein)이 "백인 경험주의"라고 부른 것으로 이어진다고 말했다. 그것은 과학에서 종종 당연하게 여겨지는 발견의 임무와 양립하지 않는다. 나는 내가 당신 책을 읽고 화가 났던 것, 그리고 백인 작가로서 당신이 틀렸다고—애정을 담아—쓴 부분이 잘못되었다고 생각하지 않으며, 당신이 그 글을 읽고 뭔가를 배우고 그 배운 것을 공유하기를 바란다고 말했다.

소셜미디어에 글을 올린 것이 해로웠고 또 도움이 되지 않았다는 점은 사과한다. 하지만 단지 상처를 주고 싶지 않다는 이유로 비스의 작품을 내 책에 인용하면서 비판을 싣지 않는다면 그 또한 해롭다고 생각한다. 폐해를 복구하거나 적어도 노력하는 것이 내게는 한 사람의 감정보다(그것이 내 것이라도) 더 중요하다. 그리고 비스가 내게 《면역에 관하여》가 출간된 후로 몇 년간 여러 작가들과 이야기하며 유색인종 사상가를 거의 인용하지 않은 것을 포함해 책에서 다룬 논의의 일부를 재조사했다고 했지만 내가 아는 바로는 공개적으로 밝히지는 않았다. 하지만 그 역시 밝힐 필요가 있다. 그리고 그것이 그 책이 가한 해로움을 되돌릴 첫 단계가 될 것이다. 패트릭과 나는 우리가 함께 쓴 글에서 전쟁의 은유에 관한 비스의 사유를 빌렸고 그래서 지금 여기서 그 유용한 책의 문제점을 말하는 것이다.

◆

2020년, 백인 여성 에이미 쿠퍼(Amy Cooper)가 게이 흑인 남성 크리스천 쿠퍼(Christian Cooper)를 경찰에 신고했다. 남자 쿠퍼는 센트럴파크에서 새를 관찰하던 중이었다. 여자 쿠퍼는 아마도 자신을 인종차별주의자라고 여기지 않았을 것이고 사건 후 직접 그렇게 말하기도 했지만, 사실은 한 흑인 남성의 삶을 소름끼칠 정도로 뻔한 방식으로 위험에 빠뜨렸다. 에이미 쿠퍼는 크리스천 쿠퍼가 자신을 '위협했다'고 신고했다.

T. J. 탤리(T. J. Tallie)가 에이미 쿠퍼 사건을 쫓아다니며 보도했을 때, 백인들 역시 여자 쿠퍼를 거칠게 비난했다. 이 사건에서 우리 모두는 2020년 인종 사안에서 옳은 편에 설 수 있

었다. "어떻게 그녀가 그럴 수 있었지?" 우리, 다른 백인들이 한 말이다.

그러나 우리 중 어떤 백인도 에이미 쿠퍼가 될 수 있다. 탤리는 자신을 "나쁜 사람" 또는 "인종차별주의자"라고 생각하지 않는 백인이 흑인을 죽이는 이런 방식을 무증상 치사에 비유했다. 바이러스에 감염되었지만 증상이 없는 사람들이 코로나-19를 퍼뜨리고 다니면 타인을 죽음으로 몰아갈 수 있기 때문이다. 탤리는 "무증상 감염자처럼, 백인들은 모두 다 괜찮을 거라고 생각하면서 세상을 돌아다닌다. 그러나 그들과의 개인적 상호작용이 어떤 흑인에게는 아주 치명적으로 작용할 수 있다"라고 썼다. 탤리의 요점은 코로나-19든 경찰과의 상호작용이든 백인보다는 흑인을 죽일 가능성이 크고, 백인들은 자신의 놀란 심장이나 마스크를 하지 않은 감염된 호흡으로 자신이 가할지도 모를 해로움을 인식하는 일이 몹시 드물다는 것이다.

자기 일을 하고 있던 흑인 남성을 경찰에 신고하지 않으려고 애쓰는 것은 가장 넘기 쉬운 장애물이지만 우리는 그조차 간신히 해내고 있다. 몇 년 전 뉴욕의 한 공개 토론에서 작가 키에세 레이먼은 남성들이 극단적인 범죄를 저지르지 않는다는 이유로 칭찬받는다고 말했다. 넘어야 할 장애물이 바닥에 있다면 자신이 날고 있다는 기분을 느끼기는 쉽다.

그런데 '나'는 날고 있나? 왜 나는 그래야 할 필요를 느낄까? 단지 칭찬을 받기 위해서가 아니다. 이 미션에서 실패하는 것은 말 그대로 치명적이다. 인종차별은 살인을 계속한다. 나는 살인자가 되고 싶지 않다. 그것은 매일 노력할 가치가 있는 일이다. 간식이나 보상을 받기 위해서가 아니다. 내 백인성으로 더는 해를 저지르지 않고, 백인성이 이미 저지른 해악을 되돌리도록 노력하려는 것이다.

《면역에 관하여》에서 비스는 근본적으로 자유에 관해서 쓴다. 백신의 경우 백신을 맞지 않을 '개인의 자유'와 그 선택으로 다른 사람에게 '해를 끼칠 자유' 사이에서 충돌이 일어난다.

해를 끼칠 자유? 백신을 맞지 않고 마스크를 쓰지 않는 것은 군주의 자유이다. 남에게 직접 해를 끼치더라도 우리 자신의 몸은 왕으로 행세하겠다는 것이다. 왜 우리가 우리 자신의 왕이 될 수 없는 거냐고 당연히 따져 물을 수 있다. 남에게 해를 끼치지 않는다면 얼마든지 왕이 되어도 좋다. 하지만 우리는 우리 몸의 왕이 됨으로써 종종 타인을 해치게 된다. 이는 그만큼 우리가 서로 떨어질 수 없는 관계임을 일깨우며, 심지어 우리가 자아를, 하나의 분리된 몸을 지녔는지까지 의문시하게 한다. 자신에게 통제력이 있다고 느끼기 위해 군주의 무리한 자유를 시도한다? 그것이 미국의 백인성 안에 내재한 것이다. 우리는 우리가 자신의 삶을 거의 통제하지 못하며, 질병은 모두에게 닥친다는 사실을 받아들여야 한다.

이번 주에 내가 한 일 중에서 가장 자랑스러운 일은 무엇이었을까? 이번 주에 내가 한 일 중에서 가장 자유로운 일은 무엇이었을까?

두 개의 답이 있다. 먼저 나는 거리로 나가 시위에 참가했다. 그건 아주 희망차고 애정 어린 일이었다고 생각한다. 세상은 대부분 망가졌을지도 모르지만 적어도 우리는 바꾸려고 노력한다. 두 번째로 나는 내 파트너와 내 친구 안드레이를 위해 음식을 만들었다. 나는 그들을 사랑해주었고 꼭 안아주었다. 나는 자유롭고, 자유롭게 사랑하고 있다. 안드레이에게는 네그로니를 말아주고 나는 와인을 따라 마셨다. 안드레이와 데번과 나는 발코니에 서서 술을 홀짝거리며 축축한 여름밤 공기, 향기롭고 자유로운 공기를 마셨다.

─◈─

격리 이후로 데번과 나는 밤이면 넷플릭스나 프라임이나 훌루를 보다가 잔다. 훌루에서 나오는 밤새도록 똑같은 광고를 보고, 보고, 보고, 또 본다. 무슨 광고냐고? 조상닷컴(Ancestry.com). 우리 가족의 역사를 찾아준다. 제2차 세계대전에 참전한 할아버지, 노예제도에 반대하는 북군과 싸운 할아버지의 삼촌까지. 광고에 나오는 사진들은 세피아 색조다. "당신의 비하인드 스토리에 생명을 불어넣으세요. 어쩌면 당신의 고조할머니는 여성 참정권 운동가였을지도 모릅니다!!! 당신의 고조할머니의 증조할머니는 노예제도 폐지론자였을지도 모릅니다!!!"

데번과 나는 내레이터처럼 목소리를 깔고 장난을 치기 시작했다. "당신의 조상은 노예를 소유했을까요?" 그가 묻는다.

"당신의 고조할머니는 여성의 투표권을 위해 싸웠을까요?" 나는 응수한다.

"당신의 독일인 선조는 제2차 세계대전에서 싸웠을까요?" 내가 덧붙인다.

미국 역사에서 노예 폐지론자였던 백인은 소수다. 남북전쟁에서 싸운 사람의 절반이 남부를 위해 싸웠다. 여성이 투표권을 갖기까지 그렇게 오래 걸린 것도 반대하는 세력이 있었기 때문이다. 그나마도 백인 여성에게만 주어졌다. 그래야 백인의 참정권을 공고히 할 수 있다는 취지에서였다.

우리는 너무나도 자기 이야기의 주인공이 되길 바란다. 성차별, 인종차별, 나치즘 같은 확실한 악당과 상대해 싸우고 싶어 한다. 그것이 미국의 역사다! 가장 위대한 세대다!

이것이 국민국가가 시도하는 전형적인 신화 창조다. 제2차 세계대전 중에 프랑스 사람 대부분은 나치의 점령을 적극적으로 또는 소극적으로 받아들였다. 목숨을 걸고 레지스탕스에 합류한 사람들은 소수에 불과했다. 그러나 전쟁이 끝난 후 샤를 드골은 통일된 국민 정체성을 강요했다. '공화국은 레지스탕스에서 성장한 것이다.' 점령기에 위대한 프랑스 국민은 용감하게 맞섰다. 맞다. 그런 이들도 있었다. 하지만 실제로 대부분은 그렇지 않았다. 제임스 볼드윈은 "우리가 자신에게 닥친 모든 것을 바꿀 수 있는 것은 아니다. 하지만 마주하기 전까지는 아무것도 변하지 않는다"라고 말했다. 우리가 죽음을 만드는 국가 안에서 자신의 책임을 인정하기 전까지는 아무것도 달라지지 않는다. 이것은 무의미한 자학이 아니라 내 아일랜드계 가톨릭 민족이 남긴 유산을 통해 내가 잘 알고 있는 것이다. 국가의 변혁을 위해 진실을 말하는 것은 필요조건이지 충분조건이 아니다.

이것이 현실이다. 특히 제국에는, 국민국가에는, 미국에는, 특히 누군가의 백인 조상 가운데는 선한 주인공이란 없다. 우리 백인들은 '모두' 내면에 악당이 들어 있다. 내 할아버지는 그 세대의 전형적인 분이셨고 나를 아주 아껴주셨지만, 인종차별주의자에 성차별주의자, 동성애 혐오자였으며, 그래서 나는 할아버지를 우러러보기를 멈추었고 더는 말도 섞지 않았다. 할아버지는 치매로 서서히 죽어갔으며, 그분은 여전히 내 DNA 안에 있다.

건강은 특권이라 아니라고 느낄 수 있으나 그래서는 안 된다. 우리는 국가가 아주 많은 이들로부터 건강을 앗아갔다는 사실을 지켜봐야 한다. 만약 건강이 권리라면, 그것이 '우리'만의 권리가 아님을 보여주기 위해 지금 우리는 무엇을 하고 있는가?

나는 2020년에 이 글을 쓰고 있다. 선거가 있는 해이다. 어 젯밤 네바다에서 열린 트럼프 집회에 수천 명이 몰려들었는 데 모두 마스크를 쓰지 않았다. 마스크를 착용하지 않고 집회 에 참석했던 허먼 케인(Herman Cain)이 코로나-19에 확진된 후 사망했지만, 이런 행동은 계속되고 또 계속돼서 사람들을 죽일 것이다.

어떤 미국인들은 마스크를 쓰지 않으면 흑인과 갈색 인종 과 원주민이 죽을 거라며 좋아한다. 이는 자유라는 이름으로 해를 끼치는 새로운 방식이다. 남북전쟁에서처럼 미국의 흑인 과 갈색 피부 인종과 원주민을 죽일 자유를 얻기 위해 실제로 물리적 죽음까지 감수하는 것이다. 건강을 지키고 질병을 예방 하는 간단한 도구인 마스크가 그렇게 억압의 상징이 된다.

우리는 자기의 선택이 '타인'에게 끼치는 해악이 아니라 그것이 '우리'에게 허락하는 자유를 보고 선택한다.

자신과 다른 이들을 코로나-19로부터 지키는 것은 흑인의 목숨이 중요하고, 갈색 인종의 목숨이 중요하고, 토착민들의 목숨이 중요하다는 것을 행동으로 말하는 것이다. 나의 위험은 곧 너의 위험이고, 너의 위험이 곧 나의 위험이다. 우리는 지금 그 어느 때보다 하나로 묶인 한 국민이다. 하지만 공기는 국경 이 없이 어디든 떠돌아다니기에 그 공기를 마시는 우리는 국민을 초월해 하나의 세계로 묶인 셈이다.

백인성이 우리를 코로나-19로부터 구해주지 않을 것이다. 백인성은 늘 해왔던 일에만 성공했다. 우리의 고통은 크지 않지만 우리 때문에 다른 이들이 더 고통받고 있다. 이들에게는 트럼프 집회에 마스크를 쓰지 않고 참석하면 많은 백인이 죽을 수 있고 또 실제 죽었다는 사실이, 코로나-19가 확산되면 흑인과 히스패닉이 '더' 많이 죽을 거라는 사실만큼 중요하지 않다. 이런 이념과 백인성은 백인 자신에게도 치명적이다. 오늘 당장 기꺼이 죽겠다는 사람들이 다른 사람을 해칠 권리를 유지하기 위해 하지 못할 일이 무엇이겠는가?

코로나-19 위기 초기에 우리는 SARS-CoV-2가 폐 이외의 조직까지 망가뜨린다는 것을 알게 됐다. 중증 환자의 경우 바이러스는 순환계, 신경계, 소화계가 모두 한 번에 가동을 멈추면서 다발성 장기부전이 일어날 수 있다.

그러나 후속 연구에서는 증상이 경미한 경우에도 심장에 상당한 손상이 일어날 수 있다는 것이 밝혀졌다. 바이러스가 들러붙을 수 있는 Ace2 단백질이 심장에서 발현되므로 바이러스가 직접 심장을 감염시켜 망가뜨릴 수 있다. 한 소규모 연구에서는 코로나 환자 100명 중 78명이 감염 후 심근염을 앓았다. 심장 손상은 호흡기 증상의 중증도와 상관없이 발생했다.

백인들—어리든 나이가 많든, 고위험군이든 아니든—이 지구상에서 최고인 의료체계가 가까이 있다는 이유로 마스크

쓰기를 거부하고 여럿이 모이는 위험을 무릅쓸 때 사실은 자신의 심장을 망가뜨리고 있는 셈이다. 인종차별주의는 백인 자신을 해친다. 이것이 그 물적 증거이다.

내가 상상하기로, 백인성은 삶의 가장 끔찍한 고통에 대한 완충 시도다. 백인성은 상실의 반대를 경험하려는 시도다. 우리는 경찰의 총을 맞고 죽은 열두 살짜리 아이들을 땅에 묻은 적 없다. 우리 어머니들이 출산 중에 목숨을 잃는 일은 많지 않다. 우리는 아프면 약을 처방받는다.

그러나 나는 이것을 백인성과 백인이 열망하는 WASP의 도덕적 미학에까지 확장하고 싶다. 인간이 살면서 겪을 수 있는 가장 충격적이고 인간적인 사건을 꼽는다면 그것은 죽음이다. 모든 생명체가 공유하는 한 가지.

WASP 문화에서는 사랑하는 이의 죽음 앞에서조차 큰 소리로 통곡하는 것이 부적절하다. 무뇨스가 백인성의 미학을 "정서적 빈곤의 수준까지 이른 미니멀리즘"이라고 칭한 이유이다. 우리는 장례식에서 눈물짓고, 발인식에서는 절제하며, 월요일이면 다시 일터로 돌아간다. 자본주의는 콧노래를 부르며 중단 없이 노동의 대가를 지불한다. 이웃은 유가족에게 음식을 가져다주지만 그들이 슬픔에 겨워 입안에 음식을 넣는 간단한 행동조차 하지 못할 것을 알면서도 옆에서 함께 먹어주지는 않는다.

감정이 차오를 수는 있지만 어느 이상은 곤란하다. 감정이

과도한 여성은 히스테리 상태이고 그래서 정신이 이상한 것이며, 그런 남성은 여성적이고, 따라서 약하다.

기뻐서든 아파서든 하늘을 향해 고함을 지르고, 생명의 상실과 괴로움, 고통과 죽음 앞에서 마음껏 흐느낀다면 기분이 한결 좋지 않을까? 타인의 비통함을 본 적이 없다면 지극한 슬픔이 무엇인지 모를 것이다. 처음으로 친구가 죽고, 처음으로 남자친구가 짐을 싸서 나를 떠났다. 나는 슬픔이 내 몸을 채워버리는 상황에 준비가 돼 있지 않았다. 잠? 일? 하, 그게 다 뭐지? 왜 누구도 나에게 말해주지 않은 걸까? 이런 것이 나를 기다리고 있을 거라는 걸. 이 고통, 이 슬픔, 삶에는 이런 것들이 있다는 사실을 알았다면 나는 어른이 되고 싶었을까?

이런 식으로 가부장적 백인성은 나에게 피해를 주었고, 늘 그래 왔다. 나는 언제나 너무 많이 느꼈다. 공개적으로, 추잡스럽게.

만약 백인성이 괴로움과 고통에 대한 완충제라면, 고통을 주는 것은 무엇이든 우리 개개인과 백인 일반에 대한 음모여야만 한다. 백인성은 우리를 코로나-19로부터 지켜주지 않을 것이다. 하지만 이제 와서 알게 된 것처럼 우리는 자신의 몸이 취약할 수 있다는 것을 상상하지 못한 채 백인으로 성장한다. 그렇다면 거부 반응은 당연하다. 나에게도 고통과 괴로움이 찾아올 수 있다는 사실을 갑자기 한순간 깨닫게 되는 것이 얼마나 고통스럽겠는가? 고통을 느끼고 받아들이고 그것에서 배우지 못한다면 팬데믹 이전이라 해도 마찬가지로 잘 살아갈 수 없다. 그리고 팬데믹 중에는 저 무능력 때문에 백인은 작은 행동들로 살인자가 되었다. 마스크 없이 실내 식사를 하는 수천 수만 명이 암살자가 되었다.

제임스 볼드윈은 "나는 사람들이 그토록 증오에 고집스럽게 매달리는 이유는 그 미움이 사라지면 그때부터 고통을 감당해야 한다는 걸 알기 때문이라고 생각한다"라고 썼다. 우리는 백인성이 우리에게 가르쳤듯이 자신이 끄떡없다고 상상하기 위해 코로나-19의 숨막힘이라는 육화된 고통을 감수한다.

그렇다면 백인성은 죽음의 추종이다. 고통, 죽음, 괴로움, 상실. 이것들은 인간이 된다는 것의 의미이다. 아니, 항상 그런 것은 아니다. 하지만 때로는 모두에게 그러하다. 만약 우리가 저 확실한 진실과 함께 살 수 없다면 우리는 아예 살아갈 수 없을 것이다. 나는 창가에서 내 괴로움을 노래하고 온라인에 글을 올린다. 감당해보려고, 극복하고 살아보려고, 내가 괴롭다고 하여 다른 이들을 고통스럽게 하지 않으려고.

미국에서 흑인성이, 백인이 죽음을 더 멀게 느끼게 하기 위해 바이러스에 의해서든 경찰의 손에 의해서든 언제나 죽음에 근접해 살아가야 하는 것이라면 미국에서의 백인성은 언제나 조용한 살인인 이런 죽음의 용인을 의미해왔고 여전히 그러하다. 해를 끼칠 자유는 종종 눈에 보이지 않는다. 백인이 항상 린치하고 구타하고 침을 뱉는 것은 아니다. 그것은 간접적일

수도 있다. 마스크를 쓰지 않고, 투표권이나 보편적 건강보험
에 반대표를 던지면서 말이다.

나는 살해하고 싶지 않다. 그게 얼마나 조용히 이루어지는
가, 얼마나 외면하기 쉬운가는 중요치 않다. 나는 외면하고 싶
지 않다.

백인이 백인 우월주의와의 투쟁에서 무엇을 할 수 있을
까? 먼저 우리가 배워온 세계사의 일부를 무효로 만드는 중요
한 책들을 읽어야 한다. 세드릭 로빈슨은 백인 국가가 가르치
는 역사를 "구조화된 무지"라고 불렀다. 백인은 자신의 진정한
역사를 알지 못한다. 우리는 폭력과 백인 우월주의와 우리의
역사와 정체성 사이에 연관성을 보지 못하도록 배웠다. 명확히
가르치는 순간 적어도 누군가는 반발하며 달라지길 원할 테니
까. 우리는 볼드윈과 모리슨과 로빈슨, 프란츠 파농, 푸코, 이그
나티에프, 뢰디거, 무뇨스처럼 커다란 역경과 맞서낸 반(反)역
사와 반예술을 읽어야 한다. 새로운 백인성의 위기, 새로운 에
이미 쿠퍼가 나타날 때마다 백인들은 평소 읽지 않는 책들을
잔뜩 사는 것 같다. 무슨 이유에서인지 나는 파농과 로빈슨이
저 목록에 올라오는 것은 별로 보지 못했다. 아무래도 백인 독
자와 독서 모임 회원 들을 불편하게 할 테니까. 나도 저들의 책
을 읽을 때 불편했다. 하지만 저 책에서 나 자신의 삶에 내재하
는 진실을 보았다. 백인 남성성은 나에게도 해를 끼쳤다. 세드
릭 로빈슨과 해럴드 크루즈(Harold Cruise)를 읽으면서 흑인성

과 나의 관계만이 아니라 내가 '나 자신'의 인종과 역사와 맺는 관계가 바뀌었다.

　모리슨과 무뇨스가 백인에게는 아주 심각한 문제가 있고 백인은 폭력을 문화적 정체성에 새겨놓았으며 그것을 고치는 것은 백인만이 할 수 있는 일이라고 한 말을 백인들은 들을 수 있고 또 들어야 한다. 흑인과 갈색 인종이 감정적으로 과도한 것이 아니라, 제발 내 말을 믿기를, 백인이 감정적으로 결핍된 것이다. 백인 미학과 감정의 미니멀리즘은 우리를 삶의 고통에 대비시키지 못했다. 토니 모리슨은 "전 거기서 빼주세요"라고 말했다. 자본주의, 동성애 혐오, 백인 우월주의. 이것들은 우리 모두를 해치고 우리의 잠재력을 해치며 우리가 '누구보다 나을' 때만 우리를 인간으로 만든다. 그것은 인간이 되는 방법이 아니다. 많은 아프리카비관론자들(Afro-pessimist)*이 백인이 변할 수 있다거나 우리의 권력 체제를 무효화 할 수 있다고 믿지 않는다. 설사 그들이 옳다고 한들 그래서 잔인한 허무주의에 빠져들어야 하는 것은 아니다. 우리는 도전해야 한다. 유색인과 흑인 들을 구하기 위해서가 아니라 우리 자신을 구하기 위해서라도.

　감염병 의사 비솔라 오지쿠투(Bisola O. Ojikutu)가 코로

---

*　미국의 권력 체제가 흑인에 대한 진행형의 구조적 폭력에 기초한다고 보는 관점.

나-19와 건강 격차에 관한 인터넷 세미나에서 말하길, "모두가 구조적 인종차별의 해체를 말합니다. 하지만 구조적 인종차별을 해체하려면 권력을 움직여야 하는데 사람들은 별로 내켜하지 않지요." 우리는 기꺼이 나서야 한다. 권력을 포기하는 데 앞장서야 한다. 권력을 원동력으로 삼지 않고, 영향력이 제로섬이 아닌 세상을 만들어야 한다.

우리는 조직할 수 있고 조직해야 한다. 우리의 직장과 우리의 건물과 우리 동네. 백인 파트너들을 공략하여 다른 이들이 참여하게 초대해야 한다. 경찰에 신고하지 않겠다고 서약할수 있고, 변혁을 시도하는 법조계처럼 갈등 회피를 위한 구금해제 메커니즘에 투자할 수 있다. 상호 돌봄 네트워크를 구축하여 지역사회의 빈곤한 이들과 자원을 공유할 수 있다. 또한 반인종주의적, 반자본주의적 가치를 내세우는 대표자를 선출하도록 조직하고 서로 도울 수 있다. 우리는 자본주의 그 자체에서 벗어나기 위해 일할 수 있고 일해야 하며, 그러지 않으면 우리 자신이 결코 자유로워질 수 없을 것이다.

나는 코로나-19로 내 심장이 망가지길 원치 않는다. 나 자신이 위험을 덜 느끼기 위해 남을 해치고 싶지 않다. 나는 삶이 아프지 않은 것처럼 가장하고 싶지도 않다. 아닌 걸 아니까. 백인, 특히 백인 남성은 남에게 고통을 가해 자신의 고통을 줄이는 대신 감정의 근육을 키워야 한다. 그래서 우리가 살면서 어쩔 수 없이 맞닥뜨려야 하는 고통을 제대로 느끼고 받아들이고 배우고 상처받고 또 치유될 수 있어야 한다.

백인에게는 심각한 문제가 있다. 우리는 강하다고 느끼기 위해, 권력을 쟁취하기 위해 다른 이들과 지구를 살해하고 있다. 우리는 감정을 억지로 억눌러, 분노와 증오와 독설 없이는 온전한 삶을 살 수 없는 지경에 이르렀다. 여기서 탈출하는 유일한 방법은 정면 돌파 하는 것이다. 백인성 자체를 불태우고 완전히 파괴하려면 우리는 분노를 우리 내부로, 우리의 과거로 돌려야 한다. 출발점과 핵심에 폭력이 있는 정체성을 개혁할 방법은 없다. 백인성은 백인을 해치고 다른 이들은 더 많이 해친다. 이것은 자유라고 할 수 없다. 백인을 죽일 계획을 세우라는 뜻이 아니다. 백인에게는 아주 심각한 문제가 있다. 백인들이 마침내 자유롭게 살 수 있도록 백인성을 죽이라는 뜻이다.

백인성에 관하여

9

액티비즘과 아카이브에 관하여

—

보기는 늘 가치 있는 일이다

2013.2020.mem.001: 2013년 2월 13일(추억)

밸런타인데이였으니, 우린 적어도 섹스는 할 계획이었다.

애인이 있든 없든 항상 밸런타인데이가 싫었다. 붉은 장미 때문에, 소비주의 때문에, 사람들이 내가 뺨이 붉은 큐피드와 닮았다는 걸 알아채는 것 때문에 싫었다. 그해에는 남자친구라고 할 만한 사람이 있었는데 나는 그를 '내 사랑(my chéri)'이라고 불렀다. 내 사랑 칼리크도 밸런타인데이를 별로 좋아하지 않았다. 그는 로맨틱한 관계를 과시하는 것보다 차라리 공개 섹스에 더 관심이 있었다. 게다가 분홍색을 싫어했다. 물론 그도 부드럽고 친절하고 로맨틱할 때가 있었다. 단, 집에서만. 그는 내가 만든 음식을 좋아했고, 그래서 나는 밸런타인데이를 맞아 특별 요리를 했다. 그는 특히 내가 만든 스테이크와 시금치 샐러드(나는 개인적으로 루꼴라를 더 좋아하지만), 메이플 시럽과 치폴레(훈제 고추)를 곁들인 땅콩호박 구이를 제일 좋아했다.

2013년에 쓴 일기는 없지만 그날 밤은 정확히 기억한다. 역시나 밸런타인데이여서? 제발 아니라고 해줘.

밤에 집 안에서 남들 모르게 할 수 있는 일이 뭐가 있을까?

우리는 이미 두 달 전부터 그 영화를 보려고 했고, 그래서 한 달 전부터 DVD를 준비해두었다. 그 학기에 나는 바사르대학교에서 생화학을 가르치고 있었다. 이 수업에서 학생들은 효소의 기능 억제와 관련된 아주 복잡한 수학을 배웠다. 인간이 지금까지 발명하거나 찾아낸 거의 모든 약물의 작용을 설명하는 수업이었다. 이런 계산만으로 약물이 경쟁적인지 다른자리입체성인지, 약한 결합인지 트로이목마 억제자인지 등의 작용 방식을 알아낼 수 있다.

코카인은 억제 작용을 한다. 내가 밤마다 복용하는 렉사프로와 피나스테라이드도 비슷하게 작용한다. 일반적인 진통제인 애드빌과 타이레놀도 마찬가지다. 당시 내가 가르친 학생들은 대부분 의사 지망생이었다. 나는 학생들에게 이렇게 소리치곤 했다. 미카엘리스-멘텐(Michaelis-Menten) 방정식을 이해하지 못하면 처방을 내릴 자격이 없어요.

학생들에게 자기들이 공부하는 내용이 어떻게 사람의 목숨을 살리고, 또 그 지식을 공공 보건에 적용할 수 있을지를 알려주기 위해 나는 약물 발견 과정을 그린 영화를 한 편 보여주고 싶었다. 그건 한 해 전에 액트업 뉴욕*의 기록 영상으로 공개된 다큐멘터리 〈역병에서 살아남는 법〉이었다. 1996년, HIV 치료법을 바꾸어 수많은 사람의 목숨을 구한 약물 개발 과정에서 이

---

*   ACT UP NY. 에이즈와 에이즈 환자를 위해 활동하는 국제 직접행동 단체.

단체의 역할을 조명하는 내용이다. 나는 바사르대학교 도서관에 DVD를 구입해달라고 요청했다. 내가 먼저 보고 괜찮으면 학생들과도 공유할 생각이었다. 칼리크가 룸메이트의 플레이스테이션을 빌려와 자기 방 낮은 서랍장에 올려놓은 텔레비전에 연결했다. 우리는 식사를 방으로 가져와 바닥에 누워서 먹었다. 나는 몸을 기울여 그에게 키스했다.

"시작해볼까?"

"물론이지. 뜨거울 때 먹어."

나는 그의 뺨에 키스했다.

"영화 말이야." 그가 말했다.

나는 스테이크를 한입 물었다.

어떻게 말해야 할까? 다음엔 무슨 일이 일어날까? 래리 크레이머(Larry Kramer)가 악을 쓰듯 외쳤다. 호모들은 더 이상 역병을 참고 싶지 않았다. 그들은 살기 위해 싸웠다. 영화는 액트업 치료 및 데이터 워킹그룹, 그리고 1991년에 이 단체에서 파생된 치료 행동 그룹(Treatment Action Group, TAG)의 과학적 옹호를 다루었다. 주요 등장인물인 피터 스테일리(Peter Staley), 마크 해링턴(Mark Harrington), 밥 래프스키(Bob Rafsky), 데이비드 바(David Barr)는 화학자 아이리스 롱(Iris Long)과 함께 일하고 배우면서 당시에 이미 많은 사람들을 죽음으로 몰고 간 바이러스의 세계적 전문가가 되었다. 그들은 조용한 죽음을 거부하면서 시위했고 "침묵=죽음"이라고 주장했다.

액트업은 약물에의 접근성과 과학에 더하여 노숙자 문제와 젠트리피케이션, HIV 치료의 성차별까지 다양한 주제를 다룬 다인종 단체다. 〈역병에서 살아남는 법〉은 액트업 스토리의 하나로 대부분 역병 이전에는 좋은 대학에 다니거나 월스트리트에서 일했던 귀여운 시스젠더 백인 남성들이 출연한다. 영화를 처음 보자마자 이 점이 가장 눈에 들어오긴 했으나 퀴어 과학자이자 역병 초기에 성장한 게이로서 내게는 영화가 말하는 스토리가 더 크게 와닿았다. 숨을 쉬기 어려울 정도의 충격이었다.

음식을 입에 넣고 씹었다. 정성껏 만들어놓고 맛이나 느꼈는지 모르겠다. 하지만 그때 나는 침실에 남자친구와 함께 있지 않았다. 나는 영화 속에 있었다. 식사를 마치자 칼리크가 일어나서 불을 껐다. 영화 속 장면 외에는 음식도 방도 칼리크도 아무것도 보이지 않았다. 나는 칼리크의 손을 잡았고 그는 내 손을 잡았다. 그 손만이 나를 현재에 묶어놓았다. 영화 말미에 나오는 재의 의식(Ash Action)에서는 사랑하는 사람을 에이즈로 잃은 사람들이 백악관으로 죽은 이의 재를 들고 와 울타리에 쏟아부으며 그들은 죽은 게 아니라 살해당했으며, 과거에는 그들의 삶이 중요했고 지금은 그들의 죽음이 중요하다고 부르짖었다. 눈물이 흘렀다. 한 남성이 울타리에 재를 뿌리며 "마이크, 사랑해!"라고 두 번 외쳤다. 그와 두 명의 다른 남성은 장갑을 낀 경찰이 말을 타고 출동한 후에도 서로 부둥켜안고 울었다. 그 순간 비로소 나는 내가 어떤 사람이 되고 싶은지, 누가 되고 싶은지를 깨달았다. 나는 사랑하고 울고 부둥켜안고 싸우고 싶었다.

액트업과 치료 행동 그룹은 과학자들이 더 빨리, 더 열심히 일하게 밀어붙였다. 최고의 약물을 최대한 빨리 철저히 시험하도록 압박했다. 또한 제약회사도 치료법 개발에 투자해야 한다고 주장했다. 결국 연구자들은 해냈다. 특정 바이러스 효소를 차단해 복제를 방해하는 단백질 분해효소 억제제를 개발한 것이다. 이 약물은 바이러스 효소를 차단하는 과거의 다른 약물과 조합하여 죽음의 문턱에서 사람들을 살려냈다. 드디어 1996년 사람들은 살기 시작했다.

나는 흐느꼈다. 산 자를 위해서, 죽은 자를 위해서.

그 주가 지나고 수업 시간에 학생들에게 다큐멘터리 시청을 숙제로 내주면서 나는 남자친구와 밸런타인데이에 함께 보았는데 별로 로맨틱하지는 않았다고 말했다. 학생들이 웃었다. 그때까지 학생들 앞에서 공식적으로 커밍아웃한 적은 없었고 그럴 필요도 없었지만, 문득 그러고 싶어졌다. 그 영화가 나를 더 용감하게 만들었던 것 같다.

액트업 이야기는 쉽게 사라질 수도 있었다. 치료제 개발에는 당연히 과학자들의 공이 가장 컸기 때문이다. 하지만 그들의 힘으로만 된 것은 아니다. 과학자들은 활동가들로부터 압박과 독촉과 도움을 받았다. 그걸 어떻게 아느냐고? 액트업 회의와 시위 장소에 사람들이 카메라를 들고 와서 촬영했기 때문이다. 또한 액트업에는 피켓과 포스터와 전단을 만든 예술가들과 수십 년 후에도 내가 박물관과 인터넷에서 볼 수 있게 보존한 활동가들이 있었다. 침묵=죽음,에이즈 게이트(밝은 노란색, 레이건의 눈에서 분홍색 피가 흐른다). 정부가 죽였다(피투성이 손바닥 자국). 오코너 추기경: 공중 보건 위협, 에이즈는 교회의 돈줄이다. 그러나 살인을 저지르는 것은 누구인가?

나도 이런 활동을 일부는 알고 있었지만 그게 다가 아니었다. 나는 1980년대 활동가들이 에이즈 위기에 대한 정부의 무대책에 항거한 것을 알았고, 활동가들 중 많은 이들이 퀴어라는 사실과 액트업에 대해서도 알았다. 하지만 그 회의들이 이렇게 소란스러웠고, 사람들의 반대가 그렇게 심했고, 호모들이 괴롭힘과 체포에 맞서다 끝내 전문가가 되었다는 사실은 몰랐다. 왜 빌 클린턴이 아칸소 억양으로 "여러분의 고통을 느낍니다"라고 말했는지 몰랐다. 영상을 보기 전에는 하나도 알지 못했다.

"제기랄." 칼리크가 침묵을 깼다.

나는 아무 말도 하지 않았다. 눈이 벌게진 채 일어나 불을 켜고 접시를 가져가 싱크대에 넣고 물을 틀었다. 물이 너무 뜨거웠다. 설거지를 마치자 손이 빨개져 있었다. 따가웠다.

"저런 일들이 있었는지 몰랐어." 내가 나중에 칼리크에게 말했다.

"나도. 나는 저런 사람들이 있는 줄도 몰랐어. 피터 어쩌고 하는 사람들 말이야. 믿어져?"

믿어지지만 믿을 수 없었다.

그날 밤 늦게 나는 침대에서 그의 성기를 만지려고 했지만 칼리크는 다큐멘터리를 보고 났더니 못 하겠다고 했다.

"하지만 밸런타인데이잖아!" 나는 부드럽지만 놀란 목소리였고 잠시 말을 잇지 못했다.

"저런 걸 보고도 섹스가 하고 싶어?"

"물론이지. 만져봐." 나는 발기해 있었다.

"미안, 안 되겠어." 그가 말했다. "난 너무…… 잘 모르겠어. 좀 감당하기 힘드네."

그랬다. 나도 이해했다. 나는 팔을 들어 그의 어깨를 감쌌다. 그는 내 품 안에서 깊은 숨을 쉬며 잠이 들었고 나도 곧 따라서 눈을 감았다.

2021.2021.expo.001

펠릭스 곤잘레스-토레스 작품 중에 내가 가장 좋아하는 것은 퍼즐 사진이다. 인화한 사진을 퍼즐 조각처럼 자른 다음 사람들에게 맞추게 하는 것이다. 인터넷에서 찾을 수 있는 사진들은 이미 조립된 완성품이라 자세히 봐야 퍼즐의 형태가 보인다. 나도 투명한 비닐백에 담긴 퍼즐 조각을 받고 싶다. 무슨 사진일지는 알 수 없는 퍼즐의 조각을 맞추는 사람이 되고 싶다.

내게 퍼즐은 하나의 아카이브 같다. 특별한 순서 없이 놓여 있어 서로 가장자리가 맞는지 대봐야 알 수 있는 정보들의 모음 말이다. 아카이브의 기록물은 검색하고 시험하고 보다 자세히 볼 때만 하나로 보이는 이야기이며 정보를 남긴 사람과 퍼즐을 맞추는 사람이 동등하게 만들어가는 의미이다.

곤잘레스-토레스는 에이즈로 사망했다. 펠릭스 곤잘레스-토레스 재단이 운영하는 아카이브에는 그의 작품을 찍은 수많은 이미지, 그가 작품을 설치할 때 도왔던 사람들이 증언한 구술사, 수집된 작품, 펠릭스를 알았던 사람들과의 100건이 넘는 인터뷰들이 보관되어 있다. 인터뷰는 여전히 수집 중이다. 재단은 곤잘레스-토레스의 서신들도 모아서 보관하고 있다. "이 자료들은 수신인 개인의 소유이며, 해당 자료를 직접 보관할지 다른 방식으로 배포할지를 결정할 권리는 수신인에게 있음을 존중합니다."

곤잘레스-토레스의 퍼즐 조각은 어느 면에서는 여전히 살아 있는 그의 몸처럼 느껴진다. 그가 만졌던 것을 만지고, 그가 만든 것을 만들면서 사물과 함께 살아간다. 이 이미지의 의미는 그가 없으면 아무것도 아니고 내가 없으면 아무것도 아니다. 그제서야 그 사실이 분명해진다.

2020.2020.journ.001. 2020년 4월 16일 (일지)

어떤 날에는 아예 이 문서 파일을 열어보지도 못하겠고, 또 어떤 날에는 달려들어 내가 기억하고 있다는 걸 확인하기 위해 온종일 글을 써대는 나 자신이 희한하다.

오늘은 뉴욕대학교 강의의 시험문제를 내고 나서 코로나-19 워킹그룹 활동에 쓰일 문서를 작성했다. 혈청 반응 검사가 왜 필요하고 샘플을 어떻게 확보할지에 관한 내용이다. 안돼. 이럴 수가⋯⋯. 마크 해링턴, 와파 엘 알사드르(Wafaa El-Sadr)와 줌 회의가 있다는 걸 까맣게 잊고 있다가 이메일을 받고서 부랴부랴 들어갔다. 처음 워킹그룹과 함께 코로나 액티비즘을 시작했을 때 내가 이 사람들과 일할 줄 알았을까? 회의는 줌으로 30분 정도 진행한다. 다들 비디오는 꺼놓은 상태지만 나는 두 사람이 어떤 모습일지 안다. 자기 연구소에서 머리를 위로 묶고 앉아 있을 와파는 피곤해 보이지만 날카로운 인상이다. 마크는 뉴욕 스카이라인을 배경으로 깔고 있다. 이제 이들의 목소리가 너무나 익숙하다. 와파에게 이미 혈청 검사의 중요성에 대한 문서 초안 작업에 들어갔다고 말했다. 또 논설란에 과학적 권위와 인지도가 있는 더 유명한 누군가에게 맡길 논평의 개요를 작성하는 건 어려운 일이 아니니 오늘 안에 끝내겠다고도 했다.

와파는 진심을 담아 "잘됐네요, 좋습니다"라고 대답했다. 일이 순탄하게 흘러가고 있고 이번에는 자기가 그 일을 하지 않아도 되어서 안도하는 것 같았다. 다들 지쳐 있다. 하지만 다행히 아직 내 뇌는 문제 없이 작동하는 것 같다.

문제 출제를 마무리했다. 이제 5시 30분에 시작하는 코로나-19 진단 및 치료 워킹그룹 회의를 마치면 저녁을 준비할 수 있다. 오늘 저녁은 생선 타코, 과콰몰리, 파인애플 살사, 라임 크레마, 토마티요 살사다. 가끔은 요리가 큰 도움이 된다. 요리하며 맛을 보는 것도 좋고, 고수를 썰 때 잠시나마 세상이 온통 날카로운 칼날과 허브 향뿐인 것도 좋다.

　회의는 5시 30분이 아니고 5시 45분이었다. 내 줌 계정으로 회의 창을 열기 때문에 다른 사람들이 도착하기 전에 먼저 들어가 15분 동안 빈둥댔다. 카메라와 마이크를 껐다. 마침 팁스(Teebs)가 지금 저스틴 비비언 본드(Justin Vivian Bond)의 인스타 라이브에 들어가 있다는 문자를 보냈길래 들어가보았다. 나는 저스틴을 아주 좋아한다. 오늘은 완벽한 백금발 가발을 쓰고 나와 사람들을 즐겁게 해주었다. 데번이 와서 함께 보기 시작했다. 나는 그의 몸에 기대 눈을 감았다.

　"자, 사랑하는 여러분," 저스틴이 말했다. "오늘은 이 칵테일을 에이비에이션*이라고 부르지 않을 겁니다. 요즘 하늘을 나는 사람, 아무도 없잖아요? 여러분 모두 여기 지상에 있으니까요. 그런데 정부가 보잉사에 돈을 퍼주겠다네요? 하지만 보잉사는 싫다고 했죠. 왜냐하면 조건이 있었으니까요. 보잉은 그 조건을 받아들이고 싶지 않았어요. 우리 돈은 가져가고 싶고, 그걸로 뭘 할 건지는 말하지 않겠다고 하니, 그걸 낸시 펠로시(Nancy Pelosi)가 좋아했겠어요? 당연히 아니죠."

---

*　aviation, 칵테일의 종류. 비행이라는 뜻.

데번이 웃었고 나도 웃었다. 5시 45분 회의에는 1980년대와 1990년대에 액트업과 치료 행동 그룹을 세운 마크 해링턴, 개런스 프랭크-루타(Garance Franke-Ruta) 그리고 데이비드 바, 이렇게 세 명이 더 들어왔다.

마크와 와파와 나는 혈청 작업에 관해 이야기했다. 우리는 뉴욕시와 메트로 지역에서 자체적으로 항체 검사를 개발 중인 모든 연구소들이 소통하여 시약을 공유하고 가능하면 그중에서 최고의 결과물을 사용할 수 있도록 조율하고 있다. 개런스는 카메라를 옆으로 보고 있다.

"아직 우리가 모르는 문제가 아주 많아요." 개런스가 말을 꺼내고는 잠시 침묵했다. "아직 확진자의 감염성이 얼마나 오래 지속되는지조차 모르고 있잖아요. 그건 격리 101에 해당하는 가장 기본 지식인데 말이에요. 사람들을 얼마나 오래 격리해야 하는지도 확실치 않습니다. 그저 7일 정도라고 말하고는 다시 일터로 돌려보내는 형편이에요."

"1980년대가 떠올라요." 그녀가 덧붙였다.

"너무 화가 나요." 마크가 말했다. 목소리에 이미 노여움이 잔뜩 묻어 있었다.

"저도요." 데이비드가 말했다. 그도 1980년대와 1990년대를 겪은 사람이다.

'외상후스트레스장애를 실시간으로 지켜보고 있는 거지.' 나는 혼잣말을 했다.

줌 화면의 내 머리가 흔들린다. 데번의 집에서는 빛이 천장에서 곧장 아래로 내려와 조명이 엉망이다.

"연구 활동에 총괄이 필요해요." 내가 말했다. "답변이 필요한 질문들을 정리하고 해당 질문을 담당하는 사람들을 정리한 표 같은 게 있어야겠어요."

우리는 우리가 할 수 있는 만큼의 일만 할 수 있다. 오늘의 활동: 질문 목록 만들기. 각 질문의 답이 처리 중인지 확인하고 아직 시작되지 않은 경우는 착수를 권유하기. 제임스는 일주일째 코로나-19 예방 조치에 관한 문서를 작성 중이다. 약물이 감염 예방에 도움이 될지에 대해 쓰고 있다. 하지만 현재 개발 중인 약은 없다. 코로나-19를 멈출 치료제를 찾기 위한 약물 스크리닝도 아직 시작되지 않았다.

"정말 큰 문제군요." 마크가 말한다.

'곧 우리 모두에게 몰아닥칠 거예요.' 나는 혼잣말로 말했다.

2017.2020.mem.001, 2017년 2월 10일, 금요일 (추억)

워싱턴 DC의 쌀쌀한 밤이다. 그래도 뉴욕보다는 따뜻하지. 긴 주황색 목도리를 두르며 혼자 중얼거렸다. 매년 열리는 작가 워크숍에 참가하기 위해 기차를 타고 내려왔다. 그래서 정확한 날짜를 알 수 있다. 값싼 차이나타운 버스 대신 비싼 기차를 탄 건, DC에서는 숙박이 해결되기 때문이다. DC에 올 때마다 제시의 집에서 묵는다.

얼마 전 제시가 아파트를 샀다. 친구들 중에는 처음이다. 그는 지금까지 대학에 있었지만 박사 후 과정은 학교가 아닌 기업으로 들어가 연구 프로그램이 있는 작은 제약회사에서 일했다. 대학에서 받던 연봉의 두 배에서 시작했다. 처음 만났을 때부터 제시는 짙은 턱수염을 기르고 있었다. 수염이 머리카락으로 어찌나 자연스럽게 이어지는지 볼 때마다 질투가 난다. 물가가 계속 오르고 있지만 그래도 워싱턴 DC는 뉴욕시보다는 저렴한 편이다. 지금까지 제시는 직장이 있는 워싱턴 DC 외곽의 베데스다 근처에 살면서 돈을 모았다. 이제는 DC의 가장 북동쪽에 있는 트리니다드 흑인 거주 지역에 방 두 개짜리 아파트를 소유했다.

수요일부터 금요일까지 그의 집에서 워크숍 장소까지 왔다 갔다 하느라 정작 제시와 보낸 시간이 짧아 무척 아쉬웠다. 뉴욕으로 돌아가기 전에 적어도 하루는 함께 외출하고 싶었다. 우리는 금요일 밤에 시간을 내서 함께 저녁을 먹고 그의 친구들을 만나 한잔했다.

제시 차를 타고 게이바 넘버9에 도착해 계단을 올라갔다. 제시 뒤를 따라가다 보니 점점 커지는 음악 소리와 함께 차가운 거리의 기온이 움직이는 몸들의 체온으로 대체되는 게 느껴졌다. 술집 안은 좁고 길었고, 왼쪽에는 바, 오른쪽에는 복도, 계단 끝에는 개방된 작은 공간이 있었다. 그의 친구들이 기다리고 있다가 내가 제시와 함께 왔다는 이유만으로 나를 반겨주었다.

밤 9시. 나는 아직 별로 취하지 않았고 바는 동성애자들로 북적거렸지만 꽉 차지는 않았다. 워싱턴 DC의 게이 씬은 뉴욕보다도 인종차별이 훨씬 심하다. 뉴욕에서는 백인 일색인 술집이 많고 몇몇은 흑인 위주, 몇몇은 상대적으로 섞여 있는 곳인데, DC에서는 흑인이 모이는 곳과 백인이 모이는 곳이 더 확실히 분리돼 있었다. 내가 DC에서 만난 제시의 친구들은 대부분 흑인 게이였기 때문에 밖에서 제시를 만날 때면 넘버9이나, 2019년에 문을 닫은 코발트처럼 주로 흑인이 많이 가는 바에 갔다.

우리는 더 이상 옛날처럼 쪼들리지 않았다. 나는 내가 마실 진토닉과 제시가 마실 헨드릭스 진을 넣은 진토닉을 주문한 다음 바 앞의 넓은 공간에 있는 제시에게 갖다주었다. 실내의 불빛은 보라색인데 나이트클럽보다는 밝아서 대화하는 상대가 누군지 쉽게 알아볼 수 있었다.

"내 잔 좀 들고 있어봐. 화장실 좀 갔다 오게."

"어, 다녀와." 나는 앞쪽 테이블의 내 잔 옆에 그의 잔을 두었다.

"가만, 제시랑은 어떻게 아는 사이에요?" 그의 친구가 물었다.

"친구의 친구. 알고 지낸 지 한참 됐어요. 둘 다 과학자여서 가까워졌어요."

"이런, 그쪽도 과학자예요? 스키니진 속에 숨은 범생이가 한 명 더 있었네." 그가 웃으며 말했다.

"애는 쓰는데, 입만 열면 들통나더라구요."

"제시처럼." 그가 말했다.

"제시처럼." 내가 말했다.

나는 테이블의 모두와 인사했다. 통성명은 생략하고 그냥 가벼운 목례 정도.

사람들이 다시 일대일로 이야기하기 시작했고 나는 벽 쪽에 붙어 있었다. 아는 사람들하고 만날 때도 가장 편안하게 느껴지는 자리다.

내 옆에 번트오렌지색 코트를 입은 제시 친구가 서 있었다. 나는 어디서 옷을 샀냐고 물었고, 그렇게 자연스럽게 대화가 시작되었다. 무슨 얘기를 했는지는 잘 기억나지 않는다. 쇼핑이나 브리트니, 휘트니 같은 게이들 수다였을 것이다. 얘기 중에 오렌지색 코트(에릭)의 친구 하나가 함께 웃었다. 나는 몸을 돌려 그에게 인사했다. 머리는 짧게 깎았고 코걸이를 하고 빨간 안경을 썼다. 나보다 키가 작았고 잘생겼고 시원한 미소에 눈은 입보다 많은 말을 했다.

"내 이름은 조." 내가 말했다.

"스티븐." 그가 웃으면서 말했다.

"직업이?"

"기록물 관리사."

2020.2020.journ.002, 2020년 3월 2일 (일지)

오늘은 우리의 첫 회의다. PrEP4All를 공동 설립한 제임스 크렐렌스타인(James Krellenstein)이 트위터로 내게 메시지를 보내, HIV 과학 옹호 단체와 코로나-19에 중점을 둔 다른 활동가와 함께하지 않겠냐고 물었다. 나는 제임스와 개인적으로 아는 사이는 아니었지만 그의 프렙포올(PrEP4All)* 활동은 알고 있었다. 코로나 위기에 대해 우리가 뭔가를 해야 한다는 건 진작 느끼고 있었다. 달리 나서는 사람이 없어 보였기 때문이다.

왜 누구도 나서지 않느냐고? 나는 일개 분자미생물학자이고 코로나바이러스를 연구하지도 않는다. 보건 분야 학위도 없다. 나는 그저 상황이 아주 나빠질 것이고 이미 시작되었다는 정도만 알 뿐이다.

오늘 회의에서는 소개와 기본적인 활동 방향에 관해 이야기했다. 연방 정부를 대상으로 할 것인가, 아니면 뉴욕시나 뉴욕주로 한정할 것인가? 뉴욕은 우리가 가장 크게 영향력을 미칠 수 있는 곳이다. 우리가 나서서 밀어붙여야 할 일은 무엇인가? 진단 검사가 본격적으로 시작될 때까지 학교를 시작으로 사회적 거리 두기와 즉각적인 셧다운 같은 비약물적 개입의 필요성을 강조하는 것이다. 그럼 왜 검사가 시작되지 않는가?

우리는 매주 화요일과 목요일 오후 5시 30분에 진단 및 치

---

* 모두가 HIV 프렙과 치료제를 구할 수 있도록 힘쓰는 단체.

료를 포함한 워킹그룹 회의를 하기로 했다. HIV 사태 초기에 액트업 활동의 일환으로 이 사안에 초점을 맞춘 위원회가 만들어졌고 이후에 일부가 치료 행동 그룹으로 분리해나갔다. 치료 행동 그룹의 구성원들이 이 새로운 워킹그룹을 설립했다. 줌 화면에 피터 스테일리, 마크 해링턴, 데이비드 바, 개런스 프랭크-루타가 있다. 와파 엘 알사드르(컬럼비아대학교의 전염병학 의사이자 교수), 찰스 킹(Charles King, 노숙자 및 HIV 확진자들과 일하는 비영리 단체인 하우징웍스의 대표), 전국 AIDS 흑인 리더십 위원회의 C. 버지니아 필즈(C. Virginia Fields), 라티노 에이즈 위원회의 기예르모 샤콘(Guillermo Chacón)이 보인다. 우리는 처음 만나지만 곧 서로 잘 알게 될 터였다.

우리를 뭐라고 부르면 좋을까?

아마도 피터 스테일리가 "코로나-19 워킹그룹"을 제안했고, 뉴욕 전역에서 모두가 줌으로 고개를 끄덕이며 동의했다.

2020.2020.journ.003, 2020년 3월 13일 금요일 (일지)

마크 해링턴과 제임스, 그리고 나까지 셋이서 회의했다. 우리는 특별한 의제 없이 한 시간을 이야기했다. 먼저 코로나 검사에 대한 전반적인 브레인스토밍을 했다. 마크와 제임스는 여러 정부 기관에 접촉 중이었다.

"현재 연구소들은 아무것도 할 수 없어요." 제임스가 말했다. "자체적인 검사 시스템을 구축하는 게 허용되지 않거든요.

CDC와 FDA가 허락하질 않는답니다."

이어서 우리가 무슨 일을 해야 하는지, 진단 검사가 어떻게 만들어지고 사용될지를 이야기했다.

코로나 검사를 할 수 없는데 바이러스가 얼마나 퍼졌는지 어떻게 알겠는가? 나는 시애틀의 연구소 이야기를 꺼냈다. 그곳에서는 RNA 시퀀싱* 분석으로 발병 규모를 파악하고 있었다. 확진자 두 명의 바이러스 염기서열을 비교하면 바이러스가 서로 근연관계인지 확인할 수 있다. 근연관계란 한쪽이 다른 쪽의 조상일 가능성이 크다. 만약 한 지역에서 근연관계의 바이러스들이 나타난다면 그건 그 지역에서 적어도 몇 주 이상 바이러스가 퍼졌다는 결론을 내릴 수 있다.

조만간 도시를 폐쇄하지 않으면 사람들이 죽을 것이다. 흑인과 갈색 인종일 것이고, 또 그들은 대개 필수 인력인 의료계 종사자일 텐데, 이 도시에서 이들은 대부분 흑인과 갈색 인종이다.

"우리도 시애틀처럼 할 수 있어요." 내가 말했다.

"샘플을 얻을 수 있을지도 모르겠습니다." 제임스가 말했다. "사람들한테 연락해볼게요."

"월요일에 다시 봅시다." 회의를 마치며 서로 인사했다. "주말 잘 보내십시오."

---

*   유전자의 염기서열을 밝히는 기술.

나는 엥거핀에게 문자를 보냈다. "RNA 샘플을 구해서 염기서열을 분석해볼 생각이야."

"그게 뭔데?"

"문자로 설명하기는 좀 복잡해."

엥거핀은 막 〈더 뉴요커〉 팟캐스트에서 일을 시작했다.

"통화해도 돼? 통화 내용을 녹음해도 될까? 괜찮은 이야기가 나올 것 같아서. 뭐, 어차피 녹음해서 밑질 건 없잖아. 최악이라고 해봐야 사용하지 않는 걸 테니까.

2020.2020.trans.001, 2020년 3월 15일
(엥거핀과의 대면 인터뷰 내용)

엥거핀 본인 소개 좀 해주시겠습니까?

조지프 제 이름은 조 오스먼슨이고 생물학자입니다. 현재 뉴욕대학교에서 생물학을 가르칩니다. 뉴욕 록펠러대학교에서 바이러스와 박테리아로 박사 학위를 받았고, 박사 후 과정으로는 효모를 연구했습니다.

엥거핀 목소리가 몹시 피곤하게 들리는데요.

조지프 지쳐서 돌아가실 지경입니다. 지금 일어나고 있는 일들은 모두 과학자들이 진작 관찰해오던 일입니다. 제가 대학원에서 바이러스학 수업을 들을 때 모든 강사들이 입을 모아 한 말이 있어요. 우리 세대가 아직 살아 있는 동안 세계 차원에서 공공 보건에 영향을 미칠 팬데믹이 일어나 수십만에서 수백만 명의 사망자가 발생할 거라는 예측이었습니다. 우한에서 일어난 일은 끔찍합니다. 병원이 순식간에 마비되고 바이러스는 통제 불능이 됐습니다. 그래서 우리는 이 바이러스가 의료 시스템에 일으킬 대혼란을 매우 염려하고 있습니다.

잠시만요. 제가 마실 것도 안 드렸네요. 물 드시겠어요? 탄산수?

엥거핀 탄산수 드십니까?

조지프 전 그런 호모입니다. 세계의 종말을 앞두고도 탄산수가 필요하죠. 솔직히 말씀드리면 이건 우리 집에 있는 마지막 탄산수예요. 만약 아래층 가게에 탄산수가 품절이면 스스로 목숨을 끊기 전에 제 마지막 탄산수를 마신 당신을 원망할 겁니다. 음, 라디오에서 자살 농담은 그만합시다.

[엥거핀이 잠시 멈추고 오디오 장비를 확인한다.]

엥거핀 지금부터 몇 가지 이야기를 나눠보겠습니다. 현재 당신의 몸과 마음은 어디에 있죠?

조지프 네, 지금 우리는 제 아파트에 있습니다. 저는 2주 내내 제 아파트에 있었어요. 뉴욕시 차이나타운에 삽니다.

이 바이러스가 무서운 건 증상이 대체로 경미하면서 아주 빨리 퍼진다는 점입니다. 특히 확진자를 파악하지 못하는 상황에서는요. 지금 우리한테는 진단할 방법이 마땅히 없습니다. 그게 문제예요. 지금이 3월 며칠이죠? 15일? 지금 우리는 학교와 술집, 식당을 모두 폐쇄하고 대규모 행사도 모조리 취소해야 할 정도로 상황이 아주 심각하다고 보고 있어요. 이 도시와 주에서 몇 명이나 바이러스에 감염됐는지 전혀 모릅니다. 완벽하게 무지한 상태인 거죠.

그러나 파악할 방법이 있어요. 적어도 대략적인 추정은 할 수 있습니다.

엥거핀　그렇다면 뭔가 결과가 나왔다는 말씀인데요. 지금 뉴욕시를 말씀하시는 겁니까?

조지프　아니요, 대신 시애틀에서 있었던 일을 말씀드리겠습니다. 뉴욕에서도 똑같이 시도해보려 하고 있거든요. 시애틀에서는 실제로 이 바이러스로 사망자가 속출하면서 큰 타격을 입었습니다. 처음 감염된 장소가 요양원이었고, 그곳에는 이 바이러스가 유난히 치명적으로 작용할 환자들이 있었으니까요. 수십 명이 순식간에 목숨을 잃었습니다.

엥거핀　참, 워싱턴주 출신이지 않나요?

조지프　맞습니다. 미국 워싱턴주 한복판에서 성장했습니다. 현재 가장 큰 발병의 중심지가 바로 제가 태어난 워싱턴주와 현재 살고 있는 뉴욕시인 셈이죠.

현시점에 미국에서 코로나 검사율은 0퍼센트에 가깝습니다. 하지만 시애틀에서는 마침 독감 프로젝트가 진행 중이었어요. 지역사회에서 독감의 확산 수준을 추적하기 위해 독감 증상이 있는 사람들에게 인플루엔자 검사를 실시한 거죠. 그런데 프로젝트를 수행하던 연구자들이 깨달은 거예요. 독감 증상을 보여서 조사했지만 음성이 나온 사람들이 사실은 코로나바이러스에 감염됐을지도 모른다는 걸요.

하지만 법적으로는 코로나바이러스 검사가 허락되지 않았습니다. 이건 어디까지나 독감 연구였으니까요. 그래서 처음에는 정보에 입각한 동의라는 윤리적 문제 때문에 코로나바이러스 검사를 할 수 없었어요. 하지만 결국 규칙을 어기고 검사를 하게 되었죠. 그리고 조사한 첫 번째 집단에서 코로나바이러스 양성 환자가 나왔습니다. 별로 좋지 않은 소식이었습니다. 감기와 독감 증상이 있는 사람 1,000명을 모아서 이중 다섯을 무작위로 골랐는데 확진자가 나온 거니까요. 그냥 어디선가 우연히 코로나-19에 걸린 사람들인 거예요.

굉장히 소름 끼치지요.

훌륭하게도 연구자들은 거기서 멈추지 않았습니다. 샘플 3~5개에서 RNA를 채취한 다음 게놈 전체를 시퀀싱했습니다. 다시 말해 바이러스가 가진 RNA의 모든 염기서열을 밝혔다는 말입니다. 그 결과로 개별 바이바이러스의 차이점을 비교하면 두 바이러스가 얼마나 오래전에 분기했는지를 알 수 있습니다. 서로 근연관계인지, 같은 집단에서 왔는지, 전혀 다른 집단에서 왔는지 등을 알 수 있지요. 그리고 그 결과가 상황을 완전히 바꾸었습니다. 표본 중에 두 바이러스가 서로 근연관계를 보였거든요. 시애틀 안에서 확산된 것이 분명한 것이죠. 바이러스가 검출되지 않은 상태로 몇 주 동안이나 있었다는 말입니다.

엥거핀   그게 시애틀 상황이라는 거군요. 뉴욕의 상황과는 어떻게 비교할 수 있을까요?

조지프   뉴욕도 같은 상황입니다. 아직 실제로 검사가 이루어지지 않았지만 이미 지역사회에서 전파되고 있다고 판단됩니다. 광범위하게 검사가 이루어지지 않아서 검출하지 못한 것뿐이지요.

기본적으로 바이러스 염기서열 분석을 하면 세 가지 중요한 사실을 알 수 있습니다. 하나는 감염이 일어난 범위입니다. 즉 지역사회에서 확진자가 얼마나 되는지 가늠할 수 있습니다. 둘째, 바이러스가 지역사회에서 얼마나 오랜 시간 퍼졌는지를 알 수 있습니다.

그리고 셋째, 대략 몇 가지 경로로 뉴욕에 바이러스가 도착했는지를 알 수 있지요. 그렇게 되면 세계적인 확산의 규모와 뉴욕의 확산 기간을 파악하여 감염 확률이 높은 사람의 수를 짐작할 수 있습니다. 그게 모든 것을 바꿔놓을 것입니다.

엥거핀   오늘은 어떤 일이 있었나요?

조지프 샘플이 도착하면 바로 분석에 들어갈 수 있도록 주말 내내 엘로디 게딘(Elodie Ghedin)과 실험을 준비했습니다. 게딘이 분석을 함께할 공동 연구자들을 섭외했고 완벽하지는 않지만 준비를 잘 마쳤습니다. 게딘의 실험실에서도 분석에 들어갈 거고요. 그래서 샘플만 도착하면 빨리 실험을 진행할 수 있습니다. 실험실 세 개가 준비를 마치고 대기 중이에요. 적어도 한 곳은 성공하겠지요.

기본적으로 코로나-19 워킹그룹은 뉴욕시를 중심으로 활동합니다. 우리가 원하는 건 코로나-19 확진자의 바이러스 RNA를 보존하는 겁니다. 2월 초부터 수집된 샘플이 수십 개라고 알고 있는데, 이 오래된 샘플은 우리가 계획하는 실험에서 아주 가치 있는 재료입니다. 나중에 수집할 바이러스의 "부모"일 가능성이 크기 때문입니다. 저는 지금 24시간 안에 샘플을 손에 넣을 수 있기를 바라면서 제안서를 쓰고 있어요. 일단 샘플만 확보되면 염기서열 분석은 하루이틀이면 끝납니다. 그래서 며칠이면 뉴욕에 대략 얼마나 많은 인구가 코로나에 걸렸는지 예측할 수 있지요.

오, 젠장, 지금 몇 시지요?

엥거핀 5시 반이 다 되어갑니다.

조지프 제길, 어쩐다? 난 아직도 이 빌어먹을 아파트에 처박혀 있습니다. 백만 시간째 못 나가고 집 안에만 있었는데 벌써 제임스와 통화할 시간이 다 됐네요. 아 네, 우리는 매일 전화로 회의합니다. 함께 모여서 이야기할 수 없는 상황에서 일을 도모한다는 게 쉬운 일이 아닙니다. 대다수가 액트업 베테랑들이지만요.

액트업의 취지는 알다시피 모두 한곳에 모여 머리를 맞대보자는 겁니다.

그리고 교회에 가서 시체처럼 누워 있자. 시장 집무실에 가서 문을 두드리고 "도시를 폐쇄하지 않으면 물러나지 않겠다"고 연좌 농성을 하자. 그럼 언론이 다뤄줄 것이고 적어도 메시지가 사람들에게 전달될 것이다. 이 모든 것을 지금은 할 수 없습니다. 사람들이 한곳에 모이는 걸 막자는 게 우리 활동의 취지니까요. 그나마 줌 회의와 전화 회의가 가능하니 다행이지요. 자, 이제 전화 회의를 하러 가야겠습니다. 시간이 다 됐네요.

2020.2020.trans.002, 2020년 3월 16일

(엥거핀과의 전화 내용)

조지프　죄송합니다. 달리기를 하고 와서 숨이 차네요. 오늘은 하루 종일 기다렸어요. 아침에 연구기획서를 제출했거든요. 그런데 아직까지 아무 소식도 없네요. 그래서 내내 신경이 곤두선 상태예요. 그 에너지를 운동으로 풀어볼까 하고 달렸지요. 방금 제임스한테서 이메일을 확인하라는 문자를 받았습니다. 지금 확인하는 중이에요.

빌어먹을 이메일이 왜 로딩이 안 되지?

자, 어디 봅시다. 연구소장이 보낸 이메일이네요. "안녕하세요. 훌륭한 프로젝트를 제안하셨군요. 본격적으로 실험을 시작하기 전에 서류 작업이 필요할 것 같습니다. 저희 쪽에서 해야 할 일들을 준비하겠습니다. 샘플이 얼마나 필요한가요?"

오, 우리한테 샘플을 주려고 서류 작업 중이라는 내용이네요. 정말 잘됐습니다. 하지만 손에 샘플이 들어오기 전까지는 모를 일이죠.

엥거핀 기분이 어떠신지요?

조지프 정말 벅찹니다. 뭐가 되었든 시도할 수 있다는 게 정말 좋네요. 집에 앉아서 상황이 나아지길 기다리는 일밖에 할 수 없다는 생각에 절망적이었거든요. 제가 아는 모든 과학자들이 비슷한 무력감을 느낍니다. 그저 데이터만 보고 또 보지요. 그러다가 사흘 전 전화 회의 중에 몇몇이 아이디어를 냈어요. 그때가 금요일이었고 오늘이 월요일입니다. 우리가 해냈어요. 주말 내내 많은 사람들과 정말 열심히 일했습니다. 그게 중요하죠. 이렇게 되리라고는 생각지 못했습니다.

이제 어떻게 해서든 하루라도 빨리 샘플을 손에 넣어야 해요. 관료 시스템이라는 게 언제든 일을 중단시킬 수 있거든요. 우리가 하는 일이 많은 사람들을 도울 수 있길 바랍니다. 그리고 아마도 정말로 많은 사람들을 돕게 될 거예요.

2020.2020.journ.004, 2020년 3월 18일 수요일 (일지)
샘플 없음. 아무 말 없음. 셧다운도 없음.

2020.2020.journ.004, 2020년 3월 20일 금요일 (일지)
아무것도 없음.

2020.2020.journ.004, 2020년 3월 22일 일요일 (일지)
뉴욕주는 일시 정지 상태다. 뉴욕대학교는 원격수업을 결정했다. 사무실에 가서 필요한 것들을 챙겨왔다. 언제 다시 돌아가게 될지 모르겠다. 사무실에서 키우는 식물도 다 죽겠지. 아직까지 샘플 소식은 없다. 우리는 몇 주 동안 뉴욕 시장 빌 디블라지오를 압박해왔다. RNA 염기서열 분석을 제외한 모든 것이 셧다운 실시에 도움이 됐다. 우리는 별 도움이 되지 못했다.

2020.2020.journ.004, 2020년 3월 23일 월요일 (일지)
뉴욕에서 세 개 바이러스의 염기서열이 밝혀졌다. 우리가 아니라 마운트 시나이의 연구자들이 해냈다. 분석 결과 아시아에서 직접 넘어온 것은 없었고 모두 유럽에서 왔으며 서로 근연관계가 아니었다. 정보가 더 필요하다. 이걸로는 결론을 내릴 수 없다. 이틀이면 24개 바이러스의 염기서열을 분석할 수 있는데 샘플이 없다니…….

2020.2020.journ.004, 2020년 3월 25일 수요일 (일지)
아직 샘플을 받지 못했다.

2020.2020.journ.004, 2020년 4월 1일 수요일 (일지)
아직 샘플을 받지 못했다.

2020.2020.trans.003, 2020년 11월 9일 월요일
(스티븐 D. 부스와의 줌 회의)
조지프 녹음 시작하겠습니다. 안녕하세요, 내 사랑. 오늘 아주 멋지신데 무슨 옷을 입으신 건가요?
스티븐 제 작업복입니다. 그냥 멜빵바지예요.
조지프 문서에 저는 탱크탑을 입었다고 기록하겠습니다.
스티븐 그건 조의 유니폼이죠.
조지프 당연하지. 잘 지냈어? 난 방금 와인을 따랐는데 너도 한잔하고 있나?
스티븐 어, 마시던 중인데 이거 다 마시면 더 사와야 할 거 같아. 이상하게 한 번에 많이 사게 되지는 않더라고.
조지프 난 아닌데.
스티븐 오, 그래?

조지프 　오늘 트레이더 조 와인 가게에 갔다가 로제를 두 박스 사 왔지. 한 상자에 네 병이니까……. 다 해서…….

스티븐 　오, 넘 좋다!

조지프 　훨씬 싸지. 그리고 질도 좋은 로제야. 가장 비싼 걸로 샀거든.

스티븐 　여기 왔을 때 사 왔던 거?

조지프 　어, 맞아, 그거!

스티븐 　좋네, 나도 그렇게 해야겠다. 겨울 되기 전에 좀 쟁여놔야겠어.

조지프 　참, 우리가 처음 만난 밤에 관해 묻고 싶었어. 그날의 네 기억 말이야.

스티븐 　아마 금요일 밤이었지? 맞아. 넘버9이었고. 처음엔 14번가에 있는 듀폰 서클에 갔었어. 실제로는 14번 가와 P 사이일 거야. 아무튼 거기에 친구 둘이랑 함께 갔지. 그중 하나는 밝은 오렌지색 코트를 입고 있었고. 할인되는 시간은 아니었던 것 같아. 저녁 먹으려고 만났다가 사람이 별로 많지 않아서 그냥 나왔거든. 손님이 없다는 건 1인분 시키면 2인분 주는 서비스 시간이 지났다는 뜻이니까. 그래서 2층으로 올라갔지. 그런데 네가 일행 두 명이랑 같이 들어왔지. 그런데 내 친구랑 네 친구가 아는 사이였고.

조지프 　그때 너는 뭘 마시고 있었는데?

스티븐 　아마 딥 에디 자몽 토닉이었을 거야. 그게 당시에

내가 즐겨 마시던 거거든. 내 소개를 했는지도 기억이 안
나네. 그냥 다짜고짜 얘기를 시작했던 것 같아. 내가 술잔
을 들고 와서 네가 앉아 있던 테이블에 앉았어. 너는 검은
티셔츠를 입고 야구 모자를 뒤로 쓰고 있었어.

네가 나한테 무슨 일을 하냐고 물었던 것 같고, 나는 기
록물 관리사라고 대답했던 것 같아.

그렇게 얘기를 시작했는데 너네 팀이 먼저 자리를 떴어.
나가면서 인사했던 기억이 나거든. 우리는 넘버9에 좀 더
있다가 16번가와 R 사이에 있는 코발트를 갔는데 거기서
널 또 만났고 밤새 춤을 췄지.

조지프 아카이브에 대해 얘기하기도 전에, 나 좀 울컥하
네. 이 모든 것에 어떤 향수 같은 게 느껴져. 내가 게이로
살면서 좋은 것 중에 하나는 아무 술집이나 들어가도 친구
의 친구의 친구의 친구를 만나서 하룻밤이든, 1년이든, 어
쩌면 평생 가는 관계를 맺을 수 있다는 거야. 그러면서 서
로에게서 배우고, 뭐랄까 아름다운……. 아, 감동의 도가
니…….

스티븐 절대 동감이야. 내 절친인 에릭도 그렇게 만났지.
그날 나랑 같이 있던 사람. 그래서 완전히 공감해. 에릭은
주황색 코트를 입고 있었고, 크리스토퍼는 키가 크고 얼굴
이 하얀 친구.

조지프 너무 재밌다. 브라이언이었어. 제시 친구 브라이

언. 그날 브라이언도 같이 있었다는 걸 완전히 잊고 있었네. 브라이언은 네 친구 중 누구랑 아는 사이였어?

스티븐   브라이언은 크리스토퍼랑 아는 사이지. 맞아.

∿

2017.2020.mem.002, 2017년 2월 10일, 금요일 (추억)

"난 조." 내가 말했다.

"난 스티븐." 그가 웃으며 말했다.

"직업이?"

"기록물 관리사(archivist)." 그는 머리가 아주 짧고 코걸이를 했고 테가 붉은 안경을 썼다. 나보다 키가 작았고 잘생겼고 시원한 미소에 눈은 이미 입보다 많은 말을 하고 있었다.

"방금 조금 흥분됐어."

"무슨 말이야?"

"나 기록물 관리사를 진짜 좋아해!" 나는 너무 크다 싶은 목소리로 말했다.

"그래? 네가 우리 일을 아는 것만도 신기한걸."

나는 스티븐에게 내 친구 히람 페레즈(Hiram Perez)에 관해 말했다. 페레즈는 바사르대학교에서 기록물 보관실을 뒤져서 한때 여자대학교였던 그곳에 숨겨져 있던 퀴어성을 파헤친 바 있다. 또 나는 작가이자 독자로서 우리를 앞서간 사람들의 삶을 보여주는 기록물을 좋아한다고 말했다.

"어디서 일하는데?" 내가 물었다.

"아, 그게……." 그가 말을 하다가 잠시 말을 멈추었다. 스티브는 그 주에 아예 DC를 떠날 참이라 친구 집에 머물고 있었다.

"엄마한테 가려고." 시카고 출신인 스티븐은 버락 오바마 도서관의 선임 디지털 기록 보관 담당자로 가게 되었다.

"와, 대단하다." 내가 말했다.

제시는 한참 전에 화장실에서 돌아와서는 내 뒤에서 팔을 만졌다. 나는 몸을 돌려 제시에게 말을 걸면서 생각했다. 이대로 끝내면 안 돼. 뻔뻔해지자. 누군가를 다시 만나고 싶으면 얼결에 헤어지기 전에 서둘러 연락처를 받아야 한다.

나는 재빨리 숨을 고르고 그에게 물었다. "저…… 페이스북 친구 신청해도 될까?" 그는 자기 핸드폰 잠금을 풀었고 내가 그의 페이스북에서 내 이름을 치고 신청하자 내 핸드폰에 알림이 떴다.

나는 뉴욕에 남자친구 웨슬리가 있었다. 하지만 그냥 하룻밤 정도의 호기심이 아니었다. 나는 스티븐이 좋았다. 역사의 벽장에서 찾을 수 있는 재밌는 일들을 얘기하며 그와 계속 웃고 싶었다.

넘버9에서 우리는 코발트로 장소를 옮겼다. 그곳에서 친구인 데니 미셸과 더글러스가 댄스 플로어에서 제시와 나와 합류했다. 바닥이 너무 끈적거려서 한 발짝 옮기기도 힘들었다.

더글러스와 데니 미셸은 참다가 포기했고 제시와 나는 신경 쓰지 않고 돌아다니며 춤을 췄다. 제시는 그곳에 모르는 사람이 없었다. 나는 벽에 기대서 있거나 진을 홀짝거리며 제시와 이야기했다. 그러다 스티븐이 코발트에 왔고 우리는 춤을 췄다. 나는 그의 허리에 팔을 댔다. 그는 친구들한테로 돌아갔고 나도 제시한테 돌아갔다. 나는 댄스 플로어를 가로지르는 스티브의 뒷모습을 끝까지 지켜보았다. 내가 그의 핸드폰에서 내 핸드폰으로 기적같이 전송한 메시지 알림을 떠올리면서 미소를 지었다.

내 기록물에서

2020.2020.journ.010, 2020년 4월 10일 금요일

(성금요일, 일기)

샘플 소식은 아직 없다. 올 기미가 없다. 우리는 아무 일도 하지 않았다. 사이렌 소리가 멈추지 않는다.

2020.2020.email.001, 2020년 5월 4일 월요일 (이메일)

〈뉴요커〉 시애틀, 과학자들에게 주도권을 넘기다. 뉴욕은 아직 요원.

2020.2020.email.002, 2020년 5월 20일 수요일 (이메일)

〈뉴욕 타임스〉 데이터에 따르면 격리 지연으로 최소 3만 6,000명이 목숨을 잃었다.

4월 뉴욕시, 뉴올리언스 및 기타 대도시를 잠식한 최악의 기하급수적 확산, 간발의 차이로 막을 수도 있었다.

2020.2020.journ.0011. 2020년 6월 25일 목요일 (일지)

목요일이다. 엥거핀과 나는 매주 그래 왔듯이 함께 요리를 했다. 나는 양파를 썰었고 엥거핀은 생강과 마늘을 저몄다. 우리는 그가 녹음한 RNA 염기서열 분석 이야기에 대해 말했다.

"자기야, 그 이야기를 어떻게 해야 할지 모르겠어. 어떻게 얘기를 풀어가고 어떻게 끝을 맺어야 할지 말이야."

"실패한 얘기니까." 내가 웃었다.

"그렇게 말하지마, 실패라니⋯⋯."

"실패한 건 사실이잖아. 물론 우리 잘못은 아니지만. 노력했는데 끝내 샘플을 못 받았고, 실험도 못 했고, 격리 조치도 지연됐지." 나는 잠시 말을 멈추었다. "죽지 않아도 될 사람들이 죽었어."

"어쩌면 실패가 그 이야기의 끝일지도 몰라." 내가 말했다. "우리는 할 수 있는 모든 일을 했고, 다시 돌아가도 그렇게 할 거야. 우리가 한 일에 후회는 없어. 하지만 아무것도 바꾸지 못했지."

그는 말이 없었다.

"그럴지도." 그가 말했다.

엥거핀은 마늘과 생강을 다졌고 나는 양파를 썰었다. 그의 부엌에는 우리 코를 자극하는 냄새 말고는 아무것도 없었다.

2020.2020.trans.004, 2020년 11월 9일 월요일
(스티븐 D. 부스와의 줌 통화, 지난번에서 이어서)

조지프   네가 기록물 보관사라고 말한 덕분에 우리는 친구가 되었지. 나는 기록물에 미쳐 있었고, 너도 그랬으니까. 그럼 이제부터 어떻게 기록물 보관사가 되었고 어떤 이유로 이 길을 계속 가게 되었는지 말씀해주세요.

스티븐   네, 좋습니다. 제 이름은 스티븐입니다. 성은 부스예요. B, O, O, T, H. 현재 13년 차 기록물 보관사입니다. 2009년부터 미국 국립 문서 기록 관리청에서 일했고, 현재는 버락 오바마 대통령 도서관에서 시청각 자료를 관리하고 있습니다. 근무 시간 외에는 미국 기록물 보관사 협회 같은 전문 단체에서 활동하고, 또 시카고에 기반한 활동 단체인 블랙키비스츠 콜렉티브(Blackivists Collective) 설립자로서 개인, 커뮤니티, 지역 단체와 협업해 그들의 유산과 역사를 기록으로 남기고 보존하는 일을 돕고 있습니다.

애틀랜타의 모어하우스대학교에서 음악을 전공했는데 4학년 때 처음으로 이 직업을 알게 됐어요. 제 담당 교수님이 음악사와 음악 이론에 관련한 제 검색 능력을 높이 보시고 사서 양성 학교를 추천하셨거든요. 그렇게 학교 도서관에서 인턴을 하면서 기록물 보관소에 처음 방문하게 되었습니다. 역사 자료와 가치 있는 서신과 문서, 노트와 일기들을 보면서 우리 흑인에게도 책에서 미처 다뤄지지 않은 풍부하고 고유한 역사가 있다는 걸 깨달았죠. 그 이야기들을 발굴하는 일이 아주 근사할 것 같았어요. 그래서 작가나 연구원이 되겠다는 기대를 안고 기록물 보관소에 발을 들였습니다.

저는 결국 시몬스대학교에 들어가서 최초의 아프리카계 미국인 문헌 교육자와 함께 공부했습니다. 대학원 2학년 때 보스턴대학교에서 인턴을 시작하면서 마틴 루터 킹 주니어 박사의 수집품을 관리했습니다. 그 인턴 자리가 제 첫 직장이 되었고요.

조지프 그렇다면 아카이브, 즉 기록물이라는 것 무엇입니까? 저는 너무 많은 것들이 떠올라서 구체적으로 어떻게 정의해야 할지 모르겠거든요.

스티븐 (웃음) 아카이브는 세 가지 버전으로 나누거나 세 가지로 정의할 수 있습니다. 첫째, 아카이브는 사람, 공동체, 장소, 또는 사건에 관한 역사적이고 장기적인 가치가 있는 자료입니다. 편지나 이메일, 일기, 공책, 문자 메시지, 사진, 동영상 등이 있지요. 아날로그 형태일 수도 있고 디지털화되어 있을 수도 있고요. 두 번째 범주는 미국 국립문서 기록 관리청처럼 문서 자료를 전담하여 보관하는 기관의 기록물입니다. 그리고 세 번째로 아카이브는 이 문서

들이 보관되는 물리적 공간이나 인터넷상의 공간을 의미하기도 합니다.

아카이브가 실제로 존재하는 장소에 실재하는 사물이라는 걸 이해하는 게 중요합니다. 디지털 자료나 온라인 자료도 물리적 장소에 보관되거든요. 보통 클라우드를 정말 구름 같은 것으로 생각들 하는데요 그렇지 않습니다. 특정 시설에 설치된 서버 안에 들어 있는 디지털 자료예요. 인스타그램도 실제로는 어떤 장소에 위치합니다. 물론 인스타는 기록물로 취급할 수 없어요. 10년 뒤에도 그 기술과 서비스가 제공될지 알 수 없거든요. 서비스가 종료되면 내용물을 잃게 됩니다. 예전에 유명했던 블로그 사이트 마이스페이스(MySpace) 기억나시죠? 하지만 기록물은 자료를 수세대 동안 보존합니다.

조지프 자료가 보통 어떤 과정을 거쳐 아카이브에 들어가고 보관된 기록에는 누가 접근할 수 있습니까?

스티븐 그건 기록물이 보관된 기관이나 저장소에 따라 다릅니다. 저는 오랫동안 이 문제를 생각했는데, 우리는 "진지한 연구 목적을 가진 학자나 연구자"들만 기록물에 접근할 수 있다고 생각해온 것 같습니다. 우리가 수집품뿐만 아니라 사용자 집단도 다양화할 필요를 인식한 시점에 변화가 일어난 걸 보면 재밌습니다.

조지프 저는 항상 기록물이란 잃어버린 역사의 포착이라

고 생각해왔어요. 예를 들어 〈역병에서 살아남는 법〉이나 〈분노로 하나 되다(United in Anger)〉에서 사용된 기록 영상이 없었다면 저는 액트업에 관해서 별로 알아내지 못했을 거예요. 하지만 저에게 보내주신 글들을 읽으면서, 기록 보관소에 남겨두지 않은 이야기는 영원히 사라질 거라는 사실을 더 절실히 깨닫게 되었습니다. 그리고 누구의 삶이 기록으로 보관되느냐에도 편향이 있다는 사실까지 말이지요.

스티븐　그게 바로 지역의 기록물 보관소가 중요한 이유입니다. 현재 우리 쪽에서는 수집품과 자료 들이 전부 다 기존의 전통적인 대규모 저장소에 보관될 필요가 없다는 주제로 크게 논의가 오가고 있습니다. 수집품과 자료 들은 개인이든, 공동체든—퀴어 공동체든 흑인 공동체든—조직이든 상관없이 그것이 만들어진 커뮤니티 안에서 살고 번영하고 보존될 수 있다는 것이지요.

조지프　저는 기록물이 추출되고 선별되는 방식에 관해 많이 생각해봤습니다. 기록물 보관소는 커뮤니티로부터 얻은 문서와 정보와 이야기를 취합하고 진지한 학자들이 들어와서 진지한 역사를 "발견할" 수 있는 진지한 기관에 모셔둡니다.

　한 2주 전인가요, 한 공개 토론에 당신이 패널로 참여한 걸 봤어요. 어처구니없는 말들이 많이 오갔지만, 한 가지

인상적이었던 것은 기록물 보관소를 여성주의적 돌봄 윤리의 관점에서 본 것이었습니다.

스티븐 연관성이 있습니다. 특히 전문가의 입장에서는요. 기록물 보관사 자신이 이용자와 맺는 관계, 또 기록과 의뢰 자료와 맺는 관계에서요. 기록물 보관사들이 마냥 공평무사한 것은 아니니까요.

아주 전형적인 예를 하나 들어볼게요. 흑인 음악 연구 센터의 안내 데스크에서 일할 때였는데, 한번은 자신의 아버지가 유명한 재즈 음악가였다는 한 여성한테서 요청을 받았어요. 그분은 집안에서 말로만 전해 내려온 이 이야기가 사실인지를 확인해서 손주들에게 알려주고 싶어 하셨죠.

그분이 주신 이름으로 기록을 찾아보았습니다. 그리고 말씀이 사실인 걸 확인했죠. 유명한 피아니스트이자 작곡가인 듀크 엘링턴을 비롯한 위대한 음악가들과 연주했고, 그의 이름이 여러 음반에도 실려 있었어요. 저는 이 정보를 의뢰인에게 알려주었죠. 제가 찾은 기록을 복사해서 보내드렸습니다. 그리고 전화로 이야기를 전하는데 감정에 북받쳐하셨어요. 저도 눈물이 났습니다. 이것이 기록물의 묘미인 것 같습니다. 기록물 안에서 자신을 발견하는 것이지요. 그러나 그뿐 아니라, 그 과정에 기꺼이 나서서 도울 수 있는 사람이 필요해요. 가족 안에서 전해 내려온 이야기를 검증하고 그걸 아이들에게 알려줌으로써 그들도 자신의 역사와 유산의 한 조각을 알게 됩니다. 하지만 대개는 기록물 보관사들이 자신의 일을 그저 무미건조한 업무로 보기가 쉬워요.

저는 물질과 사물이 느낌과 감정을 불러온다고 늘 생각해왔습니다. 그 사실을 제대로 인식하는 게 중요해요. 적어도 저는 여러 면에서 기록물 작업이 영적 활동에 뿌리를 두고 있다고 생각합니다.

2020.2020.journ.012, 2020년 3월 9일 월요일 (일지)

내 손에 든 아이폰의 스피커가 켜져 있다. 입 가까이에 대고 있지만 말은 하지 않고 있다. 양쪽 모두 침묵 중이다. 긴 하루였고 이미 두 시간 동안 손에 전화기를 들고서 말하고 듣기를 반복했다. 나는 전화로 얘기하는 걸 좋아하지 않는다. 가끔은 가장 가까운 사람들과도 통화하기가 꺼려져서 특히 힘든 하루를 보낸 뒤엔 전화가 연달아 세 번 이상 오지 않는 한 아예 받지 않을 때도 있다.

3월 9일, 뉴욕시는 아무것도 하지 않고 있고 사람들은 언론이 클릭 수를 높이기 위해 위기를 과장하고 있다고 믿는다. 뭔가를, 아니 뭐라도 하기 위해서 나는 밤에 나가서 노는 내 친구들이나 섹스 파티에 가는 사람들에게 메시지를 보내기 시작했다. 우리는 선출된 지도자들이 하지 않는 대화를 나눌 필요가 있다. 우리 퀴어들은 우리의 행사나 모임이 자신은 물론이고 가까운 사람들을 해칠 수도 있다는 사실을 알아야 한다. 시와 국가가 사람들이 서로를 돌볼 수 있도록 신속하게 행동하도록 다그쳐야 한다.

"뭐라고 말씀하셨죠?" 통화 상대편이 물었다.

이번이 섹스 파티 주최자와 진행자에게 거는 세 번째 전화다. 코로나-19가 커뮤니티에 퍼지고 있다면 섹스 파티만큼 위험한 것도 없다. 하지만 섹스 때문은 아니다. 어쩌면 거기서는 섹스가 가장 안전할지도 모르겠다. 위험한 것은 파티장의 공기와 침, 협소한 공간에서 서로 부대끼는 몸, 관계할 때 가깝게 맞닿는 입, 거칠게 내쉬는 날숨과 필사적으로 들이마시는 들숨이다.

나는 이들에게 전화를 걸어, 시에서 요구하기 전에 먼저 문을 닫자고 호소하고 있다. 그게 올바른 선택이다. 그래야 생명을 구할 수 있다. 코로나-19는 이미 도시에 와 있으니까. 하지만 나에게는 한 가지 미션이 더 있다. 나는 이 커뮤니티에 애정이 있고 이 파티에 늘 참석해왔던 사람인지라, 성 노동과 섹스 파티 개최로 얻던 수입을 대체하기가 쉽지 않다는 것을 안다. 나는 이 사람들에게 시나 국가가 파티를 당분간 불법화할 것에 대비해 몇 주, 몇 달, 어쩌면 1년 이상을 대비할 계획을 세워야 한다고 말해야 한다.

"시에서 억지로 폐쇄시키면……."

"아뇨, 그 부분은 들었고, 기간이 얼마나 된다고요?"

"몇 달이 될지, 1년이 될지 모릅니다. 하지만 장기적으로 이어질 가능성이 큽니다."

"하아, 이봐요, 당신은 텔레비전에서 보여주는 공포 전략에 제대로 말려든 거예요."

"저는 우리가 아는 대로, 데이터가 보여주는 대로 말하는 겁니다. 미리 준비하시라는 뜻이에요."

다시 침묵이 이어진다.

"나 참. 우리도 어쩔 수 없다고요." 하지만 문장 사이의 침묵이 말만큼이나 많은 말을 하고 있다. 헛소리를 지껄인다고 생각할 수도 있지만 어쨌든 그가 내가 무슨 생각을 하는지 알아듣기는 한 거다.

"내가 말했잖아. 헛소리 지껄이는 인간이라고. 저 작자 말만 듣고 토요일 행사를 취소하는 건 말도 안 돼." 멀리서 웬 목소리가 들려왔다. 나는 내가 지금 내 종족, 그러니까 호모들이 가득한 방에다 대고 얘기하고 있다는 걸 알았다. 파티를 주최하는 사람과 파티 운영을 위해 고용된 모든 직원 앞에서 말이다. 나는 그날 밤 번 돈으로 일주일을 먹고살아야 하는 사람들의 수입을 빼앗으려 하고 있었다.

주로 내가 기억하는 것은 침묵, 그 고요함이었다. 이건 몇 달이 될 수도 있고 몇 년이 될 수도 있다. 침묵. 전화를 끊었다. 양팔이 내가 알던 것보다 훨씬 더 무겁게 툭 털어졌다.

제임스가 코로나-19를 대비한 예방 조치에 관해 작성한 보고서는 대단히 놀라웠다. 글의 깊이와 글에서 암시한 바 덕분에 우리는 실제로 일을 진척시킬 수 있는 사람들과 회의를 잡을 수 있었다. 피터 스테일리가 제임스의 보고서를 앤서니 파우치(Anthony Fauci)—1980년대와 1990년대에 HIV 과학 옹호와 관련해 함께 일한 그의 동료—에게 보냈다. 적어도 피터가 보낸 것이라면 앤서니도 읽어는 볼 것이다. 피터와 데이비드와 마크가 수십 년 동안 쌓아온 인간관계와 와파가 수십 년 동안 공공 보건 작업과 연구를 통해 얻은 인맥은 적어도 우리가 뭔가를 시도해볼 수 있다는 뜻이었다.

그럼 나는 여기에서 무슨 일을 하는가?

오늘 국립 중개과학증진센터(National Center for Advancing Translational Sciences NCATS)와의 전화 회의는 제임스와 내가 주도했다. 이달 초, 제임스의 보고서에 대해 진행된 전화 회의에서 우리는 앤서니 파우치와 프랜시스 콜린스(Francis Collins)에게 새로운 코로나-19 치료제를 위한 고속대량스크리닝에 관해 물었고, 그들은 우리가 얼마나 알고 있는지 모른다고 말했다. 하지만 국립 중개과학증진센터 사람들은 알 것이다! 그들과 전화 회의를 하고 싶느냐고?

당연하지. 그 전화 회의가 오늘이다.

국립 중개과학증진센터는 기초 연구를 임상에서 적용할

수 있는 치료로 전환하는 공공 작업을 위한 국립보건원 산하 연구소다. 코로나-19 워킹그룹에 있는 우리 쪽 사람 몇 명과 국립 중개과학증진센터 과학자 네 명이 줌에서 만났다. 우리는 고속대량스크리닝에 어떤 셀 라인을 사용하는지 물었다. 또 어떤 라이브러리를 사용하는지, 그 이유가 무엇인지 물었다. 누가 그 일을 담당하고 있으며 그 이유는 무엇인지도 물었다. 데이터 공개 여부도 물었다. 워킹그룹에서 만나 친구가 된 맷 로즈(Matt Rose)는 회의가 끝난 후 나에게 이 사람들을 (좋은 뜻에서) 지하실 범생이들이라고 불렀다. 이 과학자들은 이미 기존에 미국 식품의약청이 다른 용도로 승인한 약물 가운데 SARS-CoV-2 치료와 예방에 효과가 있을지도 모르는 새로운 약물을 수색하고 있었다.

이들은 SARS-CoV-2에 맞서는 약물을 찾고 있지만 실험실에서 이 바이러스를 배양할 수는 없다.

이 부분이 내가 보완할 수 있는 부분이었다. SARS-CoV-2는 쉽게 전파되는 치명적인 바이러스다. 이 바이러스로 안전하게 실험하려면 특별한 종류의 실험실이 필요하다. 연구 중인 세포가 연구자 본인의 세포에 감염될 위험을 차단할 수 있는 실험실 말이다. 이는 개별 과학자에게 위험한 것은 물론이고, 그들이 감염을 확산시킨다면 지역사회에도 위협이 될 수 있다.

SARS-CoV-2를 연구하는 데 필요한 특별한 실험실은 생물안전등급 3등급의 실험실이다. 나는 2등급인 실험실에서만 일해봤고 3등급 환경에서는 작업해본 적이 없다. 우리는 인간의 세포를 배양해서 그것을 감염성 바이러스에 감염시킬 수 있고, 그게 내가 했던 일이지만 사람에 감염되는 감염성 바이러스는 아니었다. 옛날에 나는 몰로니 설치류 백혈병 바이러스라는 HIV와 유사한 설치류 바이러스를 연구했는데 이 바이러스는 쥐의 세포만 감염시키고 내 세포는 감염시키지 않기 때문에 편하게 일할 수 있었다.

국립 중개과학증진센터는 새로운 SARS-CoV-2 약물을 시험 중이다. 그리고 로봇을 사용해 한 번에 수천 가지 약물을 시험하고 있지만 생물안전등급 3등급 실험실이 없기 때문에 실험실에서 SARS-CoV-2를 배양하는 것이 허용되지 않았다. 그런 시설을 하나 지으려면 1,000만 달러가 든다. 세계적인 팬데믹 4개월째에 접어들면서 이 나라에서만 이미 수조 달러의 비용이 들었다. 내 남자친구는 직장을 잃었다. 생명을 구할 분자를 찾으려는 기관이 1,000만 달러짜리 건물을 최대한 빨리 짓지 못한 탓에 최대한 빨리 최대한 잘 일하지 못하고 있었다.

나는 치가 떨릴 정도로 화가 났다. 너무 충격적이었다.

나는 고함을 치며 회의를 끝냈다. 이제는 그런 것도 잘한다. 바이러스에 대한 정부의 대응 전체가 백신에서 시작해서 백신으로 끝난다. 물론 우리 모두 하루빨리 백신이 만들어지길 기원한다. 그러나 그렇지 않다면 치료제, 성능 좋은 약물이 필요하다. HIV를 예로 들어볼까? 특별히 HIV에만 반응하는 약물이 설계되기 전까지는 어떤 약물도 HIV에 듣지 않았다. 맞다. 코로나-19도 몇 년이 걸릴지 모른다. 그러나 인간의 면역계가 재감염으로부터 우리를 얼마나 오래, 얼마나 잘 보호해줄지는 알 수 없다. 독감이나 다른 코로나바이러스와 같으면 어떻게 될까?

이 바이러스는 수년 또는 수십 년 동안 이곳에 머물지도 모른다. 그럴 거라는 게 아니라 그럴 수도 있다는 얘기다. 우리는 이 바이러스가 작용하는 방식에 대한 기초 연구를 시작해야 한다. 훌륭한 HIV 치료제와 C형 간염 치료제 개발에 필요했던 그런 연구를 지금부터 시작해야 한다. 백신이 실패할 때까지 기다린다면 너무 늦을지도 모른다.

불평 끝. 끄덕끄덕. 제임스와 맷과 나는 문자 메시지로 정부가 저 지하실 범생이들이 자기 일을 하는 데 필요한 작은 것조차 내주지 않는 어처구니없는 실태를 이야기했다. 회의 후에 피터가 앤서니에게 메시지를 보냈다. 지친 앤서니는 "그 내용을 파일에 추가하기로" 약속했다.

"무관심으로 사람을 죽이려고 작정한 것 같아." 데번에게 메시지를 보냈다. 나는 가을 학기 수업을 생각하고 있다. 공원을 달렸고 옥상에서 웨이트밴드로 운동했다. 햇빛이 어깨를 데우고 있었지만 초조함이 목구멍까지 기어 올라오는 것 같았다. 과연 우리가 잘 버텨낼 수 있을지 모르겠다. 나는 이런 전화 회의를 할 때 마크와 데이비드와 개런스와 와파—와파는 1990년대에 할렘 지역에서 감염병 의사로 근무했다—를 생각한다. 만약 우리가 버텨낸다면 어떤 흔적이 남을지 궁금하다.

2020.journ.014, 2020년 7월 27일 월요일 (일지)

월요일이고, 그녀는 피곤하다.

나는 아침 9시에 회의가 있었는데 바로 달력에 표시하지 않은 바람에 깜빡하고 놓쳤다. 회의가 끝난 10시나 되어서 일어났다. 어젯밤에는 음식을 하다가 두 번이나 손을 베었다. 회갈색 밴드로 감은 손가락 두 개가 아프다.

"젠장, 전화 회의를 놓쳤네." 침대에 누워서 데번에게 말했다. 그는 내 어깨를 가볍게 쳤다.

"그러니까 달력에 표시하라고 했잖아."

"표시했어!"

"근데 왜 자꾸 회의 시간을 놓쳐?"

"그만큼 회의가 많은 거야."

그는 내 이마에 키스했다. 오후 4시, 나는 국립보건원의 앤서니 파우치 밑에서 일하는 스티브 홀랜드(Steve Holland)와 줌 회의를 했다. 우리는 도대체 왜 국립 중개과학증진센터 연구자들이 생물안전등급 3등급 실험실에 들어가 코로나바이러스를 배양하면 안 되는지를 이야기했다.

스티브는 그 일을 가능하게 할 수 있는 사람이었다. 국립보건원에는 당장 내일이라도 이 일을 시작할 수 있는 생물안전등급 3등급 실험실이 있다. 그러나 평소 그 실험실에서 일해온 사람들이 그 공간을 틀어쥐고 내놓으려고 하지 않는다.

스티브는 그 점을 생각해본 적 없다고 인정했다. 그러면서 정확히 무슨 이유로 국립 중개과학증진센터에서 이 위험한 바이러스를 배양하려고 하는지 물었다.

분자미생물학자로서 나는 이 질문에 답할 수 있다. 제임스도 이 점을 쉬지 않고 생각해왔다. 우리는 서로 생각을 주고받았다. 그들은 서로 다른 셀 라인을 테스트해야 하지만, 현재는 실험을 외부에 맡기고 있어서 문제가 있어도 해결하지 못한다.

"제약업계에서는 이 일을 안 한답니까?" 그가 물었다.

그건 우리도 알 수 없다. 기업에서는 우리에게 말해줄 의무가 없다. 설사 이미 자체적으로 약물을 테스트하고 있더라도 그게 뭔지 우리에게는 알려주지 않을 것이다. 우리는 누구나 따라할 수 있고 즉시 실행 가능한 프로토콜로 우리가 가진 모든 분자를 테스트하는 공개적인 과정이 필요하다. 어떤 회사에서 그렇게 해주겠는가?

"합리적인 약물 제조를 위해 정보를 제공하는 일인데 말이에요." 그게 과학자들이 특정 단백질을 차단하는 약물을 만들 때 모든 걸 한꺼번에 테스트하는 대신 사용하는 방법이다. 어떤 종류의 분자가 효과가 있을지 안다면 초기에 분자를 수색하거나 조정할 때 훨씬 유리할 테니까.

회의를 끝내고 피터가 잘하면 1-2주 안에 국립 중개과학증진센터에서 필요한 실험실을 얻을 수 있을 것 같다고 말했다. 통화를 끝내면서 나는 우리가 뭔가 해냈다는 기분이 들었다. 우리는 그 범생이들에게 실험실을 마련해줄 것이다. 가능성은 희박하지만 그들이 발견한 분자가 강력한 SARS-CoV-2 치료제가 될지도 모를 일이다. 누가 알겠는가? 지금 우리는 할 수 있는 일을 할 뿐이다.

지금 내 발은 우리 개 맥스의 침대에 걸쳐져 있고 맥스가 그 위에서 자고 있다. 내 손가락은 반창고로 꽁꽁 싸맨 채다. 통증도 많이 가시고 상처 주위의 당기는 느낌도 가라앉았다. 살이 베였어도 상처가 낫는 걸 도울 수는 있다는 사실을 떠올렸다.

2020.2020.journ.015, 2020년 8월 13일 목요일 (일지)

오늘은 일지를 짧게 끝내겠다. 제임스가 오전 11시쯤 페이스북으로 메시지를 보냈다. 지난 몇 주 동안 나는 늦잠을 잤고 10시쯤에나 겨우 일어나서 맥스를 산책시키러 잠깐 나갔다 왔다. 3주 뒤면 강의를 시작하니까 할 수 있을 때 맘껏 쉬어야 한다는 게 핑계를 댔다.

제임스가 오전 11시쯤 메시지를 보냈고 나는 커피를 두 잔째 마시면서 오늘 할 일을 생각하고 있었다. 강의 준비? 글쓰기? 둘 다 하자. 그래서 바이러스의 진화, 인간의 진화, 변화의 불가피성, 그리고 바이러스, 박테리아, 노화, 죽음과 질 게 뻔한 "전쟁"을 끝없이 벌이는 대신 생명체에 일어난 변화를 받아들이고 심지어 활용할 수 있는 방법을 찾아야 한다는 취지의 초안을 마무리할 계획이다.

"HTS 문제 해결됐습니다." 제임스가 보낸 문자다. HTS는 고속대량스크리닝(high-throuput screening)의 약자다. "9월 초에 생물안전등급 3등급 실험실에서 스크리닝이 시작될 것 같아요." 그들은 당장 실험을 시작할 수 있게 기존의 실험실 공간을 정리하고 현재 국립 중개과학증진센터 시설을 3등급으로 업그레이드하여 코로나-19는 물론이고 향후 다른 병원체들을 스크리닝할 수 있게 작업하고 있다.

지난번 마지막 회의 뒤에 제임스가 한두 주 안에 실험실 문제가 해결될 것 같다고 말한 지 2주가 조금 넘었다. 제임스가 스크리닝을 필수적인 과정으로 규정하고, 현재 이루어지고 있는 일과 이루어지지 않은 일, 그 이유 등을 정리해서 알린 몇 주의 노고가 없었다면 국립보건원의 높은 자리에 있는 사람들은 지금까지도 스크리닝이 이루어지지 않고 있었다는 사실조차 알지 못했을 것이다.

우리가 뭔가를 해낸 것이다. 그게 얼마나 중요한 일인지는 아무도 모른다. 그러나 우리는 문제를 발견했고 적어도 한 가지 일을 도모하여 문제를 해결했다.

"!!!!!!!" 내가 제임스에게 보낸 답이다. "샴페인을 마시긴 아직 너무 이른가?"

오늘 같은 날에는 전혀 이르지 않다. 하지만 5시 30분에 회의가 있어서 참아야 한다. 나는 샴페인을, 피터는 레드 와인을, 제임스는 화이트 와인을, 사무실에 있는 와파는 손에 아무 잔도 들고 있지 않다.

"멋진 승리예요." 피커가 말했다. "그들이 분자라도 찾아낸다면 더더욱⋯⋯." 국립 중개과학증진센터에서 스크리닝을 통해 SARS-CoV-2 같은 코로나바이러스를 치료할 새로운 약물을 발견할지도 모른다. 그렇다면 우리가 한 일은 수많은 생명을 구하는 일이 될 것이다.

나는 어쨌거나 멋진 승리였다고 생각한다. 지금까지 과학을 하면서 나는 어떤 경우에도 완벽한 결과라는 건 없다는 걸 배웠다. 그저 해야 할 일을 하고 믿음을 가지면 된다. 약물을 찾으려고 시도하지 않으면 어떤 약물도 찾을 수 없다. RNA의 염기서열을 분석하지 않으면 염기서열을 손에 넣을 수 없다. 열심히 찾아도 약물을 발견하지 못할 수 있지만 그렇다고 그 과정이 무가치한 것은 아니다.

찾는다는 건 언제나 가치 있는 일이다. 이제 2주만 있으면 국립보건원이 찾기를 시작할 것이다.

2007.2007.trans.001(액트업 구술사 프로젝트에서)

사라 슐만 오케이, 좋아요. 그럼 이제 FDA 시위를 돌아보겠습니다. 이 부분에 대해 하고 싶은 말씀이 있으신가요?

데이비드 바 아, 좋습니다. 좋은 이야기죠. 다른 사람들은 뭐라고 말했는지 모르겠지만요.

슐만 각자 다 나름의 이야기가 있겠죠.

바 아, 좋아요. 그럼 저는 저의 이야기를 하겠습니다.

슐만 좋습니다.

바 저는 그 이야기를 한 가지 방식으로밖에 말하지 못하겠습니다. 다른 방식은 아는 게 없어요.

슐만 그렇게 하시죠.

바 괜찮겠죠? 이게 다 수많은 사람들에 관한 거잖아요? 이번에는 저를 인터뷰하고 계시니, 저는 제 일에 초점을 맞춰서 말씀드리겠습니다.

슐만 보통 다른 사람들도 그렇게 합니다.

바 그냥 혹시나 제 이야기가……. 저는 그저 이 일에는 아주, 아주 많은 사람들이 얽혀 있다는 것을 짚고 넘어가고 싶어요.

2020.2020.expo.001

나는 〈역병에서 살아남는 법〉에서 피터, 데이비드, 개런스, 그리고 모든 다른 이들이 노력한 결과를 보았다. 데이비드 프랜스가 제작한 이 영화는 프랜스가 저널리스트로 취재한 액트업 소속 사라 슐만을 포함해 비판하는 이들이 없었던 것은 아니다. 사라 슐만과 짐 허바드(Jim Hubbard)도 프랜스의 다큐멘터리가 발표된 같은 해에 〈분노로 하나 되다〉라는 자체 제작 다큐멘터리를 발표했다. 허바드와 프랜스는 1987년에 룸메이트였다. 허바드는 실험 영화 제작자였고 두 영화에서 사용된 원본 필름의 일부를 촬영했다. 나머지는 여러 사람들이 활동을 기록하기 위해 현장에서 촬영한 것들이다. "영상으로 남깁시다. 이건 우리 삶이니까." 2013년 허바드는 프랜스와의 대화에서 1980년대의 액트업에 대해 말했다. 그리고 기록영상을 다큐멘터리로 만드는 일에 대해 이렇게 덧붙였다. "미학적 결정에는 언제나 정치적인 측면이 있습니다." 허바드에 따르면 약물 접근과 개발 쪽을 맡은 피터, 마크, 데이비드 같은 개별 활동가를 다루는 프랜스의 다큐멘터리는 전체 액트업 운동의 극히 일부에 불과하다. 게다가 이 사람들은 모두 백인 이성애자 또는 게이이며 가방끈이 긴 사람들이었다. 반면 허바드의 다큐멘터리는 액트업 구술사 프로젝트를 기반으로 한 액트업 운동의 초상화였다.

2021년에 사라 슐만은 액트업 운동에 대한 믿을 만한 역사서 《기록이 말해준다(Let The Record Show)》를 출간했다. 이 책은 슐만 자신이 일조한 구술사 기록물에 기반을 두었다. 이 책에서 슐만은 다양하고 때로는 서로 겹치는 프로젝트들에 몸담은 수많은 개인들을 다루며, 액트업 활동의 수평적 성격을 강조했다.

슐만은 데이비드 프랜스의 영화에서 나타난 "영웅적 개인들"의 신화가 "부정확하다는 사실은 둘째치고라도, 미국에서 정치적 진보가 연합에 의해 쟁취되었다는 사실로부터 동시대 활동가들을 괴리시킬 수 있다"고 말한다. 퀴어 과학자로서 나 역시 〈분노로 하나 되다〉를 먼저 봤으면 좋았겠다 싶다. 이 영화와 액트업 구술사 프로젝트, 그리고 이후의 슐만의 책에 감사하다.

내가 이 책에서 국립 중개과학증진센터와 RNA 염기서열 분석에 관해 쓴 것은 그것이 코로나-19 워킹그룹이 수행한 가장 중요한 일이어서는 아니었다. 내가 참여했고, 이 책에 당당히 쓸 만큼 내 일이라고 생각되는 이야기였기 때문이다. 지금까지 코로나-19 워킹그룹이 일궈낸 가장 중요한 성과는 찰스 킹이 하우징 웍스와 함께 뉴욕시를 압박하여 호텔을 개방하게 함으로써 노숙자를 포함한 코로나-19 확진자를 격리하고 또는 코로나 감염을 예방할 수 있는 안전한 장소를 마련한 것이었다. 이후 2021년에 시는 그 결정을 철회했다. 우리의 승리는 일시적이었다. 한편 하우징 웍스는 당시 약물이나 알코올 사용에 대한 무관용 정책 대신 피해 감소 정책을 채택하여 사람들이 필요한 만큼 머물 수 있게 돕도록 뉴욕시를 압박했다.

C. 버지니아 필즈와 국립 흑인 리더십 보건 위원회는 코로나-19 확진 사례와 사망자를 우편번호에 의한 지리적 구분만이 아니라 인종에 따라서도 발표하게 하는 작업을 주도했다. 그 덕분에 이곳에서 팬데믹으로 병들고 죽어가는 이들이 누구인지 처음으로 분명하게 드러났다.

찰스 킹, 와파 엘-사드르와 함께 우리는 뉴욕시의 코로나 검사와 추적이 공중 보건 공무원들에 의해 투명하게 운영되게 하려고 애썼다. 와파에게서 배운 것들은 이 코로나 위기가 내게 준 가장 큰 선물이었다. 그녀는 의사이자 전염병학자이며…… 모르는 게 없다. 또한 와파는 사회정의의 관점에서 공공 보건에 관심을 보여왔다. 지금까지 우리는 진단 검사와 확진자 추적에 관한 사안을 두고 시와 벌인 논쟁에서 졌고 지금도 지고 있지만 매주 계속해서 압박하고 있다. 뉴욕 시민 자유연합(NYCLU)에서 일하는 우리 코로나-19 워킹그룹의 구성원들은 경찰과 이민세관집행국 공무원들이 코로나-19 진단과 추적 데이터에 접근하지 못하게 막는 주 법안을 통과시키는 데 일조했다. 앤드루 쿠오모는 6개월 동안이나 그 법안에 서명을 거부했다.

잘 모르겠다. 우리가 하는 일의 대부분은 실패하기 마련이다. 그렇다고 시도하지 않으면 성공의 기회조차 없지 않겠는가? 벽에 똥을 투척하고 어떤 효과가 있는지를 본 다음, 다시 계획하고 다음에는 더 나은 똥을 던진다. 이런 일이 누군가의 목숨을 구했기를 바랄 따름이다. 어찌 보면 나를 움직인 동기는 이기적이었다. 내게는 그 일이 절실했다. 치명적인 팬데믹이 휩쓸어 암담한 세상에서 내가 뭔가를 할 수 있었던 것은 운이 좋았다고 생각한다. 덕분에 정신을 놓지 않고 버틸 수 있었다. 그 고투는 설혹 아무도 구하지 못했다 할지라도 나 자신의 생명을 구하려는 시도의 일환이었다.

2020.2020.trans.005, 2020년 11월 9일 월요일 오후 8시
(스티븐 D. 부스와의 줌 대화, 계속)

조지프　아시다시피 저는 기록영상으로 제작한 두 다큐멘터리 〈분노로 하나 되다〉와 〈역병에서 살아남는 법〉을 보고 이 프로젝트의 기록 보관소를 방문하게 됐습니다. 두 작품이 동일한 기록영상을 많이 사용했으니까요.

　두 다큐멘터리 모두 아주 좋아하지만, 둘 중 하나는 거의 백인만 출연하고 다른 하나도 정도만 덜할 뿐 백인이 주를 이룹니다. 하지만 액트업의 기록물 보관소에는 다큐멘터리에 실리지 않은 온갖 종류의 이야기들이 있었어요. 그중에서 어떤 걸 골라서 말해야 할지 모르겠습니다.

스티븐　기록물 보관소와 도서관은 다양한 자료를 소장해야 한다는 압박이 있습니다. 물론 저도 그것이 바람직하고 그렇게 되어야 한다고 보는 입장입니다. 좋은 예가 앨라배마주 역사 기록 보관소입니다. 최근 이 보관소에서는 수집물에 내재한 백인 우월주의를 인정하는 보도자료를 게시했습니다. 이전 소장은 앨라배마주에서 흑인의 경험과 관련된 자료는 의도적으로 수집하지 않았습니다. 그들은 이제라도 적극적으로 나서서 바람직한 방향으로 이끌어가려고 노력합니다만 그것만으로는 충분하지 않습니다.

애초에 문화를 생산하는 사람들이 그 사실을 인지하고
있는지가 관건입니다. 따라서 그 문제는 문화 생산자와 기
록물 보관사 양쪽이 동시에 풀어가야 합니다. 기록물 보관
사들끼리는 서로 잘 소통하는 편이지만 이제는 다른 사람
들과도 더 잘 소통할 필요가 있어요.

조지프 구글 아카이브가 모든 문서와 이메일과 문자 메시
지까지 보관해주는 세상에서 기록물 보관소는 너무 구식
인 거 아닐까요?

스티븐 아뇨, 전혀 그렇지 않습니다. 사람들은 여전히 자
기의 구글 이메일을 별도의 기관에 보관하여 언젠가 사용
자 커뮤니티가 접근할 수 있게 합니다. 제가 먼 미래에 구
글에게 "이봐, 2017년에 조가 쓴 이메일 좀 줘봐"라고 할 수
는 없으니까요. 요청한다고 한들 내줄 리도 없고요. 그러
나 자료를 기록물 보관소에 맡기면 우리는 그렇게 할 수
있습니다. 어차피 구글 아카이브는 사용자를 위해서 만들
어진 게 아니라 사용자에게 서비스를 팔아 돈을 벌기 위해
서 만들어진 것이지요. 이는 우리가 실천하는 공익이 무엇
인가를 잘 설명해줍니다.

　우리는 지금 코로나-19와 인종차별의 시대를 살고 있습
니다. 그리고 사람들은 자신의 추억과 유산을 더 중시하고
자신의 경험을 영원히 보존하고자 기록을 남기려고 합니
다. 전국적으로 흑인 커뮤니티 기록물이 빠르게 늘어나고

있어요. 많은 사람이 정보를 원하고 특히 디지털 방식으로 정보에 접근하길 원합니다. 그게 우리가 지금 살고 있는 문화니까요.

저는 그것이 아카이브를 정의하는 핵심이라고 생각합니다. 이 세상에 존재한 것이 있었고, 일어난 일이 있었다는 문서화된 증거 말입니다. 대화와 보고서, 그 밖에 모든 기록이 곧 증거가 되어 남습니다.

흑인 기록물 보관사로서 우리는 이런 기관들에서 아주 오랫동안 일해왔기 때문에 어디에 공백이 있는지 잘 알고 있습니다. 또한 도시에 뿌리를 두고 있다 보니 시카고라는 도시의 고유하고 특화된 역사가 무엇인지, 누가 그 역사를 경험했는지도 알고 있습니다. 하지만 주류 기록물에서는 그런 서사와 경험을 찾기가 어렵죠. 그건 경험자의 "인지도"는 물론이고 기관의 수집 정책과도 무관하지 않다고 생각합니다.

그래서 저는 이 일의 책임을 다시 공동체에 맡겨 스스로 일을 도모하게 격려하는 게 무엇보다 중요하다고 생각합니다. 모든 수집품이 결국 공동체의 일부니까요.

조지프 저는 액티비즘의 역사를 배우고 스스로 활동가로 일하면서 처음으로 아카이브를 접하게 되었습니다. 제 친구 히람 페레즈가 한 것처럼 액트업 아카이브의 20세기 기록물에서 퀴어 이야기를 파헤쳤지요. 혹시 액티비즘과 아카이브 사이에 내적 연관성이 있다고 보십니까? 자기 이야기를 쓰는 활동가든, 아직 잘 알려지지 않은 액티비즘 이야기들을 발굴하는 공동체 구성원이나 학자든 간에 말입니다.

스티븐　물론 연구자가 누구냐에 따라 다르겠지요. 하지만 사람들이 아카이브에 입문하게 된 계기는 원래 다 제각각입니다. 자료를 수집하고 정리하고 분류하고 접근을 제공하는 행위가 저에게는 전혀 업무로 느껴지지 않습니다. 성취감을 주는 행위이지요. 정보와 자원에 대한 접근을 제공하는 것 또한 액티비즘의 한 형태 아닐까요? 저는 정보와 자원이 공동체 구성원들이 자신의 삶을 바꾸는 데 힘을 실어준다고 믿거든요. 그러니까 액티비즘의 한 부분이 맞죠. 하지만 그건…… 그냥 제 일이에요. 저는 이 일을 하려고 이 세상에 태어난 사람입니다. 알잖아요? 조지프 당신도 천생 연구자잖아요. 저는 뭐든 찾아내고 가능한 방법은 남김없이 시도해보는 사람입니다. 포기할 때 하더라도요.

조지프　지금 본인이 처녀자리라고 말씀하고 계시는군요.

스티븐　처녀자리 게자리 둘 다에 해당합니다. 저한테는 완벽한 직업이에요.

조지프　감성적인 면은 아마도 게자리여서인 것 같군요. 재즈 음악가의 딸에게 사실을 전달하고 그들과 함께 눈물지은 것도요.

지금까지 이 프로젝트의 기록물 보관과 관련된 측면을 말씀해주셨는데요. 언젠가는 본인이 애초에 기록물 보관소에 오게 된 계기로 돌아갈 거라고 생각하십니까? 스토리텔링 측면에서 말입니다.

스티븐 네, 그리고 실제로 그 어느 때보다 그런 변화를 체감합니다. 저는 흑인 퀴어 서사, 특히 공간에 관심이 있습니다. 지금까지 존재했던 클럽이나 술집, 하우스 파티 같은 것들을 소재로 생각하고 있어요. 게이 씬이 활발했던 시절 워싱턴 DC에 살면서 시작된 관심입니다. 그런데 제가 DC에 간 지 2년 만에 많은 장소들이 폐쇄됐고 그래서 아시다시피 지금은 갈 수 있는 곳들이 많이 남질 않았어요.

조지프 우리가 그중 한 게이바에서 만났죠.

스티븐 맞습니다. 14번가와 P가 사이에 있는 곳이었죠. 많은 곳이 말 그대로 문 닫기 일보 직전이었지만 몇 달에 한 번씩 큰돈을 기부한 익명의 독지가 덕분에 겨우 명맥을 유지했어요. 하지만 코로나-19 때문에 모두 사라졌어요. 전 워싱턴 DC에 존재했던 과거 블랙 퀴어들의 공간들을 지도상에 되살리기 위한 사전 작업을 마쳤습니다. 그리고 이곳 시카고에서도 비슷한 일을 시도해보려고 합니다.

조지프 마지막 질문을 드리겠습니다. 만약 직접 본인의 기록물 보관소를 만드신다면 100년 뒤에도 기억되었으면 좋겠다고 생각하는 한 가지가 뭘까요?

스티븐 100년 뒤에 이걸 읽고 있을 누군가가 알아줬으면 하는 거라면……. 제 인생의 어느 시점, 어떤 특정한 나이의 한 남성이…….

조지프 서른여섯!

스티븐 아, 그만하세요. 서른다섯입니다. 공식적으로 중년이죠. 어쨌든 100년 뒤의 누군가 알아줬으면 하는 건, 제가 인생의 이 시점에 스스로 안전지대를 벗어나 세상에 기여할 수 있는 부분을 찾아 새로운 기회와 가능성을 탐구했다는 사실이에요. 그리고 그 결과 100년 뒤에 누군가에게 내보일 수 있는 것이 있다면 좋겠습니다. 이 책을 읽는 이가 누구든지 간에 지금 이 순간을 정확히 되짚으며 이것이 X, Y, Z의 시작이었노라 말할 수 있길 바랍니다. 말이 되는 소리인지 모르겠네요.

조지프 완벽히 말이 됩니다. 제가 세상 사람들을 대신해서 말할게요. 적어도 저한테는 그렇습니다. 하지만 우리 관계는 이미 몇 년 전에 시작되었어요. 그동안 저는 당신 덕분에 더 치열하게, 더 옳은 방향으로 생각할 수 있었기에 당신이 제 인생에 기여한 바에 깊이 감사합니다. 당신을 보면서 배운 게 정말 많습니다.

　또한 당신과 함께하는 건 재밌고 엉뚱하고 정말 좋아요. 정말 사랑하고, 함께한 시간에 감사합니다. 사랑합니다.

스티븐 당신을 위해서라면 뭐든지.

2020.2020.expo.002

자신의 영웅과는 만나지 말라는 이야기가 있다. 나는 내 영웅들을 만났고 이제 그들은 내 영웅이 아니다. 나는 글쓰기를 통해 알렉스 지를 만났고, 코로나 액티비즘을 통해 마크 해링턴과 데이비드 바와 피터 스테일리를 만났다. 그들은 내 영웅이 아니다. 영웅은 내게 웃음을 주지 않고, 영웅은 자신의 건강을 걱정하지 않으며, 나는 영웅의 행복을 궁금해하지 않는다. 우리는 영웅의 삶을 깊이 들여다보지 않는다. 영웅들은 인간이 아니고 인간이어서는 안 된다.

데이비드 바가 이 글을 읽고서 나에게 편지를 보내왔다.

2021년 7월 30일(2021.2021.email.001):

몇 년 전 PWA(person living with AIDS, 에이즈 감염자)를 영웅시하는 일체의 서사를 해부하는 글을 쓴 적이 있습니다. 당시 우리는 세상이 에이즈에 걸린 사람을 희생자 또는 질병 매개체로 취급하는 인식을 바꾸려고 "영웅"이라는 틀을 만들었죠. 영웅으로서의 PWA라는 개념이 개인의 행동은 물론이고 공동체의 움직임을 이끌었습니다. 특히 활동가들 사이에서 그랬지요. PWA는 조직을 움직이는 중추였습니다. 우리는 영웅이었습니다. 하지만 우리는 죽어갔고 슬퍼할 시간조차 없었어요. 운동은 쓰러진 영웅의 이름으로 계속되어야 했으니까요. PWA와 PWA가 가진 힘이 에이즈 확진자이든 아니든 모두에게 힘을 주었습니다. 하지만 그건 만들어진 신화일 뿐이었죠. 우리는 진짜 영웅이 아니었으니까요. 우리는 죽음이 두려웠어요. 영웅 서사가 당장의 살아남기에는 유용했을지 모르지만 장기적으로는 해로웠습니다. 우리에게는 나약함도, 슬픔도, 두려움도 허락되지 않았거든요. 액트업에서 허락된 유일한 감정은 (기쁨과 더불어) 분노였고, 나 자신을 포함해 많은 사람이 아주 심하게 망가졌습니다. 코로나가 시작되면서 그때의 감정이 되살아났습니다. 제임스는 내 집에서 정신 나간 듯이 살다가 이 일을 시작했습니다. 처음에는 정말로 관여하고 싶지 않았지만 결국엔 나 역시 뛰어들게 되었고 지금은 그러길 잘했다고 생각합니다. 우리가 한 일이 얼마나 도움이 됐는지는 모르겠지만 적어도 아주 조금은 의미가 있었을 거라고 생각하고, 당신이 말했듯이 자신에게 할 일을 주었다는 점, 마냥 맥 놓고 있는 대신 문제에 맞서고 대처할 수 있었다는 점에서 저에게 큰 도움이 되었습니다. 이기적이라고 말할지도 모르지만, 좋은 방향으로 이기적이었어요.

2021.2021.expo.002

미안합니다, 데이비드. 당신은 한때 제 영웅이었어요. 그래야만 했죠. 나와 비슷한 퀴어이면서, 강하고, 두려움을 모르고, 쾌활하고, 제대로 분노할 줄 아는 사람을 만나고 싶었으니까요. 하지만 그래서 당신은 인간으로 살아가기가 힘들었던 거예요. 당신은 두려움을 모르는 사람이 아니었어요. 그래서 너무 미안합니다.

2021.2021.expo.003

나는 줌에서 만날 때마다 데이비드가 피터에게 "헤이, 피티"라고 말하는 게 듣기 좋았다. 그건 1980년대부터 두 사람이 사용했던 애칭으로 귀여운 목소리로 단조롭게 주고받는다. 나는 알렉스와 전화로 서로의 저녁 메뉴를 비교하고 칵테일 아이디어를 교환하는 걸 좋아한다. 알렉스와 나는 내가 개발한 칵테일—프로세코*를 뿌린 진 김렛—에 로스트비프 티볼리라는 이름을 붙이기도 했다(로스트비프는 프랑스인들이 영국인을 부르는 멸칭이고 이탈리아산 와인을 첨가했기 때문에 티볼리 분수).

영웅은 사람이 아니다. 또한 변화를 꿈꾸는 당신의 이야기가 오로지 영웅에 의존한다면 당신 스스로 변화를 이끌어가는 모습은 상상할 수 없다. 하지만 우리는 그럴 수 있고 그래야 한다. 알렉스, 데이비드, 피터, 마크처럼 HIV/에이즈가 창궐한 시기에 정부의 무대응에 맞서 싸운 사람들은 평범한 이들이었다. 우리들과 똑같이 실수하고 때로는 엉망진창인 사람이었다.

기록물 보관소 즉 아카이브는 알아가는 과정이다. 아카이브는 아직 정비되지 않은 이야기이다. 아카이브는 일기, 이메일, 핸드폰 속 사진까지 한 인간의 삶 전체에 대한 어수선한 정

---

*   이탈리아 북부에서 프로세코 포도로 양조되는 스파클링 와인.

보를 모두 담은 자료다.

　아카이브는 사람들을 알아가는 과정이다. 나는 이 아카이브들이 무엇을 보여줄지, 내 작업이 가치가 있을지, 내가 이 책에서 공유한 아카이브에서 독자가 어떤 의미를 찾게 될지 알지 못한다. 나는 이 사람들을 알게 된 것에 감사하다. 지금까지 많은 이들을 줌 화면으로만 만났다. 와파를 아는 한 친구가 엊그제 와파의 상징은 카우보이 부츠라고 말했다. 나는 그녀와 줌에서 수없이 만나 이야기 했지만 어깨 위의 모습으로만 알고 있었을 뿐, 화면 밖의 모습은 본 적이 없었다. 내가 아주 잘 알고 있다는 생각이 드는 이 여성은 여전히 내가 한 번도 만나보지 못한 사람이다. 이런 감정을 어떻게 해석해야 할지는 모르겠지만 나는 이들 모두를 아주 가깝게 느낀다. 모두에게 깊은 애정을 느낀다.

　맷 로즈는 일주일에 몇 번씩 문자를 보냈다. "잘 지내고 있습니까?" 나도 답장을 한다. "살아는 있습니다." 일주일에 몇 번씩 나는 맷에게 문자를 보낸다. "잘 버티고 있습니까?" 그는 대체로 잘 버티고 있다. 우리는 RNA 염기서열 분석을 옹호하는 데 계속해서 시간을 투자했고, 국립 중개과학증진센터에서 스크리닝을 했다. 그게 결국 중요한 결과를 낳을지 누가 알겠는가? 나는 내가 뭔가를, 아니 뭐라도 할 수 있었다는 것에 감사한다. 퀴어들에 대한 내 사랑에 감사하고, 바이러스가 모두에게 몰아닥치는 줄도 모르고 생계를 위해 섹스 파티를 열려는 사람과 통화한 짧은 공포의 순간에도 모두 감사한다. 나는 그저 사랑하려고 애쓰는 중이다. 나는 스티븐을 사랑한다. 그에게서 배운 모든 것에 감사한다. 액티비즘은 영적인 작업이자 기록을 보관하는 작업이기도 하고 무엇보다 우정의 작업이다. 최고의 액티비즘과 최고의 아카이브는 공동체와 우정에서 나온다. 시도하고 실패하더라도 다시 시도하는 사랑. 아무것도 시도하지 않는 것이야말로 두려운 일이기에 우리는 시도한다. 그 사랑, 그리고 그 사랑을 살아내기 위해 우리가 몸부림친 방식이야말로 이 기록으로 보여주고 싶은 것이다.

10

종식에 관하여

역병에 끝이 있는가?

열다섯 살 때 나는 자판기 동전 투입구에 손가락이 끼어 들어가는 악몽을 수시로 꾸었다. 평소 부모님이 25센트 동전을 주고 세이프웨이 마트 밖에 있는 자판기에서 마트 브랜드 음료수를 뽑아 오는 심부름을 시키셨다. 꿈속의 나는 1달러 지폐를 넣고 음료수(샤스타 콜라였던 것 같다)를 꺼낸 다음, 25센트짜리 동전 세 개를 돌려받으려고 잔돈 반환기에 손가락을 넣었다가 바늘에 찔리고 만다.

한때 콜라 자판기나 공중전화의 잔돈 반환기에 HIV에 감염된 바늘이 숨어 있다는 소문이 돌았다. 이 소문은 온라인과 오프라인에서 1990년대 중반부터 후반까지 유행했다. 언론에서는 사실이 아니라고 반박했으나 되레 소문을 사실로 입증하는 격이었다. 실제로 그런 일이 일어나지 않았다면 왜 뉴스에 나오겠는가? 1999년 버지니아주 풀라스키에서 두 사람이 공중전화 동전 투입구에 손가락을 찔리는 사건이 있었다. 경찰은 짓궂은 장난으로 결론을 내렸다. 바늘은 한 번도 사용된 적 없는 새것이었고 누군가 거꾸로 소문을 사실로 만들려고 시도한 것이었다.

이런 식으로 HIV에 걸린 사람은 없었다.

열다섯 살이었던 나는 그것이 현실인 꿈을 꾸었다.

나는 에이즈에 걸릴까 봐 여자들과 키스하는 게 무서웠다. 키스로는 바이러스가 옮지 않는다는 건 나도 알았다. 하지만 공포는 논리에 귀를 기울이지 않았다. 특히 열다섯 살에는.

몸속에 있든 아니든 우리는 바이러스와 함께 산다. 우리는 우리를 감염하여 우리 몸속에 살 수 있는 바이러스와 다양한 방식으로 함께 산다. 그들은 오직 진입하려는 분자적 열망으로 세포의 문을 두드린 다음 바이러스와 세포라는 두 개체를 하나로 만들려는 청혼이다.

나는 서른다섯 살에 HIV 약물을 복용하기 시작했다. 나와 관계하던 남성이 도중에 콘돔을 벗어버린 뒤부터였다. 그는 프렙(PrEP, 노출 전 예방용법)을 복용 중이라 자신이 안전하다고 생각했을 것이다. 그러나 내 동의를 구하지 않았다. 내가 동의하지 않을 거라고 생각했기 때문이다. 하지만 나도 그를 막지 않았다. 어색한 상황이 될까 봐, 그리고 그를 좋아했기 때문에, 그리고 우리가 재미를 보고 있다고 생각했기 때문에. 하지만 몇 해 전이었다면 똑같은 상황에서 나는 멈추게 했을 것이다. 이제는 다음 날에 바로 위험 요소를 처리할 수 있다는 걸 아니까 그만두게 하지 않았다.

이튿날 나는 펩(PEP, 노출 후 예방요법)을 복용했다. 트루바다에 랄테그라비르(Raltegravir)를 추가한 것이다. 트루바다는 엠트리씨타빈과 테노포비르의 두 가지 약물로 구성되는데 바이러스의 복제 기계를 차단한다. 랄테그라비르는 바이러스가 제 유전자를 우리 DNA에 들러붙게 하는 바이러스 통합효소를 억제한다. 한 달 뒤부터 나는 트루바다로 프렙을 시작했다. 나는 맨 처음 HIV가 에이즈를 일으키는 바이러스로 밝혀진 1983년에 태어났다. 당시 서른다섯 살이었던 내 안에 있던 HIV. 결과가 양성으로 잘못 나왔던 스물두 살 때도, 열다섯 살 때도, 갓 태어났을 때도. 하지만 프렙을 시작한 서른다섯 살 이후로 지금까지 HIV에 대한 걱정은 사라졌다. 프렙 때문이기도 했고, 콘돔 없는 섹스, 게이 섹스, 쾌락, 수치를 둘러싼 문화의 변화 때문이기도 했다. 생의학이 프렙을 제공했고, 액티비즘이 프렙을 더 널리 보급했으며, 퀴어 커뮤니티가 걱정에서 벗어날 길을 제시했다. HIV는 여전히 여기에 있지만 퀴어성이 그것의 의미를 바꾸었다.

2020년 2월 말, 나는 낯선 사람들을 만나지 않게 되면서 프렙 복용을 그만두었다.

⌒

질병과 건강의 이분법은 우리가 인식하든 하지 못하든 언제나 다공성(porous)이다. 《은유로서의 질병》에서 수전 손택은 말한다. "이 세상에 태어난 모든 이들이 건강한 사람의 나라와 아픈 사람의 나라에서 이중의 시민권을 부여받는다."

나는 한때 손택을 비판 없이 믿었다. 하지만 이제는 저 두 왕국이 존재하지 않는다는 걸 안다. 양자 상태(quantum state)에 있는 하나의 왕국이 존재할 뿐이다. 사람들은 모두 아팠다 괜찮기를 반복하고, 몸과 면역계는 미생물, 바이러스, 박테리아가 넘쳐나는 세계에서 대화로 소통한다. 대부분 무해하거나 이로운 것들이고, 여기서 글을 쓰는 내 몸속에도, 거기서 책을 읽는 독자의 몸속에도 수많은 미생물이 있다.

건강하거나 아픈 것의 양자 상태를 너무 오랫동안 죽음과의 동의어였던 암을 예로 들어 살펴보자. 암은 암에 걸리고 아니고의 이분법적 상태가 아니다. 우리는 이 사실을 기꺼이 인정하지만 대개 선을 넘어 아픈 상태에 도달했을 때만 암을 기꺼이 인정할 것이다. 암에는 단계가 있다. 1기는 종양이 작고 대부분 쉽게 치료가 가능하다. 4기는 공격적이고 악성이며 '치명적'이다. 많은 경우 전립선암은 굳이 손을 대지 않아도 된다. 무증상 상태에서 우리가 다른 이유로 죽을 때까지 함께 산다.

암은 흑도 백도 아닌 회색이다. 더 나아가, 애초에 백지상태라는 것도 없다. 몸이 있는 한 암의 부재란 없으니까. 세포가 분열하는 매일매일 우리는 암세포를 만든다. 생명을 유지하기 위해, 예컨대 외부 세계를 바깥으로 밀어내는 새로운 피부를 만들려면 세포는 분열해야 한다. 세포가 분열할 때마다 돌연변이가 발생한다. 돌연변이는 암의 원료이다. 발암물질과 햇빛이 암을 일으키는 이유는 돌연변이를 만들어 DNA에 해를 끼치기 때문이다. 하지만 세포분열이 없으면 생명도 없다. 암의 위험을 무릅쓰고 매일매일 세포를 만드는 것이 곧 삶이다. 고로 암의 부재는 곧 죽음이다.

이렇듯 암세포는 삶의 정상적인 일부이다. 우리는 면역계를 감염성 질병, 즉 박테리아와 바이러스로부터 보호하는 시스템으로 흔히 상상한다. 그러나 못지않게 중요한 것은 면역계가 암으로부터도 몸을 지킨다는 점이다. 암은 몸속에서 돌연변이를 거쳐 다른 것으로 변해 위협을 가하는 세포다. 마흔 살이 다 된 내 안에는 확실히 암세포가 있다. 돌연변이가 되어 분열을 거듭하는 세포. 이런 세포를 찾아 없애 내가 하나의 온전한 유기체로서 살아남을 수 있게 하는 것이 면역계다. 내가 암에 걸리지 않았다고 해서 나에게 암세포가 없다는 뜻은 아니다. 암세포가 있었으나 나는 살아남은 것이다. 지금까지 말이다.

처음에 HIV가 게이의 암이라고 불린 것도 그래서다. 카포시 육종에 따른 피부 병변은 병의 악화를 보여주는 가장 눈에 띄는 징후다. HIV는 면역계 세포, 정확히 말하면 CD4+ T세포를 죽인다. 그러면 면역계가 암세포를 색출할 수 없어져서 수십 년간 애써 피해온 암들이 보다 치명적으로 변하고 눈에 띄게 되어 피부에 붉은 반점으로 나타나는 것이다.

우리는 모두 위험에 처해 있다. 모두가 아프면서 건강하다. 카포시 육종은 이미 나에게 왔으나 내 T세포에 걸려 감금된 것인지도 모른다.

바이러스 감염도 마찬가지다. HIV 양성인 사람도 혈액에서 바이러스가 검출되지 않고 HIV를 옮길 위험 없이 다른 이들과 같은 기대 수명을 누릴 수 있다. 헤르페스나 수두의 경우 한 번이라도 감염되면 바이러스는 항상 몸속에 잠복 상태로 존재한다. 그렇다면 우리는 감염된 상태인가? 그렇다. 그렇다면 우리가 아픈가? 증상이 있는가? 아니다. 우리는 그저 건강하고 아픈 상태이다. 이때 면역계가 사라진다면 바이러스들이 모두 포효하며 달려들 것이다.

면역계는 계속해서 바이러스와 암에 말을 건넨다. 단순포진, 대상포진처럼 바이러스는 항상 몸속에 존재하고 언제든지 재활성화될 수 있다. 하지만 보통은 제자리에 있다. 우리 안에 있는 것이 아니라 그냥 '우리'이다. 바이러스이자 나이고, 아프면서 건강하고, 암이자 나인 것이다. 항상.

건강하면서 아픈 상태와의 관계는 대개 한 사람의 몸보다 물질적 상황에 더 관계가 있다. 뉴욕에서 백인이고 부유하면서 HIV에 감염된 사람은 의료 시설이 열악한 남부 시골에 사는 HIV 확진자와는 아주 다른 경험을 한다. HIV는 물질적이다. 그러나 그런 것이 HIV만은 아니다. 또한 건강을 결정하는 것은 HIV가 아니다. 다른 많은 질병처럼, 아픈 사람이 누구이고 얼마나 보살핌을 받을 수 있는지가 대개 질병 자체보다 중요하다.

그러나 코로나-19와 인플루엔자 같은 급성 바이러스는 왔다가 떠나는 것들이다. 이런 경우라면 감염자와 비감염자가 더 명확히 구분된다.

하지만 바이러스에 감염되지 않은 사람들도 바이러스와 함께 산다. 마트에서 돌아와 알코올로 장 본 것들을 닦으며 나는 코로나-19와 함께 살았다. 6월에 발표된 데이터에서 비생체 접촉매개물에 의한 전파의 위험이 별로 높지 않으며 마트의 물건보다 오히려 공기가 더 위험하다고 했을 때 나는 집에 들어오는 모든 것을 알코올로 닦는 일을 그만두었다. 하지만 나는 여전히 코로나-19와 함께 살고 있다.

마스크를 쓰며, 집 안에서 격리 생활을 하며, 집 밖에 존재할 위험을—알고도 혹은 모른 채로—감수하고 집을 나서며, 나는 코로나-19와 함께 살고 있다. 백신 접종을 한 내 몸은 바이러스가 아니라, 질병에 보호막을 치기 위해 주입된 바이러스의 일부에 반응한다. 추가 접종을 할 때 나는 바이러스의 일부와 함께 살면서 그것의 기억이 오래 지속되길, 잃어버린 사랑에 대한 메아리가 오래 울리기를 바랐다.

HIV 음성과 HIV 양성에 물질적 차이가 없다는 말은 결코 아니다. 코로나 음성과 양성도 마찬가지다. 당연히 차이가 있다. 그리고 HIV든 코로나-19든 확진자가 되었다는 것은 바이러스 때문에, 또는 사람들의 인식 때문에 죽음의 위험에 처할 수 있다는 뜻이다. HIV는 물질적이며, 그것의 유전적 재료는 HIV 양성인 사람들 안에서 살아가고 있다.

코로나-19에 감염된다는 것은 바이러스와 '함께 사는' 것과는 다르다. 설사 같다고 한들 바이러스가 지역사회에 퍼지도록 두어야 한다는 뜻은 결코 아니다. 그래서는 안 된다. 코로나-19와 함께 산다는 것은 그 위험을 부인하는 것이 아니라 나 자신과 내가 아끼는 모든 사람에게, 아니 모든 인간에게 미치는 해를 최소화하려고 노력한다는 뜻이다.

✍

카포시 육종을 더 자세히 살펴보자. 카포시 육종은 암이다. 암은 원래 정상이었던 우리 자신의 세포에서 생겨난다. 줄기세포를 제외한 개별 세포들은 모두 일정한 회수를 분열한 뒤 죽는다. 죽지 않고 계속해서 분열하는 법을 배운 세포가 암이 된다. 그리고 그것이 너무 많이 증식해 우리의 나머지 온몸을 장악하고 죽인다.

내 팔에 핏빛 보라색의 카포시 육종 병변이 있다고 상상해보자. 손을 씻고 장갑을 낀 다음 내 피부 세포의 일부를 긁어낸다. 그것을 식염수와 포르말린, 소금과 방부제와 함께 관을 이용해 옮긴 다음 현미경 아래에서 건강한 피부 세포 옆에 올려놓고 비교해보자.

무엇이 보이는가? 다른 색깔, 이상한 모양, 지나친 생장 등 암세포의 대표적인 특징이 보일 것이다. 더 자세히 보라. 광학현미경으로는 부족하니 이번에는 전자현미경에 올려놓아 보자.

무엇이 보이는가? 맞다, 바이러스.

카포시 육종은 바이러스, 인간 감마헤르페스바이러스 8(HHV-8)에 의해 발생한다. 헤르페스바이러스과에 속하는 두 가닥짜리 DNA 바이러스이고 외피가 있다. 이 바이러스가 세포를 감염하면 세포 안에서 발현된 바이러스 유전자는 세포가 계속해서 생장하고 분열해 암이 되게 만든다. 단순히 세포를 장악해 그 안에서 복제하여 더 많은 바이러스를 생산하는 것이 아니고, 바이러스가 머무는 세포 자체가 '스스로를' 복제하게 만든다. 그때 덩달아 바이러스도 불어나는 것이다.

세계적으로 수백만 명이 HHV-8에 감염되었다. 이 바이러스는 아직 밝혀지지 않은 방식으로 전파되지만 아마도 성관계또는 혈액을 포함한 체액으로 옮기는 것으로 추정된다. 수백만 명이 이 바이러스에 감염된 상태지만 카포시 육종으로 악화되는 경우는 극히 드물어서 미국과 영국에서는 파악하기가 어려울 정도다.

많은 바이러스 염기서열이 이런 경로를 선택하거나 취한다. 이 바이러스는 우연히 만나서 감염한 세포에 자신을 전달한다. 이들 바이러스의 대부분은 감기조차 일으키지 않는다. 어떤 바이러스는 몸속에 갇혀 탈출하지 못한 채 우리가 이미 이겨낸 뭔가의 기억으로 남는다. 어떤 레트로바이러스는 수백만 년 전에 인간을 감염한 다음 세포에서 떠나는 방법을 잊어버렸다. 그런 바이러스를 내인성 레트로바이러스라고 한다. 인간의 몸에서 벗어나지 못하는 바이러스라는 뜻이다. 이 바이러스의 게놈, 즉 DNA는 여전히 우리 몸속에 자기 복제를 위한 분자적 기억으로 남아 있다. 우리는 레트로바이러스들을 몸 밖으로 꺼내지 못한다. 그들은 우리다. 그들은 우리가 이기고 살아남아서 우리가 된 바이러스다.

HERF- T와 HERV- W, HER4-like와 HFV, HML6와 HML9를 비롯한 내인성 레트로바이러스는 HIV와 같은 바이러스과이고 인간 DNA의 10퍼센트를 구성한다. 이 바이러스는 스스로 활성화할 수 있지만 감염된 사람의 몸을 떠나 다른 사람을 감염할 수는 없고 인간의 DNA와 '함께' 다음 세대로 대물림될 뿐이다. 이제 당신 몸속의 그것들이 느껴지는가? 아니면 그냥 아무렇지 않은가? 우리의 느낌과 상관없이 그들은 여기에 있고 그렇게 남아 있을 것이다. 언젠가는 HIV도 이렇게 되기를 꿈꾼다. 우리 안에서 아무 해도 끼치지 않고 머물게 되길.

처음에는 전혀 해를 끼치지 않는다. 오히려 반대인 경우도 있다. 내가 가장 좋아하는 사례는 단순 포진 바이러스1(HSV-1)이다. 사람들 대부분 이 바이러스를 갖고 있고 아마 우리가 기억도 하기 전부터 주욱 그래 왔을 것이다. HSV-1는 입술을 부르트게 만드는 원인인데 정말 싫다. 포진이 눈에 보이기 전에 따끔거리는 느낌도 싫고, 포진인 줄 알면서도 뽀루지이길 기도해야 하는 것도 싫다. 몸이 회복하려고 애쓰는 과정에서 세포

종식에 관하여

들을 죽이고 죽은 세포들을 벗겨내 속살이 드러날 때 진물을 뿜고 벗겨지고 뒤집어지는 느낌도 싫다. 하지만 이놈들도 평소에는 대체로 말썽을 일으키지 않고 얌전히 지내니 그것에 감사해야 한다.

한 10년 전에 인간이 얼마나 오래 이런 헤르페스바이러스와 함께 살아왔는지를 암시하는 연구 결과가 발표되었다. 바이러스나 박테리아가 전혀 없는 환경에서 실험용 생쥐를 키웠더니 면역계가 전혀 발달하지 못했다.

실제로 생쥐가 감염된 헤르페스바이러스는 식중독을 일으키는 위험한 박테리아로부터 생쥐를 보호한다. 또한 헤르페스바이러스는 면역계가 말라리아 또는 다른 바이러스 감염에 대응하는 것을 돕는다. 이 바이러스는 매우 흔한 데다 일단 감염이 되면 우리 몸에서 계속 남아 있기 때문에 결국 우리 면역계의 구성요소로 진화했다는 가설이 있다. 이 바이러스는 항상 우리 몸에 존재하면서 언젠가 활성화하려고 애를 쓰고, 한편 우리의 면역계도 항상 우리 몸에 존재하면서 그들을 잠재우려고 애를 쓴다. 평생 진행되는 이 대화는 면역계가 다른 병원체에 반응하게 준비시킨다. 바이러스는 너무나 오랫동안 우리와 함께 있었기에 그들이 없다면 우리 면역계는 아마 제대로 반응하지 못할 것이다.

바이러스는 한 종으로서 우리의 보이지 않은 일부로 존재해왔다. 우리 몸은 바이러스와 함께 진화했다. 암과 마찬가지로 몸에서 바이러스를 제거하는 유일한 방법은 저세상에서 바이러스와 만나는 것이다. 나는 아직 준비가 안 되었다. 그때까지는 같이 살아야 한다.

모든 바이러스가 전염병을 일으키는 것은 아니지만 지구 같은 바이러스 행성에서 역병은 수시로 일어난다.

윤리적인 측면에서 우리는 어떻게 전염병과 함께, 또 전염병을 초월해서 살 것인가? 힐튼 앨스(Hilton Als)는 수필집 《화이트 걸스(White Girls)》에서 뉴욕에 사는 게이 흑인 남성으로서 역병의 시기에서 생존한 것이 심리에 어떤 영향을 미쳤는지 썼다. 〈슬픈 열대(Tristes Tropiques)〉라는 제목의 에세이에서 앨스는 1980년대에 에이즈로 죽은 사람들을, 특히나 첫사랑이었던 사랑하는 K를 담은 검은 쓰레기봉투의 환영에 시달린 자신의 성인기를 묘사한다.

앨스는 "사실인즉 나는 오랫동안 나 자신으로 살지 않았다"라고 썼다. "에이즈에 걸려 움직일 수 없는 남성들이 사는 아파트에서 검은색 쓰레기봉투 더미를 보았다. 사랑했던 사람이 미완성된 고급 옷 조각처럼 검은 쓰레기봉투에 담겨 있는 버거운 물리적 기억 앞에서 새 출발은 터무니없는 소리다. 너무도 많은 시간과 노력이 이 옷 혹은 저 사람을 만들어내는 데

들어갔다. 하지만 그것은 미완성으로 끝났고 그 미완성이 다른 이들까지 오염시킬 수 있으니 후딱 비닐봉투에 싸서 묶고 밀봉해서 버린 다음 앞으로 나아가라 한다."

그는 진심으로 사랑했던 또 다른 남성에게 사랑한다는 말을 끝내 할 수 없었다. "그를 사랑했던 세월 동안 나는 그를 사랑한다고 말하지 않았다. 더 정확히는, 얼마나 사랑하는지를 말하지 않았다. 그랬다가는 그도 결국 쓰레기봉투에 들어가게 될지도 모르니까."

HIV 시대는 그에게 사랑과 애정의 대상을 만지지 않는다면 그들은 죽지 않을 거라고 가르쳤다. 이 뿌리 깊은 육체의 진실―더는 진실이 아니고, 더는 HIV가 죽음의 동의어가 아니라고 해도―을 어떻게 까맣게 잊을 수 있을까?

코로나-19가 우리 뒤에 남길 앙금은 무엇일까? 코로나 팬데믹을 겪으며 우리 할아버지 할머니는 우리가 찾아뵙지 않았다면 돌아가시지 않을 수도 있었다. 새로운 데이트 상대, 새로운 잠재적 연인은 영상통화로만 만날 때 더 안전했다.

"그러나 평범한 날들을 갈망하지 않는 이가 어디 있겠는가?"라고 앨스가 묻는다. 고개를 들어보라. 코로나를 전염시키는 위험한 것이 무엇인가? 우리가 공유하는 공기이다. 호흡은 밤하늘에 바치는 제물이다. 숨결, 그리고 하늘. 우리가 걱정해야 하는 것이 그것이다. 2020년 여름 지하철에서 나는 아주 아름답게 생긴 한 남성의 얼굴을 보고 미소를 지었다. 그러다 문득 그의 얼굴을 볼 수 있어서는 안 된다는 사실이 떠올랐다. 내 몸은 이내 바짝 긴장했고 나도 모르게 서서히 그에게서 멀어졌다. 이제 저 남자는 아름다운 얼굴이 아닌, 마스크로 가리지 않고 바이러스를 내뿜는 입이었다. 나는 열차 칸의 끝으로 갔다. 머릿속에서는 그 잘생긴 입에서 나온 공기가 6미터 거리까지 닿을지, 12미터 거리까지 닿을지를 계산했다. 모든 만남이, 격리팟 친구들과의 저녁 식사조차 죽음을 불러올지 몰랐다. 그럼에도 그것은 가치 있는 시간이었다. 사람과의 친밀한 접촉 없는 1년을 나는 살아낼 수 없을 것 같았기 때문이다. 그랬다. 주삿바늘이 내 팔을 뚫고 들어갔고, 그 후로 몇 주 사이에 내 몸은 눈앞의 모든 입에서 거리를 두려 하던 반사작용을 잃었다. 나는 느끼게 될 터였고, 어느 날 느꼈다. 바에서 술에 취해 내 입술에 닿는 입술의 쾌락을. 백신 덕분에 나는 괜찮았다.

백신이 무슨 일을 할 수 있는지 보라. 2021년 5월. 15개월 만에 처음으로 나는 바 앞에서 줄을 서서 기다렸다. 속이 비치는 긴 셔츠와 블랙진을 입고 안에는 검은 가죽 국부 보호대를 찼다. 바지를 벗지는 않을 것이다. 단지 바지를 느슨히 끌러 보호대의 윗부분과 엉덩이가 슬쩍 보이게만 할 것이다. 정말 오랜만이다. 우리는 차츰 앞으로 이동한다. 줄이 빨리 줄지는 않지만 줄이 길지 않아서 괜찮다. 내 차례가 되었을 때 나는 정문에 서 있는 첫 번째 남성에게 신분증을, 두 번째 남성에게 휴대전화를 보여주었다.

뉴욕주 백신 관리 앱인 엑셀시어 패스(Excelsior pass)는 내 허파와 입 그리고 나머지 내 몸이 바에 들어가도 될 만큼 안전하다고 증명한다. 넉 달 전에 나는 이미 특별계급 뉴요커로 승급했다. 백신 접종 완료.

나는 맨 처음 뉴욕의 게이 레더 바 "이글(Eagle)"에 발을 들였을 때보다도 비위가 약해진 기분이다. 그곳은 어두운 모퉁이에서 벌어지는 오럴섹스와 소변기 위에 "소변 통 위에 눕지 마시오"라는 표지판이 무색한 것으로 잘 알려진 곳이다. 나는 이 새롭고 낯선 장소의 섹스와 섹슈얼리티에 겁이 났다. 하지만 2021년의 나는 코로나-19로부터 안전하므로 불안해하지 않는다. 두 번의 백신 접종이 나를 얼마나 잘 지켜줄지 안다. 뉴욕에서 확진자 수는 계속해서 감소하고 있다. 지금 여기 이 순간은 그 어느 곳보다 "안전"하고, 여기 내 동성애자 동지들 틈에 존재하며 얻을 즐거움을 위해서라면 내가 느끼는 어떤 위험도 감수할 만하다. 하지만 이 도시, 국가, 세계의 모두가 나와 같은 안전을 얻지 못하는 상황에서 밖에 나가 즐긴다는 것이 옳지 못하다는 생각이 든다. 한편으로는 이 긴 시간과 슬픔 끝에 친구의 친구에게 가볍게 키스하는 작은 즐거움 정도는 허락해도 될 것 같다. 다시 만나서 반가워. 어떻게 지냈어? 알다시피 그냥저냥. 팬데믹 동안에 값싼 즐거움이란 없다. 안드레이가 내 어깨에 팔을 두르고 데번이 내 손을 잡는다. 나의 작은 가족.

몸은 기억한다. 머리가 기억하기를 원하든 원치 않든. "이

글바"의 옥상에서 고개를 들어 올려다보면 별 없는 검은 하늘을 건물들이 에워싸고 있다. 뉴욕시의 수많은 건물들과 마찬가지로 그중 하나에 급수탑이 솟아 있는데 문득 숙주인 박테리아 세포에 달라붙은 박테리오파지처럼 보였다. 만약 우리가 그것을 기억한다면 몸과 마음과 서로에게 관대해질 것이다. 불과 몇 개월 후 뉴욕에서 델타 변이가 급증하면서 북적대던 술집에 코로나-19의 공포가 되살아났고, 두려움과 위험이 쾌락보다 급박해졌다.

설사 왔다가 가는 바이러스라고 해도 쉽게 우리를 떠나지는 않을 것이다. 나는 호모들로 절반쯤 들어찬 술집에서 마스크를 내리고 맥주를 한 모금 길게 마신 뒤 아주 오랜만에 한 남자에게 미소를 짓고는 위험한 공기 중에 노출된 내 입을 다시 마스크로 가렸을 때 그의 팔이 나를 감싸던 기분을 언제까지나 기억할 것이다.

ㅡㅡ

SARS-CoV-2와 HIV는 아마도 지구상에서 내 미천한 목숨보다 더 오래 살아남을 것이다. 인류 역사에서 인간을 감염한 바이러스 중에 지구상에서 완전히 모습을 감춘 것은 천연두 바이러스 하나밖에 없다. 인간을 감염했던 다른 모든 바이러스는, 소아마비나 풍진처럼 현재 감염 사례가 드물고 잘 격리되어 통제된 것들조차, 여전히 인간을 감염한다. 또한 홍역처럼 거의 박멸에 성공했다가도 안주하는 틈을 타 다시 기승을 부리는 경우도 있다. 바이러스 확산을 계속해서 적극적으로 막지 않으면 이 땅의 그 어디, 어떤 인간, 어떤 동물의 몸에도 존재하지 않는 그 순간까지 바이러스는 계속해서 다시 나타날 것이다.

천연두를 지구상에서 근절하기 위해서는 성능이 뛰어난 백신이 필요했지만 백신 자체는 그 첫 단계에 불과했다. 이미 18세기부터 다양한 형태의 천연두 백신이(우두 바이러스를 비롯해 감염력은 낮지만 천연두와 근연관계에 있는 바이러스) 사용되고 있었다. 현대 백신의 전신인 천연두 인두 접종 기술은 코튼 매더(Cotton Mather)라는 사람의 노예였던 오네시무스에 의해 아메리카 대륙에 전파되었다. 오네시무스는 매더에게 감염 부위의 고름을 피부에 문지르면 감염을 막을 수 있다고 말했고, 이후 매더가 보스턴에서 천연두가 발병했을 때 그 방법을 사용해 사람들의 목숨을 구했다.

천연두는 피부 병변을 일으키며 특히 아이들에게는 치명적일 수 있는 바이러스 감염병이다. 또한 피부에 평생 가는 흉터를 남기기도 한다.

천연두 박멸 프로젝트는 1950년대에 세계적으로 시작됐다. 천연두 백신은 감염성이 낮은 천연두 바이러스를 사용하는 약독화 생백신(live attenuated vaccine)이다. 백신이 사용되기 전에는 어떤 방법으로도 실험실에서 이 바이러스를 죽일 수가 없었다. 생백신은 독성이 약화된 바이러스가 몸속에서 소량 복제되면서 더 활발한 면역 반응을 일으키기 때문에 사백신(killed virus vaccine)보다 효과가 좋은 편이다. 바이러스에 대한 항체가 풍부할수록 몸을 더 잘 보호하는 법이니까.

천연두 근절은 백신을 대량으로 생산할 수 있고 냉장 공급망이 발달해 환자에게 쉽게 배급할 수 있는 미국과 유럽에서부터 이뤄졌다. 세계의 다른 지역에서는 천연두 박멸이 지연되었다. 하지만 감염병의 박멸은 어느 한 곳에서라도 늦춰진다면 모든 노력이 허사로 돌아간다. 일부 국가는 식민지 시대의 유산과 당시 진행 중이던 신자유주의 정책에 의해 의료 인프라가 열악한 상황이었고 병원 진료나 예방접종이 보편적이지 않았다.

세계보건기구는 마법의 약을 들고 찾아온 서양인에 대한 불신이 만연한 국가에서 지역 단체와 협업했다. 또한 과학자들은 전기나 냉장 시설이 없는 지역까지 백신이 효능을 잃지 않고 도착할 수 있게 천연두 생백신의 동결 건조 방식을 개발했다. 의료 인프라가 발달한 나라뿐 아니라 지구상의 모든 국가에서 천연두를 박멸하기 위한 노력은 1960년대 후반에 본격적으로 시작되었다.

천연두는 지금까지도 지구상에서 완전히 모습을 감춘 유일한 인간 감염병이다. 이 흔한 감염성 질병을 완전히 제거하는 유일한 도구가 백신이었다.

1980년에 세계보건기구는 공식적으로 천연두 근절을 선언했다. 오늘날 천연두 바이러스는 실험실에만 남아 있고, 천연두는 바이오테러의 위험이 높은 질병으로 취급되고 있다. 사람들은 더 이상 천연두 바이러스 예방접종을 하지 않는다. 나는 천연두 백신을 맞아본 적 없다. 이제는 백신과 관련된 위험—어떤 백신도 위험이 전혀 없을 수는 없다—이 존재하지 않는 바이러스에 걸릴 위험보다 크다.

"미국인들은 죽음을 소유하지 않는 한 죽음에 대처하지 못한다." 예술가이자 작가인 데이비드 워나로위츠가 HIV로 죽어가는 친구를 지켜보면서 쓴 말이다. "그들은 죽음을 소유하게 되면 죽음을 기념할 것이다. 의무적인 신분증 검사 후 공군 기지의 원자폭탄 박물관 안에 모여든 사진기를 든 관광객 무리처럼."

지구상에 존재하는 바이러스 대부분은 전쟁과는 아무 관련이 없다. 바이러스는 오로지 자신을 복제한다는 한 가지 목표밖에 없는 작은 유전자 기계다. 반면 인간은 더 복잡한 욕망의 시스템을 갖춘 더 큰 유전자 기계이며, 때로는 자신과 함께 살고 있는 바이러스들과 불화한다. 우리 대부분은 대부분의 경우에 살아남기를 원하고, 바이러스는 자신이 살아남아야 할 때를 제외하면 인간의 생존을 좀처럼 방해하지 않는다.

∽

우리가 늘 역병의 시대에 사는 것은 아니지만 지구상에는 무한에 가까울 정도로 많은 바이러스가 존재한다. 우리는 언제나 대체로 바이러스로 가득한 행성에 살고 있다.

산업혁명을 기점으로 시작된 인간의 가능성을 뜻하는 현대성은 과거에 불가능했던 기술을 안겨주었다. 또한 현대성은 적어도 의료와 질병의 측면에서는 더 안전하고 덜 위험한 세상을 만들었다. 미셸 푸코가 설명한 것처럼 인간은 생의학과 다른 형태의 통제를 통해 건강을 세세히 관리한다. 1년에 한 번씩 건강검진을 하고 전립선 검사를 하고 헬스장에 간다.

그러나 이런 외견상의 안전은 허울일 뿐이다. 인간의 몸을 하고 안전하게 살 방법은 없다. 우리는 모두 언젠가 질병에 쓰러져 죽음을 맞이할 운명이다.

현대성이 불러온 편리함(아이폰! GPS! 전기자동차! 실내 화장실!)은 누군가가 희생한 결과물이다. 아이폰 배터리는 어디에서 왔는가? 나는 1년에 2만 달러나 하는 HIV 약물을 복용할 수 있지만 세계의 많은 사람이 그러지 못한다는 것을 알고 있다.

우리가 내리는 어떤 결정도 윤리적이지 못한 것 같다. 독일 사회학자 테오도르 아도르노(Theodor W. Adorno)가 썼듯이 "잘못된 삶을 올바르게 살 수는 없다." 그는 "그렇게 많은 이들을 구조적, 체계적으로 배제한 세상에서 어떻게 좋은 삶을 살 수 있는지"를 묻는다. 아도르노는 코로나-19 위기 이전의 세계에서 글을 썼지만 이것은 인류에게 닥친 첫 번째 팬데믹도, 첫 번째 위기도, 첫 번째 역병도, 첫 번째 충격도 아니다.

코로나-19가 많은 이들에게 진지한 평가의 기회가 됐을지 모르겠지만, 다른 이들에게 후기 자본주의와 신자유주의의 균열들은 이미 존재하고 있었고 지금도 그러하다. 미국에 거주하고 백인 중상류층(또는 부자)이고 대학을 나왔고 집을 살 정도로 좋은 직장을 가진 사람들은 "윤리적으로" 소비할 수 있다. 우리는 누가 이런 특별한 윤리에 접근할 수 있고 없는지를 고려해서는 안 된다.

잔인한 후기 자본주의 세계에서는 개인의 어떤 결정도, 또 어떤 인생도 마냥 윤리적일 수는 없다. 잔인성은 이미 시스템 자체에 깊이 내재되어 있고 대부분 눈에 보이지 않기 때문에 피할 수가 없다. 지역 협동조합이나 농장에서 식재료를 구입하고, 현지에서 생산된 면화를 사용하고, 공정 무역 커피를 마시고, 하이브리드 자동차를 몰고 자전거를 타고 출근한다고 해도 마찬가지다. 지역 농산물로는 지구상 모든 인구의 필요를 채우지 못한다. 공정 무역 커피 생산지의 노동자들은 근처 농장의 노동자와 똑같은 커피를 만든다. 하이브리드 자동차의 엔진과 배터리도 환경 파괴적인 채굴에서 원료를 구한다. 나는 자전거로 출근한다.

우리들이 사용하는 아이폰은 어른이건 애들이건 할 것 없이 손으로 파서 캐낸 코발트를 사용해야 한다. 〈LA 타임스〉의 어느 기사 첫 단락은 다음과 같다. "당신이 화장실에서 줄을 서서 기다리며 이 글을 읽을 수 있는 장치를 제공하기 위해 광부는 목숨을 건다."

자유주의적 진보주의는 대개 성과와 죄의식, 자신이 옳다는 믿음을 바탕으로 한다고들 한다. 그것은 기후 변화, 환경 파괴, 근로 환경, 소득 불평등, 전염병 대비 등 문제를 인식하지만 그들의 해결책은 자본주의적인 현재 상태를 변화시키기를 거부하기 때문에 결코 제대로 된 해결책이라고 볼 수 없다.

그 해결책이라는 것이 결국 일종의 연극이고, 유료 관객은 브로드웨이 관객과 다를 바가 없다. 뮤지컬 〈해밀턴〉을 보는데 800달러? 유기농 면티 한 장에 75달러? 유기농 농장에서 매주 배송받는 농산물의 가격은 얼마인가? 그래 봐야 이번에 도착한 것은 대파가 전부다. '이번' 주에는 무슨 요리를 할 건가?

아도르노는 틀리지 않았지만 옳지도 않았다. "잘못된 삶을 옳게 살 수는 없다"에서 힙스터들의 수동성으로, 비관주의로, 허무주의로 넘어가기는 아주 쉽다. 어차피 잔인성을 피하면서 살 수 없다면 나라도 잘먹고 잘살아보겠다. 당장 과학과 글쓰기와 액티비즘을 때려치우고 벤처기업에서 일하면서 BMW(아니, 마세라티)를 한 대 뽑고 어퍼 이스트 사이드에 수영장 딸린 집을 살 테다.

노력하는 것이 얼마나 의미가 있을까? 정말 노력을 하고는 있나? 후기 자본주의도 모자라 팬데믹까지 겹친 이 시대의 바이러스 행성에 살면서 사랑의 윤리란 무엇일까? 퀴어들은 그것의 본보기, 역병의 시대에 잘못된 세상에서 올바르게 살기 위한 본보기를 보여준다. 나는 그것이 가능하다고 믿고 싶다. 믿음이 그것을 가능하게 해줄지도 모르기 때문이다.

코로나-19에 대한 트럼프 행정부의 대응은 최대한 빨리 상황을 "정상"으로 되돌려놓는 것이었다. 정상이 무엇이고 누가 정상을 유지하고 있느냐고 물어서는 안 되었다. 그리고 이제 정상은 코로나-19와 함께 사는 삶을 포함한다. HIV와 코로나-19 팬데믹은 새로운 일상적 단계로 이행할 수도 있지만, 이 바이러스들과 우리의 경험은 여기에 남아 있을 것이다. 이제는 되돌아갈 수 없다.

HIV는 많은 것을 가르쳐주었지만 우리는 듣지 않았다. 우리는 HIV와 40년을 함께 살아왔다. HIV가 식별되고 1년 후인 1984년에 보건복지부 장관 마거릿 헤클러(Margaret Heckler)는 앞으로 2년 안에 HIV 백신이 테스트 준비를 마칠 것이라고 약속했다. 하워드 마켈(Howard Markel)은 헤클러의 1984년 예측에 대해 이렇게 썼다. "강당에 앉아 있던 과학자들의 얼굴에서 핏기가 사라졌다." 당연한 반응이다. 장티푸스의 원인이 미생물임이 밝혀진 후로 백신을 개발하기까지 105년이 걸렸다. 해모필루스 인플루엔자 백신은 92년, 백일해 백신은 89년, 소아마비 백신은 47년, 홍역 백신은 42년, 그리고 B형 간염 백신은 16년이 걸려서 개발되었다.

1990년에 HIV로 10만 명의 미국인이 사망했다. 지금도 HIV 백신은 없다. 하지만 2021년에 희망이 보였다. mRNA 백신이 HIV에 대한 강력한 항체 반응을 증가시키는 것으로 나타났다. 지금까지 출시된 최초이자 유일한 mRNA 백신은? 화이자와 모더나에서 개발한 코로나바이러스 백신이다. 나는 또 다른 백신을, 아직은 불가능한 백신을 상상해본다. 내가 살아생전에 HIV 예방 약물을 복용하지 않아도 되게 해줄 백신.

2017년에 내 인생에서 처음으로 (혈액에 HIV 약물이 들어 있는 상태에서) 나는 콘돔을 사용하지 않고 내 남자가 아닌 남성과 잠자리를 가졌지만 괜찮았다. 그는 먼저 자기 손가락을 내 안에 넣었고 나는 거기에 맞춰 내 몸을 들이밀었다. 어느 여름 오후, 아주 좁은 아파트의 좁은 침대에서였다. 그의 긴 팔다리가 바닥에 늘어졌다. 나는 그가 내 몸과, 갑자기 가장 중요해진 신체 부위, 항문에 닿을 수 있게 몸을 움직였다. 나는 그의 이름도 몰랐다. 걱정이 되지 않은 것은 아니었지만 위험에 대한 걱정은 아니었다. 그는 내 몸으로 밀고 들어왔고, 바이러스에 대한 나의 지식을 포함해 내 모든 생각을 내 몸 밖으로 밀어냈다. 나는 숨을 들이마시고 내쉬었으며, 기분이 좋았다. 우리는 서로를 탐닉하기 시작했고 더 큰 쾌락을 느꼈다. 위험할 것은 없었다. 어느 늘어지는 일요일 오후, 그 남자가 내 안에 들어왔고 나는 기분이 나쁘지 않았다. 아니, 너무 좋았다. 최고였다. 그 후로 2년 동안 걱정은 내 머릿속에서 완전히 사라졌다. 몸속에 HIV 약물이 '있었기에' 살면서 처음으로 HIV '없이' 섹스를 했다.

HIV와 함께 산 지 수십 년 만에 처음으로 바이러스가 내

의식에서 물러나기 시작한 것이다. 그 수십 년 동안 수많은 활동가와 과학자가 죽거나 살아남았다. 어떤 약물은 발견되었고 어떤 약물은 제조되었다. 어떤 백신은 성공했고 어떤 백신은 실패했다. 치료법이 개발되었지만 처음에는 너무 비쌌고, 그러다가 덜 비싸졌고 마침내 미국과 유럽에서, 처음으로 남아프리카에서도 마침내 구할 수 있게 되었다. 하지만 여전히 이용하지 못하는 사람이 많다.

데이비드 워나로위츠는 몸속에 HIV를 지닌 채로 "죽음은 조금씩 찾아온다"고 썼다. "내 분노는 필멸을 거부하는 이 문화에게로 향한다." 우리는 사람들이 오래 살다가 보이지 않는 곳에서 조용히 죽기를 바란다. "내가 진짜로 분노한 것은 **바이러스에 감염되었다는 사실을 알게 된 지 얼마 되지 않아 이 병든 사회에도 감염되었다는 사실을 깨달은 것이다."**

우리는 병든 사회에 살고 있다. 꽤 오랫동안, 영원히. 돌아보면 우리 역사는 토착민 말살과 흑인 노예제도, 남북전쟁과 재건 실패, 트라이앵글 셔츠웨이스트 공장 화재*와 짐 크로 법, 스톤월 항쟁과 뉴 짐 크로 법, DADT**, 제국주의, 침략, 부시의

---

* 1911년 뉴욕의 한 의류 공장에서 일어난 대형 화재 사건. 피해자 대다수가 여성 이민 노동자였다.

** '묻지도 말하지도 말라.' 성소수자의 군 복무 금지를 폐기한 정책. 하지만 군대에서 동성애자임을 숨겨야 한다는 압박으로 작용해 2011년에 폐지되었다.

"**임무 완수**", 농촌 빈곤, 도시 빈곤, 낮은 최저 임금, 건강보험 부재, 실업, 복지 여왕, 2003년에 내 고향인 워싱턴주 시골 마을에서 KKK가 십자가를 불태웠다는 말을 했던가, 맞다 2003년에, 그 진보적인 미국 북서부에서, 내가 대학에 입학해 마을을 떠난 직후에 한 흑인 가족이 촌스럽게 번지르르한 골프장 근처의 부촌에 이사를 왔는데 그들을 환영하지 않는다는 걸 보여주려고 고등학생 몇 명이 그 집 잔디밭에서 십자가를 태웠다. 이것이 병든 사회의 모습이다.

건강한 모습도 얘기해볼까? 저항의 역사도 있다. 우리가 기록한 것들과 더불어 작은 항거의 행위들이 있었다. 제 땅을 지키기 위한 토착민 전쟁, 재건 시대, 투표권, 블랙 파워(흑권력 운동), 옐로 페릴*, 스톤월 항쟁, 경제 정의를 위한 퀴어 연대, 맬컴 엑스, 마틴 루터 킹 주니어, 프란츠 파농, 아사타 샤커, 앤절라 데이비스, 토니 케이드 밤바라, 힐튼 앨스, 데이비드 워나로위츠, 수전 손택, 폴 모네트처럼 "자기 자신을" 글로 쓴 사람들까지. 낯선 이와, 원한다면 남성과도, 콘돔을 끼지 않고도 두려움 없이 즐길 수 있는 것이 건강한 것이다. 자본주의가 규정한 가족의 틀 밖에서 친족관계가 아닌 이들로 구성된 가족이 서로 보살피고 즐거움을 나누는 것을 비롯해 퀴어성이 선사하는 모

---

* Yellow Peril. 황색 위험. 아시아에 대한 서구의 두려움을 드러내는 표현이었으나, 오늘날 아시아계 미국인의 생명에 대한 자결권을 주장하는 운동.

종식에 관하여

델이 건강한 것이다.

사회도 우리 몸과 마찬가지로 건강하면서 아픈 양자 상태에 있다. 성공하지 못할 수도 있지만 나는 완전 구제불능의 내 몸이 아니라 우리와 이 세계, 그리고 우리가 떠날 때 남겨질 사람들을 위해서 사회를 건강하게 만드는 일에 전념하고 싶다.

연약한 몸들로 이루어진 사회에서 건강하게 지내기 위해 어떻게 노력할 수 있을까? 아도르노가 옳았던 걸까? 윤리적으로 산다는 것은 가망 없는 일일까? 나는 미래를 위해 개인의 윤리, 우리의 삶, 우리가 사는 방식을 다시 돌아보고 싶다. 그러나 먼저 집단적 의미의 정치부터. 어쨌거나 나는 일개 과학자이자 연구자이자 옹호자에 불과하다. 나는 코로나-19에 대한 과학적 대응에 수개월을 쏟아부었지만 과학은 재정적으로나 정치적 의지로나 막대한 정치적 투자 없이는 완수될 수 없다.

HIV 위기에 있었던 과학 옹호(science adovocacy)가 길을 제시한다. 바이러스 자체에 대한 기초 연구가 필요하다. 모든 유효 약제 표적에 대해 공격적으로 약물 개발을 해야 한다. 사람들이 백신을 신뢰할 수 있게 하는 방법을 찾아야 한다. 지역사회가 이끄는 예방접종과 보건 프로그램에 투자해야 한다. 지구상의 수십억 인구가 백신을 무료로 맞을 수 있게 해야 한다. 모든 사람이 숨 쉴 권리가 있으니까. 보건 정책의 일환으로 주택, 일자리, 소득 수준을 고찰해야 한다. 집 주소가 없는 사람은 백신을 접종하기가 어렵다. 다행히도 이제 우리에게는 코로나 백신이 있다. 지구상의 모든 이들이 백신을 구하는 데 얼마나 걸릴 것이며 그사이 얼마나 많은 목숨을 잃을 것인가?

보편적 의료 서비스와 기본 소득이 도움이 될 것이다. 사회의 취약계층을 보호하고 그들이 스스로를 지킬 수 있는 사회 안전망이 필요하다. 사람들이 돈이 너무 급해서 감염 상태로도 일을 하러 나간다면, 코로나-19 그리고 차후에 찾아올 바이러스성 감염병은, 모든 이를 돌보지 않았다는 바로 그 이유로, 크게 확산될 것이다. 우리는 세계가 하나의 공동체라는 사실을 너무 자주 잊는다.

바이러스는 국경을 무시한다. 바이러스는 그 경계가 오직 인간의 상상 속에서만 존재하는 선이라는 걸 안다. 국경은 치명적이고 폭력적인 식민지 세계의 흔적이며 의미가 없고 임의적이다. 백신은 국경에 차단된다. 국가는 백신을 차지하려고 경쟁하고, 시장은 백신을 돈으로 거래하고, 사람들은 백신을 기다리고, 사람들은 코로나-19로 죽어 나간다. SARS-CoV-2가 소수의 빈곤국을 제외한 모든 곳에서 멈추었다고 하더라도 곧 다시 돌아올 것이다. 우리는 바이러스의 전파로 모두 연결되어 있기에, 이제는 모든 인간의 몸을 살피는 것이 미국에도 경제적으로 이롭다.

백신은 목숨을 살리고 목숨은 소중한 것이기에 전 세계가 백신을 접종하는 것은 도덕적으로 긴요한 일이 되었다. 모든 인간의 몸을 돌보는 것은 언제나 중대한 도덕적 관심사였으므로 그것을 되새기기 위해 바이러스를 동원해서는 안 된다.

　　　　　　　　　　　　　　　　*

　　마지막으로 역병이 끝난 게 언제였던가? 1996년에 앤드루 설리번(Andrew Sulivan)은 "역병은 언제 끝나는가"라는 장문의 에세이에서 백인 게이로 1980년대와 1990년대를 살아온 경험을 적었다. 글의 서두에서 그는 세상을 떠나는 친구의 병상에서 손을 붙잡고 보살피던 순간에 대해 썼다.

　　그러나 다약제 요법(multiple-drug therapy)을 통해 HIV의 치료가 성공하면서 설리번에게 에이즈는 종식되었다. 역병의 끝을 본 것이다. 마침내 삶은 다시 '정상'으로 돌아왔다. 에이즈의 기억은 그가 흑인 파티에서 (그의 짐작으로는) HIV 치료를 거부한 한 남성에게서 본 카포시 육종 병변과 같은 것이었다. 파티의 다른 손님이 그에게 셔츠를 입어 상처를 가리라고 요구했다. 카포시 육종 병변은 파티에서 환영받지 못하는 나쁜 기억이었다.

　　설리번에게 HIV 역병의 세월은 "앞으로 나아가기" 위해 숨겨져야 마땅했다. 공정하게 말하면 설리번은 글을 시작하면서 "세계의 HIV 확진자 다수와 미국의 소수자 상당수는 비싸고 효과적인 이 새로운 약물 치료를 받을 수 없다. 따라서 특히 흑인과 라틴아메리카계를 비롯한 많은 미국인들은 여전히 죽어갈 것이다."

그러나 같은 단락에서 설리번은 "HIV는 더 이상 죽음의 상징이 아니다. 단지 질병을 나타낼 뿐이다"라고 썼다. 하지만 병이 죽음에 가까워진다는 암시가 아니라면 아프다는 것의 의미는 무엇인가? 그리고 누구에게 더 이상 죽음의 상징이 아니란 말인가? 설리번은 뒤이어 그 질문에 답한다. 뉴욕과 샌프란시스코의 중상류층 백인 게이 남성들.

이 글에서 가장 거슬리는 것은 HIV 위기로 마침내 미국 이성애자들이 게이 남성을 존중할 가치가 있는 사람으로 보게 되었다는 설리번의 주장이다. 이제 우리 모두가 동등해질 수 있기를 그는 바란다. "역병과 전쟁은 늘 사람들에게 이런 역할을 해왔다." 어디 계속해보라⋯⋯.

"역병과 전쟁은 사람들로 하여금 그들이 누구이고 무엇을 원하는지에 관한 더 근본적인 질문을 하게 한다. 제1차 세계대전이 끝난 후 여성 평등의 시대가 도래했고, 제2차 세계대전이 끝나면서 복지국가가 시작되었다. 홀로코스트의 끝에 이스라엘 국가가 탄생했다."

여성의 참정권은 백인 여성을 위한 것이었고, 제2차 세계대전 이후 복지국가는 백인을 위한 것이었으며(남부에서는 짐

종식에 관하여

크로 법에 의해, 북부에서는 연방법에 의해 시행되었다), 이스라엘은 팔레스타인의 집단학살 이주와 지속적인 식민지 점령으로 탄생한 국가다. 어쨌든 계속해보라…….

"에이즈 시대와 이후의 동성애 정치 뒤에 맴도는 것은 실제로 무엇을 참사에서 '쟁취'했는가의 문제다. 30만 명 이상의 미국인이 정확히 무엇을 위해 죽었는가? 근본적인 평등을 위해서가 아니면 무엇이란 말인가?"

이것이 자본주의적이고 소비주의적인 사고의 한계이다. 설리번에 따르면, HIV의 고통과 상실은 게이 커뮤니티에게 "평등"을 "구매"할 수 있는 '자본'을 주었다.

제임스 볼드윈은 1984년에 출판된 인터뷰에서 이러한 사고방식을 완벽하게 설명한다. "백인 게이들은 원칙적으로 자신이 안전해야 하는 사회에 태어났기 때문에 속았다고 느끼는 것 같다. 그들의 성적 취향의 변칙성이 예기치 않게 그들을 위험에 빠뜨린다." HIV는 "발견된" 지 비교적 얼마 안 됐지만, 1980년대 전부터 이미 게이들은 여러 방식으로 죽음을 맞이해왔다. 볼드윈은 계속해서, "그들의 반응은 백인 사회에서 백인들에게 주어지는 이득을 빼앗겼다는 감각에 정비례하는 것 같다"고 말했다.

앤디, 바이러스는 우연이고, 바이러스 자신을 위한 유전자 레시피랍니다. HIV로 그렇게 많은 게이들이 죽은 것은 그 자체로 끔찍한 참사였지만 도덕적인 참사는 아니었고, 게이 남성이 사는 방식에서 비롯한 참사도 아니었다. 참사에 의미를 부여하는 것은 당연히 피해를 개념화하는 데 큰 도움이 된다. 그러나 거기에는 치러야 할 대가가 있다. 그럴 경우, 그 참사, 그 역병은 끔찍한 사고에 불과한 것이 되고, 뉴욕과 샌프란시스코의 게이 남성들은 전 세계에서 고통받은 많은 집단의 하나에 불과한 것이 된다.

그러나 설리번은 에이즈 트라우마로 게이들은 "평등"을 살 수 있었다고 주장한다. 그렇다면 앤디, 당신에게 평등은 무엇을 의미하나요? 게이 남성인 앤드루 설리번에게 자유는 무엇을 의미합니까?

"에이즈 전에 게이들의 삶은 옳든 그르든 자유에 대한 책임이 아니라 책임으로부터의 자유로 규정되었다. 게이 해방은 흔히 전통적 규범의 구속으로부터의 해방으로 이해되었다. 그것은 동성애자들이 이류 시민이 되는 대가로 책임의 부재를 허용하는 특별 면책에 가까웠다. 이것은 에이즈 이전 시대 벽장에서 성사된 파우스트식 거래였다. 이성애자가 동성애자에게 일정 수준의 자유를 주고, 동성애자는 그들의 자존감을 버렸다."

에이즈 이전 시대의 벽장에는 성소수자에 대한 수많은 물리적 폭력이 존재했고, 나는 그것이 자유라고 생각하지 않는다. 두세 명의 자녀, 개, 롱아일랜드의 목재 울타리와 같은 자본주의적 핵가족 프로젝트를 취하지 않는 것은 우리에게 자유와 자존감을 동시에 줄 수 있다. 나는 내 파트너와 번갈아가면서 위에서 섹스할 때 자유와 자존감을 '동시에' 느낀다.

설리번은 에이즈의 종식이 "생존자의 책임"으로 이루어졌다고 묘사한다. "상상할 수 있는 가장 끔찍한 예측에 맞서서 싸우고 살아남은 것에서 온 세계관이다. 동성애자 그리고 이성애자의 실존의 가장 어두운 가능성을 포괄하고 이제는 그 반대의 가능성을 상상하는 세계관이다. 즉 그러한 구분을 제쳐두고 서로에게 각자의 인간성을 알려줄 수 있는 가능성을 상상하는 것이다."

하지만, 앤디, 이성애자의 인간성이 문제가 된 적은 별로 없지 않나요? 그리고 앤디, 어쩌면 나는 동성애자로 자신을 규정하기로 결심한 '바로 그 순간에' 제 인간성을 찾았는지도 몰라요. 그건 '정확히' 내가 스스로를 이성애자 남성의 반대편에 놓았기 때문이고요. 내가 너무 여자 같고 너무 책을 좋아하고 너무 금방 울고 바느질과 제빵과 요리를 좋아한다는 이유로 나를 비웃고 그토록 오래 괴롭힌 이성애자 남성의 반대편.

난 이성애자가 되고 싶지 않다. 나는 내가 HIV 음성이든 아니든 개의치 않는다. 그저 아직 죽고 싶지 않을 뿐이다. HIV 팬데믹은 아직 끝나지 않았다. 확실히 1996년에는 끝나지 않았다. 그건 아마 이성애자 백인 남성의 세계와 그들의 권력에 편입되기를 절실히 갈망한 앤드루 설리번에게만 끝났을 뿐이다.

당시 모든 퀴어가 바이러스를 그런 식으로 본 것은 아니었다. 그들의 저항 속에서 우리는 앞으로 나아갈 길을 찾는다.

초기 HIV 역병 시대는 바이러스에도 불구하고 집단적인 삶과 사랑을 위해 애쓰는 커뮤니티 돌봄의 한 모델이었다. 데이비드 워나로위츠는 쓰기를, "미국이라는 이 살인 기계 안에서 조용하고 예의 바르게 가정을 꾸려야 하고, 자신의 느린 죽음을 지원하기 위해 세금을 내야 한다는 것이 구역질 난다. 우리가 거리에서 미쳐 날뛰지 않고, 이 모든 것을 겪은 후에도 여전히 사랑의 몸짓이 가능하다는 것이 놀랍다."

사랑의 제스처. 폴 모네트가 연인인 로저가 죽었을 때,

　　이 밤, "나는 너를 사랑해 작은 친구야 내가 여기에 있어, 내 달콤한 완두콩"이 될 때까지,

　　길거리를 헤매는 동전처럼 우리의 사랑을 남김없이 써버릴 거야.

　　하지만 울다가 목이 메는 일을 없을 거야.

　　아주 마지막까지 숲의 모든 것을 들으려 안간힘 쓰는 늑대의 귀처럼

　　마지막으로 사라지는 것이 청각이라고들 하니까.

　　그리고 난 네가 오후 3시에 내 목소리를 들으며 무엇이든 꿈꿀 수 있는 것들을 좇아 떠나길 바랐어.

　　너는 상태가 안정됐어, 여전히 우리가 제일 좋아하는 말.

시인 에식스 헴필(Essex Hemphill)는 세상을 떠난 친구 조지프 빔(Joseph Beam)에게 이런 시를 남겼다.

우리의 상실은
기도로 채울 수 있는 공간보다도 크다.

행진을 멈추기는 어렵고,
공격을 멈추는 건 불가능해, 조지프.
너를 기리는 찬사와 고백이 횃불처럼 타올라.
매일 밤 우리 중 누군가의 마음속에서는 너를 향한 빛이 환히 빛나고 있어.

마리 하우는 세상을 떠난 남동생에게 이런 시를 바쳤다.

감사를 대신할 말을 찾아 사흘을 고심했다.
남동생이 죽을 뻔했다가 살아났기 때문이다.
중환자실 앞에서 다음 일을 상상하지 않으려 애쓰면서 일주일 동안 서 있었기 때문이다.

막냇동생 앤디가 말했다. 너무 난감하다. 오늘 형이랑 얘기하게 될지, 그의 장례식에 입을 바지를 사게 될지 모르겠어.

그 말을 한 동생이 미웠다. 그게 진실이고 정말 그렇게 될 것만 같았기 때문이다.

일곱 시간 차를 몰고 가는 길에 나도 머릿속으로는 추도사를 쓰고 있었기 때문이다.

하지만 그러지 않으려고 노력했다. 생각하지 않으려는 생각을 했다. 동생이 빛에 둘러싸여 있는 상상을 했다. 슈뢰딩거의 고양이처럼, 보면 죽어 있을 것 같고, 보지 않으면 살아 있을지도 모르는. 그다음에는 좋아졌다가, 그다음에는 다시 나빠졌다. 그리고 이제 그것은 이야기가 되었다. 그가 돌아왔다.

데이비드 워나로위츠는 피터 휴아르가 죽는 것을 지켜보면서 그의 죽음을 사진으로 남겼다. 그는 소용이 없을 줄 알면서도 피터를 롱 아일랜드의 돌팔이 의사에게 데려갔고, 내내 피터는 그를 괴롭히다가 끝내 기차를 타고 도시로 돌아오곤 했다. 죽음을 앞둔 이들은 이따금 그럴 수 있다. 그게 자신이 할 수 있는 유일한 일이라고 느꼈기 때문인지도 모른다. 데이비드 워나로위츠는 도움이 되지 않을 것을 알면서도 피터를 롱 아일랜드의 의사한테 데려갔다. 그게 워나로위츠가 죽어가는 피터를 사랑하는 방식이었다. 이유 없이 롱 아일랜드까지 운전하는 것은 작은 사랑의 몸짓이었다.

알렉산더 지는 에이즈로 사망한 친구 피터(휴아르 말고 다

종식에 관하여

른 피터)에 관해서 이렇게 썼다. 이제 피터는 "모두가 잘 차려입고 사랑이라는 은총을 받고 모르는 이가 죽어가는 당신의 손을 잡아주는 천국에 있다." 사랑의 몸짓. 우리가 할 수 있는 일. "불의가 일어날 때 영혼이 사슬로 연결된 초령(oversoul)과 함께 어디선가 누군가는 느낄 것을 알기에 열차에 자신을 묶어놓는 천국이다. 힘이라 불릴 것이 없다고 생각하는 누군가는 열차 앞에 서 있을 만큼 당신이 얼마나 신경을 쓰는지를 느낀다."

우리가 세상이 보낸 기차 앞에 서 있을 수 있는 것은 모두 피터와 알렉산더와 마리와 피터와 데이비드와 에식스 덕분이다.

산 자는 산 자의 증인이고 죽은 자는 죽은 자의 증인이다. 그들은 손을 맞잡는다. 고통과 상실과 죽음이 없는 삶, 가난한 이들과 유색 인종과 노숙자와 아픈 이들이 없는 삶을 상상하는 것이 미국의 교외화다. 그것은 파우스트적인 거래다. 이것들은 존재한다. 단지 그렇게 할 경제적 여유가 된다는 이유로 그들이 눈에 보이지 않는 곳에 사는 것은 도덕적이지 못하다. 배리스 부트캠프(Barry's Bootcamp)*의 플래티넘 회원이 아니면 참석할 수 없는 서킷 파티에 가는 것은 도덕적이지 못하다.

코로나-19 위기의 절정에서 우리는 사람들과 손조차 잡을 수 없었다. 미국의 원자화, 고독, 격리에 저항하기 위해 필요한 돌봄의 몸짓은 우리를 가장 위험에 빠뜨린 몸짓이었다.

---

*   헬스클럽 체인.

죽음을 앞두고 쓴 회고록에서 데이비드 워나로위츠는 "어려서 비가 올 때면 나는 온 세상이 비를 맞는 줄 알았지만 이제는 그렇게 생각하지 않는다"라고 썼다.

흑인들의 파티에 딱 한 번 가봤는데 그날 밤에 비가 왔다. HIV/에이즈 역병의 시대에 배운 교훈은 블랙 파티에서 배울 수도 있는 것이었지만 설리번이 뜻하는 것처럼은 아니다. 댄스 플로어에서 만나는 카포시 육종 병변은 교훈이다. 카포시 육종 병변 앞에서의 기쁨, 보이지 않도록 단속당하지 않는 기쁨이 교훈이다. 기억하면서 그래도 춤을 추면서. 순수한 기쁨을 느낄 때조차 슬픔을 숨기지 않으면서. 기쁨은 정치적 의지와 투쟁에 반대되는 것이 아니다. 기쁨은 그것들의 구성요소다. 기쁨은 세계에서의 도피일 뿐 세계를 변화시키지 않는다는 생각, 그런 예상에 반하는 정치를 조직하자.

호세 무뇨스는 《탈동일시》에서 반대의 정치는—그것이 비록 자본주의와 백인 우월주의와 이성애 규범성에 대한 반대일지라도—여전히 현 상태의 그 힘을 기반으로 하고 있음을 상기시킨다. 데이비드 워나로위츠는 "누군가 만들어낸 부패 시스템에서 내가 태어났다는 이유로 거짓된 도덕적 장막이 펼쳐질 때 정반대의 길을 가야 하는 것은 아니다. 나는 그냥 내 자신의 도덕적 맥락을 만들 수 있다"라고 말했다.

지금의 우리는 자본주의 밖에서 살 수 없다. 아도르노가 현재 우리 삶의 잔인함을 상기시킨 것은 옳았다. 그러나 워나로위츠는 자본주의라는 암살 기계 밖에서 스스로 도덕적 맥락을 창조할 수 있다고 깨우쳐준다. 작은 배려의 행동으로 세계가 우리에게 프로그래밍한 잔인함을 거역한다. 외로운 친구를 만나러 맨해튼까지 자전거를 타고 가서 창문 밖에서 손을 흔들고 서로 얼굴을 보며 통화했던 것을 기억한다. 한밤중에 고열로 격리되어 2주간 집에서 나가지 못한 친구의 전화를 받았던 것을 기억한다. 코로나-19 공중 보건을 위한 시위 조직을 도왔던 것을 기억한다. 블랙 트랜스 라이브스(Black Trans Lives) 시위에 참가한 것을 기억한다. 사랑하는 사람을 잃은 사람과 웃고 울었던 것을 기억한다. 다이애나 로스를 들으며 각자의 집에서 함께 춤추며 웃었던 것을 기억한다. 내 사랑. 나는 우리가 화면으로 만나 서로 다른 공간에서 안전하게 떨어진 채로 음악에 맞춰 함께 빙빙 돌 때 내 등에 얹은 당신의 손을 느꼈습니다.

언젠가는 함께하는 날이 오겠지요.
그런 날이 올 거라고 말해줘요. 제발 그럴 거라고 다시 말해줘요.
내 사랑 당신은 내게서 멀리 있어요. 하지만 하늘에 있는 별처럼 확실해요.
말하고 싶어요. 말하고 싶어요. 언젠가는 우리가 함께할 거라고.*

---

*   다이애나 로스가 속해 있던 여성 그룹 수프림스(Supremes)의 〈언젠가 우리는 함께할 거예요(Someday we'll be together)〉의 가사.

내 손에 한 잔, 당신 손에 한 잔, 전처럼, 늘 그랬듯이.

"친구와 가족, 연인과 낯선 이를 잃은 개인의 슬픔을 공공의 것으로 바꾸는 것은 또 다른 강력한 해체의 도구가 될 것이다"라고 데이비드 워나로위츠가 죽기 전에 썼다. "내 침묵은 나를 지켜주지 못했다. 당신의 침묵은 당신을 지켜주지 않을 것이다"라고 오드리 로드가 유방암이 몸에서 자라고 또 사라질 때 썼다.

말해서는 안 된다는 듯이 굴지 말라. 잊을 수 있다는 듯이 행동하지 말라. 행동하면 안 되는 척 하지 말라.

이 글을 쓰는 지금도 SARS-CoV-2는 한 사람의 몸에서 다른 사람의 몸으로 위험하게 옮아가고 있다. 이제는 과학자들 대부분이 이 바이러스가 동물에서 동물로 영원히 전달되며 풍토병이 될 거라고 믿고 있다. 물론 그 동물의 일부는 언제나 인간이다. 지금도 바이러스는 사슴이든, 집쥐든, 생쥐든 동물 숙주를 찾고 있다. 광견병처럼 우리가 인류에게서 쫓아내도 지구에서 완전히 박멸되지 않은 한 그것이 바이러스가 하는 일이다. 호모 사피엔스 종에서 1년에 발생하는 광견병 사례는 여전히 수천에 달한다. 광견병바이러스는 언제나 동물들 안에 있고 동물은 언제나 인간과 가까이 있기 때문이다.

역병이 지나간 세계는 전과 같을 수 없다. 어쩌면 역병이 진짜 끝나는 일이 아주 드물기 때문일지도 모른다. 감당해야 할 트라우마가 남는다. 나보다 고작 몇 년 먼저 태어난 퀴어의 몸들을 쑤셔 넣은 검은 쓰레기봉투. 이 땅에 여전히 HIV가 있다는 사실과 함께 살아야 한다. 우리가 감당해야 할 코로나-19 트라우마는 접촉이다. 악수 같은 가벼운 접촉도 치명적이고 키스는 자살 수준이다. 이란의 집단 무덤을 촬영한 드론 이미지. 도시를 걸을 때 입술에 와닿던 신선하고 축축한 공기, 땀에 절은 사람들의 몸으로 가득 찬 댄스 플로어. 언젠가 예전처럼 이것들을 느낄 날이 다시 올까?

우리가 기억하지 못할 것처럼 생각하지 말라. 결국 나를 무너뜨린 텔레비전 거치대, 내가 키우지 않은, 누군가의 목숨을 희생시키고 자랐을지도 모르는 토마토의 맛. 할머니에게 작별 인사를 하기 위해 롱 아일랜드로 데번을 태우고 갈 때 땅에 쌓인 첫눈과 파란 하늘. 서로를 죽일지도 모른다는 생각에 두려워하면서도 강의실에 들어가 동료들을 만났을 때의 반가움. 첫 지하철 시도. 첫 위험한 포옹. 내 표피를 찌른 복된 바늘. 어머니를 병원에 입원시키고 이제는 엄마가 다시 집에 돌아올 수 없다고 슬퍼하는 안드레이와의 통화.

나는 기억할 것이다. 앞으로 나아가기 위해 망각하는 것은 언젠가 지불해야 할 비용으로 되돌아올 것이다. 인간이 된다는 것에 대해 나도 이 정도는 알고 있다. 나는 기억할 것이다. 그리고 그대가 나와 함께 기억하도록 초대할 것이다.

우리는 우리가 서로를 얼마나 아꼈는지도 기억해야 한다. 거대한 죽음의 힘 앞에서 정부와 지역사회가 어떻게 맞섰는지를 기억해야 한다. 그것을 기억하려면 먼저 미국의 팬데믹 상황이 달라지더라도 계속 맞서야 한다. 최대한 더 나은 사람이 되고, 더 건강한 사람이 되어야 한다.

"희망은 제안의 연속이다"라고 데이비드 워나로위츠가 썼다. 희망은 행동을 촉구할 때에만 의미가 있다. 아무리 애를 써도 현상 유지밖에 못한다면 희망이 없다.

"나의 생각이 행동이 된다면 지구가 더 빨리 돌지 않을까 궁금하다." 데이비드, 지구는 당신이 살아 있을 때 더 빨리 돌았고, 당신이 죽었지만 여전히 빨리 돌고 있어요. 당신이 내 행동에서 당신 생각의 일부를 알아볼 수 있으면 좋겠어요. 그리고 그 생각을 위해 세상이 더 빨리 돌길 희망한다.

지금 앉아 있는 곳의 햇살이 좋다. 당신이 있는 곳은 비가 내리는가? 나를 무너뜨린 텔레비전 거치대. 비는 오래 내리지 않을 것이고 전 지구를 덮지는 않을 거라는 걸 기억하길 바란다. 혀에 닿은 신선한 토마토. 데번을 안고 자는 내 모습. 구름이 얼마나 낮든, 얼마나 두껍든, 얼마나 무겁든, 얼마나 회색이고 오래가든 저편에는 태양이 있다. 지금은 희미한 기억일 뿐이지만, 그렇다고 그것이 진짜가 아닌 것은 아니다.

11

진화에 관하여

—

변화는 곧 신이다

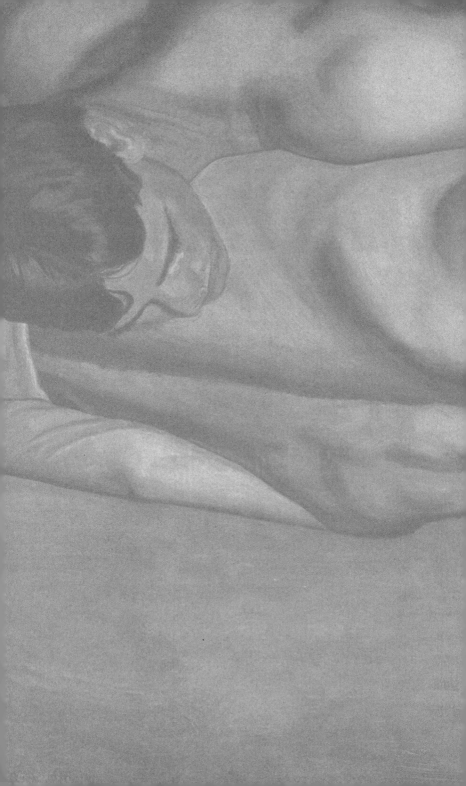

에로틱하지 않다면 누가 굳이 과학을 하겠는가?

—앤 카슨

한번은, 우리의 웨스트빌리지 아파트에서 당시 내 파트너의 품에서 잠이 깨어보니 우리 개 윈스턴이 우리 사이로 비집고 들어와 자고 있었다. 한때, 쇼스타코비치에 완전히 빠져서 대학 교향악단에서 클라리넷을 연주했다. 한번은, 몇 달간 고심한 끝에 복잡하고 어려운 진실이 잘 압축된 문장을 써서 뿌듯해했다. 한번은, 댄스 플로어에서 춤을 췄다. 한번은, D. A. 파웰의 이 시구를 읽었다. "이제 거울 달린 방은 우스꽝스러워 보인다. 산산이 흩어진 빛: 드라이아이스 안개를 뚫고 세계에 들어간 적 있다/ 생각보다 멋지지 않았다. 그저 어리고 멍청하고 욕정만 가득할 뿐. 당신에게 별자리를 보여주겠소: 열여섯의 나는 모두의 것이었지." 한때, 젊고 멍청하고 성욕만 넘쳐나던 시절 미네소타에서의 어느 봄날, 나의 대학생 입술이 한 여자 대학생과 키스하고 있었다. 한번은, 파리에 있었다. 한번은, 스페인에 있었다. 파리에서는 베이글, 스페인에서는 대중목욕

탕. 한번은, 내 초라한 고향 집에 돌아와 밖에서 노을이 지는 풍경을 바라보며 와인을 마셨다. 또 한번은 고향으로 돌아와 길고 가파른 산길을 올라 정상에서 대양처럼 펼쳐진 청록색 산들을 내려다보며 점심을 먹었다(어디서도 먹어본 적 없는 맛이 나는 마요네즈를 바른 마트 샌드위치였다. 도대체 그런 마요네즈를 어디서 구했을까?). 한번은, 10킬로미터를 달렸다. 한번은, 어느 덥고 건조한 날 차가운 물 한 모금을 들이켰다. 한번은, 유학 시절 주인집 아저씨가 가르쳐준 대로 차가운 맥주를 마셨다. 차가운 잔을 기울여 빠르게 맥주를 따른 다음, 칼등으로 넘치는 거품을 걷어내고 한 모금 주욱 들이켰다.

인생에 그대로 멈추었으면 하는 순간이 많다. 즐거운 일들이 연이어 일어났거나, 감각을 초월하는 무언가로 충만했던 순간일 것이다. 그 짧은 순간들에 나는 영원히 그 기분을 느끼고 싶다고 갈망했다. 그 순간 내가 의식한 것이 있다면 그건 아무것도 변하지 않기를 바란다는 것이었다.

어제는 처음으로 베란다 화분에서 수확한 토마토에 코셔 소금을 살짝 뿌려서 먹었다.

토마토 속—시큼하고 달큰하고 짭짜름하고 흙과 먼지 맛이 났다—이 혀 위로 흘러넘쳤지만 시간을 멈추지는 못했다. 음식 분자가 미각 수용기를 열어준 덕분에 뇌가 그 맛을 즐겼으나 이윽고 수용기가 닫히고 나면 뇌는 다시 원래의 세상으로, 매일매일이 불평조차 하기 어려울 만큼 사소한 수백만 가지 수모를 안기는 세상으로 돌아온다. 그래도 우리는 노력한다. 그리고 나는 내 뇌에서 나로 하여금 쾌락을 느끼게 해주는 감각기들이 영원히 열려 있을 수 없음을 안다. 그리 되면 죽거나 정신이 나가게 되는 것이다. 그래서 나는 이 세상으로 돌아온다.

1993년 소설 《씨앗을 뿌리는 사람의 우화》에서 옥타비아 버틀러는 2020년대의 캘리포니아에서 가족과 함께 사는 10대 소녀에 관해 썼다. 지구 온난화로 나라가 온통 혼란스럽다. 물값은 천정부지로 솟고(길가에 있는 급수 시설로 물병에 물을 채우러 갈 때마다 사람들은 엄청난 위험을 감수해야 한다) 이웃들은 담을 쌓고 민병대를 조직해 스스로 지킨다. 소설 속 화자인 로런은 주변에서 벌어지는 삶을 보고 "신은 곧 변화"라는 교리를 내세운 종교를 만든다. 로런은 삶은 곧 변화이고 변화에 저항할 때 고통이 온다고 정의한다.

왜 우주가 있지?
신을 만들기 위해서.

왜 신이 있지?
우주를 만들기 위해서.

네가 만지는 모든 것을,

너는 변화시킨다.
네가 변화시키는 모든 것이,
너를 변화시킨다.

유일하게 변치 않는 진리는
변화다.

고로 신은
변화다.

우리가 사는 2020년대에 로런은 분자생물학자가 되었을지도 모르겠다.

꿈

오늘 나는 과거의 내가 아니다. 오랫동안 그래 왔고 그러할 것이다.

나는 진화했다. 진화란 시간이 흐르면서 나타나는 대립 유전자 빈도의 변화다. 대립 유전자는 한 유전자의 이런저런 형태를 말한다. 유전자는 DNA에 쓰인 레시피이다. 그렇다면 진화는 시간에 따른 유전자의 변화이다.

진화가 없으면 생명체도 없다. 인간의 진화는 개체가 아닌 개체군 안에서 일어난다. 변화, 즉 진화는 수세대가 걸리는 과정이다. 진화가 없으면 미래도 없다.

나는 분명 DNA 이상의 존재이지만 시작은 거기서부터였다. 내 세포는 모두 엄마 절반, 아버지 절반이 엄마의 몸속에서 수정되어 만들어진 세포 하나에서 파생한 것이다. 마지막으로 내가 나 자신과 동일했던 때는 지금으로부터 39년 전 그 하나의 세포 안에 있던 때다. 그 세포에서 3주 후에 뇌가 만들어지면서 세포들이 우글거리는 확장된 구조를 형성하고, 이윽고 뇌에 전류가 흐르면서 나는 생각하고 느끼게 되고 8월의 어느 날 내가 직접 키운 토마토의 맛을 느끼게 된다.

"닭이 먼저냐 달걀이 먼저냐?"라는 오래된 질문 이야기가 나올 때마다 목소리를 높이는 발생생물학 교수를 알고 있다. 그는 "당연히 알이지요!"라고 소리친다. "확실합니다. 알이에요!" 그의 말은 인간이나 닭처럼 유성 생식을 하는 생물에서 진화는 우리와 우리의 생식체인 정자와 난자 사이에서 일어난다는 뜻이다. 알이 수정되면 우리는 죽으나 사나 처음에 갖고 태어난 DNA에 묶인 신세다. "알이라고요!" 지금도 그의 고함이 들리는 것 같다.

부모에게서 절반씩 받은 최초의 세포 속 DNA가 내 존재의 시작이었다. 그 DNA가 이제는 내 모든 세포에 들어 있다. DNA는 마법의 힘으로도, 무력으로도 복제되지 않는다. 세포에서 DNA를 복사하는 기계를 레플리솜(replisome)이라고 부른다. 레플리솜은 주도면밀한 기계이고 "거의" 완벽하다. 여기서 "거의"라는 게 골치이자 위험이며, 동시에 삶의 재미이자 생명 자체의 이유이다. 거의 완벽하다는 말은 매번 내 DNA가 복제될 때마다 한두 번의 실수가 일어난다는 뜻이다.

분자 수준에서조차 나는 나 자신이 아니다. 내 모든 세포는 한두 글자씩 서로 다르다. 레플리솜에서 발생하는 오류를 돌연변이라고 한다. 한 세포(모세포)의 DNA 염기서열이 자식 세포의 DNA와 다른 것을 말한다. 이런 차이, 이런 돌연변이가 진화의 시작이며 진화를 필연적인 과정으로 이끈다.

친애하는 독자여, 내가 말하려는 것은 내가 시간이 흐르면서 변해왔다는 뜻이다. 이번에는 진짜다. 정말로 나는 변했다. 나는 과거의 나라는 사람이 아니다. 앞을 보지도 말하지도 느끼지도 못하는 단세포 생물이 아니다. 나는 새롭고 또 새롭게 만들어졌다. 한때는 하나의 세포였으나 점차 아주 많은 초능력을 얻었다. 말할 수 있고 맛볼 수 있고 달릴 수 있고 노래할 수 있다. 이 모든 것에 복제가 필요했다. 변화 없는 복제는 없다. 저 끝의 가장 기본적인 생명 분자인 DNA에는 변화가 새겨져 있다.

멈출 방법은 죽음뿐인 이 모든 돌연변이, 이 오류 아닌 오류가 하는 일은 무엇일까?

대부분은 아무 일도 하지 않는다. 대부분의 돌연변이는 유전자 안은 고사하고 근처에도 가지 못한다. 돌연변이의 위치와 분자적 정체성은 무작위이다. 우리 DNA는 크고 양이 많다. 그래서 대부분의 단편적인 변화는 별로 중요하지 않다. 32억 개 중에서 글자 하나가 달라졌다고 큰일이 날까? 아니, 전혀 차이가 없다.

하지만 예외는 있는 법. 여기서부터 흥미로워진다. 모든 실수가 대체로 그렇듯이 무시할 수 없는 돌연변이는 대개 나쁜 돌연변이다. 그것들은 세포의 모양을 만드는 단백질이나, 당분을 세포가 사용할 수 있는 에너지로 변환하는 단백질이나, 다른 단백질을 만드는 데 필요한 단백질이나, 그것 없이는 세포가 살 수 없는 단백질 등, 생명활동에 필수적인 단백질의 기능과 발현에 지장을 준다. 이런 종류의 돌연변이가 일어난 세포는 죽는다. 그리고 돌연변이가 일어났던 DNA 염기서열도 함께 죽는다.

나쁜 돌연변이는 도태되어 사라진다. 돌연변이는 곧 진화다. 새로운 대립 유전자의 창조, 새로운 버전의 유전자의 창조. 새로운 돌연변이가 도태되는 것 또한 진화다. 이 새로운 버전이 살아남지 못하면 시간이 지나면서 유전자 빈도*가 변화한다.

하지만 아주아주 드물게 어떤 돌연변이가 새롭고 흥미로운 일을 할 때가 있다. 그 돌연변이는 눈동자를 푸른색이 아닌 갈색으로 만들지도 모른다. 키를 173센티미터가 아니라 167센

---

*　한 생물 집단 안에 한 유전자가 차지하는 비율.

티미터로 만들지도 모른다.

이들 돌연변이는 살아남을 수도 있고, 계속 버틸 수도 있고, 흔해질 수도 있다. 인간도 변한다. 그러나 시간이 많이 걸린다. 인간의 한 세대는 수십 년이다. 바이러스도 복제한다. 하지만 고작 몇 시간 안에 수천 수만으로 늘어난다.

진화의 속도는 한 세대당 얼마나 많은 돌연변이가 발생하는지, 한 세대가 생성되는 데 시간이 얼마나 걸리는지에 따라 다르다. 돌연변이율은 DNA를 복제하는 기계에 달렸다. 인체는 아주 세심해서 10억에 하나꼴로 오류가 생긴다. 하지만 HIV와 인플루엔자는 복제 장비가 엉성할뿐더러 오류가 생겨도 수정할 방법이 없다. 비록 작고 1만 글자밖에 안 되지만 거의 모든 HIV 바이러스와 인플루엔자 바이러스가 표준과는 다른 한 글자, 즉 유전적 차이를 갖는다.

돌연변이 대부분은 치명적인 영향을 미쳐 바이러스를 죽일 것이다. 하지만 그게 무슨 상관인가? 이 바이러스들처럼 한 세대에 자손을 수천씩 낳는다면 누가 신경이나 쓰겠는가? 10만 명이나 되는 자손 중에서 1,000명을 사산한다고 해도 무슨 상관인가? 그러나 중요한 것은 대부분은 그렇지 않다는 것이다. 게다가 그 10만의 자손이 아주 빨리 만들어지기까지 한다.

바이러스의 진화는 생명체에 비하면 초고속으로 진행된다.

또 한 가지 중요한 사실은 살아남는 바이러스들의 종류가 다양하다는 것이다. 심지어 같은 종류의 바이러스들끼리도 다르다. 진화는 절대적이지 않다. 바이러스에게도 상황은 변하게 마련이다. 그리고 상황이 변하면, 한 세대 전에는 사라졌을지도 모를 유전자가 아주 중요해질 수 있다. 이것이 진화의 천재적인 면모이다. 진화는 정답을 찾는 것이 아니라 필요한 변화를 끊임없이 추구하는 것이다. 진화는 절대로 정답에 다다르는 법이 없다. 지금의 정답도 상황이 바뀌면 어긋난 답이 되고 어긋난 것은 소멸한다. 진화란 그저 영원히 변화하는 능력이다. 이 얼마나 퀴어한가?

지금은 2022년이다. 인류는 20년 전에 인간 게놈에서 32억 개의 염기서열을 다 밝혀냈다. 오늘날에는 하루면 코로나바이러스-19 게놈의 3만 개짜리 RNA 염기서열을 아주아주 여러 번 분석할 수 있다. 그 염기서열은 나를 감염한 바이러스와 당신을 감염한 바이러스 사이에 얼마나 많은 돌연변이가 일어났는지를 알려줄 것이다. 그건 중국에 있는 바이러스와 대만에 있는 바이러스, 이탈리아와 독일, 뉴욕과 시애틀에 있는 바이러스들 사이에 일어난 돌연변이의 경우도 마찬가지다.

진화는 무작위로 발생하는 돌연변이와 그 결과에 기반을 둔다. 이 첨단 기술의 시대에도 우리의 미래가 복불복이라는 말이다. 변화는 필연적이다. 변화가 신이다. 바이러스의 유전자도 변할 수 있다. 변화가 생명이다. 우리는 주어진 유전자 안에서 변화해야 한다. 그 말은 DNA가 아니라 행동이 변화해야 한다는 말이다. 백신처럼 바이러스가 감염할 수 있는 사람을 변화시킬 새로운 기술을 만들 때 동시에 우리는 바이러스의 진화의 가능성도 바꾸고 있다. 만약 백신이 당장에 감염을 막는다면(그런 것처럼 보이지만), 새로운 돌연변이의 진화를 늦출 수 있다. 그래서 이 변화는 우리의 행동, 자연, 돌연변이가 발생하는 무작위성, 돌연변이가 확산할지 도태될지를 결정하는 선택에 달려 있다. 우리는 이 이야기를 함께 쓴다.

⌒

2017년 어느 봄날이었고 나는 기분이 좋았다! 그해 처음 날이 풀렸던 어느 날 밖에 나가 걸었다. 분명 4월이었을 것이다. 헤드폰을 끼고 얼굴에는 미소를 지었다.

구글 엔진으로 "LCD I can change"를 검색한 다음 유튜브를 클릭하고 스피커가 있으면 연결하고 음악을 들으며 춤을 추어라. '두 팔을 벌리고, 내 기분이 좋아질 때까지 나와 함께 춤을 춰요.' 옆에 누군가와 함께 있는 운 좋은 사람이라면 그 누군가와 함께 춤을 춰라.

젊었을 때 남자친구가 나를 떠나면서 내 불안증(그는 정신병이라고 불렀다)을 감당하기가 너무 버거웠다고 말했다. 불안은 두 가지 사건으로 절정에 올랐다. 하나는 도널드 트럼프의 대통령 당선이었고, 다른 하나는 바다 건너 런던에서 18개월 동안 일하겠다는 남자친구의 결정이었다.

당시에는 내가 정신을 추스르고 안정이 되면 그가 어쩔 수 없이 나를 데리고 갈 거라고 생각했다. 나는 2~3년 전부터 중단했던 치료를 다시 시작했다. 렉사프로를 복용했고 둘이 자던 침대에 혼자 잠을 청하게 되면서 시작된 불안증을 다스리기 위해 클로노핀*을 추가했다.

때는 봄이었고, 2017년이었고, 도널드 트럼프가 대통령이었다. 싱글이 된 지 3주가 지났지만 아직 끝난 게 아니었다. 그는 나를 데려갈지도 모른다. 일주일쯤 렉사프로를 복용했지만 상황은 좋아지지 않았다. 의사도 심리치료사도, 엄마와 누나도, 그리고 그 약을 복용한 적 있는 세 친구도 모두 이 시기만 버티면 약이 도움이 될 거라고 말했다.

우리는 변할 수 있다. 술을 끊고 운동을 시작할 수 있다. 새로운 언어를 배울 수 있고 직접 음식을 만들어 먹을 수 있다. 힘들긴 하겠지만 친구에게 더 친절하게, 엄마에게 더 다정하게 대할 수 있다. 치료를 받으러 갈 수 있다.

나는 변하려고 노력했다. 내가 통제할 수 없는 미래를 덜 두려워하려고 노력했다. 그를 보내지 않으려면 더 늦기 전에 달라져야 했다.

하루는 일찍 퇴근했다. 워싱턴스퀘어 파크 근처에 있는 뉴욕대학교 연구소에서 일하던 때다. 화창한 날이라 중심가인 4

---

* 공황장애 치료제.

번가를 따라 걸었다. LCD 사운드시스템의 "아이 캔 체인지"를 반복해서 들었다. 일주일 동안 렉사프로를 복용했다. 내가 달라지면 그는 나를 데리러 올 것이다. 몇 주 만에 처음으로 기분이 좋았다. 약효가 그렇게 빠른가? 클로노핀 때문에 다 잊은 건가? 아니, 나는 다 나았는지도 몰랐다. 더는 불안하지 않았다. 한 걸음 한 걸음 내디딜 때마다 점점 더 확신이 들었다. 열 발짝 만에 나는 불안하지 않은 사람이 되었다. 나는 새로운 사람이다. 이제 열다섯 발짝. '나는 변할 수 있다, 나는 변할 수 있다, 나는 변할 수 있다, 나는 변할 수 있다.' 이제 스무 발짝. 그가 다시 돌아올 것이다! '나는 변할 수 있다, 나는 변할 수 있다, 나는 변할 수 있다. 그래서 네가 사랑에 빠질 수만 있다면.'

그다음 주, 렉사프로를 복용하자 피부에 붉은 반점이 생기고 고열로 식은땀이 흐르면서 경련이 일어났다. 쓰러지지 않으려면 가끔씩 누워서 눈을 감고 있어야 했다. 아무것도 하지 않고 눈을 감고 누워 있었다. 약을 먹은 지 한 달 후, 부작용이 완전히 사라졌다. 정말 부작용이었을까, 아니면 이별의 후유증이었을까? 누가 알겠는가? 머리가 아프고 시야가 흐리고 일에 집중이 잘 되지 않고 음식이 넘어가지 않았다. 하지만 먹어야 했다. 그러지 않으면 다시 공황 발작이 올 것이다.

그 봄날의 햇살 아래 나는 불안을 느끼지 않고 백 걸음을 걸었다. 오후 내내 괜찮았다. 내가 달라졌다고, 제때 해냈다고 확신했다. 나는 달라졌다. 그건 사실이었지만 당시에 내가 원했던 대로는 아니었다. 어쨌거나 잃어버린 사랑을 구해낼 수 있는 변화의 시간은 지나간 지 오래였다.

ᘒ

나? 나는 항상 변화가 싫었다. 더는 아무것도 갈망하지 않았던 때조차 변화가 싫었다. 작은 농촌 마을이 보여줄 수 있는 것보다 더 많은 것을 보아야 했던 고집 센 담황색 머리 고등학생이었을 때도 변화가 싫었다. 그 아이를 기억하기도 힘들고, 내가 한때 그 아이였다는 것을 믿기도 힘들다.

"매력적인 동반자였든 아니든, 한때 나였던 사람들과 인사 정도는 하고 지내는 것이 현명하다"라고 존 디디온이 "노트 기록에 관하여"라는 에세이에서 썼다. "그러지 않으면 꿈자리 사나운 밤 새벽 4시에 그들은 뜬금없이 나타나 우리를 놀래키고, 마음의 문을 두드리며 누가 자신을 버렸는지 누가 자신을 배신했는지 누가 자신에게 보상해줄 건지 알려달라고 난동을 부린다."

작은 고향 마을에서 갓 열여덟이 된 나는 대학 입학을 앞두고 등록금 보증금을 보내야 했던 순간 처음으로 공황이 와서 울면서 몸을 떨었다. 나에게는 두 가지 선택지가 있었고, 둘 중 하나는 무용지물이 될 걸 알았다. 나는 각각의 학교에 보낼 수표를 썼다. 왼쪽? 오른쪽? 어느 쪽을 선택해야 할까? 프로비던스

대학? 노스필드 대학? 나는 마음을 정하지 못해 울었고, 앞으로 찾아올 변화를 생각하며 울었다. 일이 다 틀어지면 어쩌지? 한 학기나 1년쯤 지나 다른 사람들처럼 결국 여기로 되돌아오게 되면 어떡하지? 메인 스트리트를 지나는데 내 뒤에서 트랙터 한 대가 따라왔다. 나는 눈물을 감추기 위해 웃어야 했고 조용히 울었다. 그때 고향에서 사내는 나이가 많든 적든 울면 안 됐다.

이런 식으로 표현해보겠다. 나쁜 기억은 깨진 유리 조각 같다. 최대한 말끔히 치우려고 애를 쓰지만 2주 후 맨발로 요리하다가 1.3센티미터짜리 조각을 밟아도 놀랍지 않다. 빗자루와 진공청소기와 걸레와 손과 눈을 모두 용케 피한 조각이 남아 있게 마련이다.

나는 왼쪽을 선택했다. 그리고 집까지 계속 울면서 운전했다. 나는 선택했고 변화는 이미 시작되었다. 15년 뒤, 왼쪽에 있던 대학을 졸업하던 해에 오른쪽에 있던 대학을 졸업한 남학생과 세 번의 데이트를 했다. 그 사실을 알았을 때 그것은 유리 조각이 되었다. 오른쪽을 선택했다면 내 삶은 어땠을까?

⁓

일반적으로—분자 수준에서—인간은 환경에 적응하지 않는다. 물론 나도 살면서 배우는 바가 있고 그것을 기억 속에 간직해, 이를테면 주황빛으로 뜨겁게 달궈진 스토브 앞에 다시 서면 예전과 다르게 조심할 것이다. 생물학이 늘 그렇듯이 이 법칙에도 예외는 있다. 생물학에서는 규칙의 예외가 곧 마법이 일어나는 곳이다.

우리는 술을 끊고 운동을 시작할 수 있다.

하지만 이 변화 중 내 DNA에 새겨지는 것은 하나도 없을 것이다. 사람이 뭔가를 배우고 기억할 때 그것은 뇌와 유전자 발현에서 일어난 변화 때문이지 DNA의 글자들 때문은 아니다.

바이러스와 연관된 인간의 진화는 다음과 같다. 바이러스가 그 바이러스를 가져본 적 없는 인구 집단에 들어간다. 숙주의 일부는 죽는다. 죽지 않은 사람은 아이를 낳을 것이고 그 아이는 바이러스에 대한 면역을 물려받는다. 이윽고 바이러스는 개체군에서 사라지거나 또는 진화하여 사람들을 감염하지만 죽이지는 않게 된다.

인간 개개인은 돌연변이가 일어나도 (보통은) 진화하지 않는다. 생물학 법칙이 흔들리는 대지는 우리 생물학자에게는 위대한 아름다움과 신비의 땅이다. 그 둘은 서로 다르지 않지만 말이다.

첫 번째 예외: 나는 변할 수 있다. 진화는 당연히 살아 있는 몸속에서도 일어난다. 암이 제일 이해하기 쉬운 사례이다. 암에서는 무작위로 만들어진 돌연변이가 세포에 끝없이 증식하는 능력을 준다. 이 세포가 더 빠르고 강하게 자라도록 돕는 돌연변이가 선택되어 마침내 종양이 된다. DNA 염기서열 분석을

통해 이 진화를 실시간으로 추적할 수 있다. 마치 전 세계 개체군에서 돌연변이 바이러스가 증가하는 것을 즉각 확인할 수 있는 것과 같다.

암세포는 우리 안에서 진화한다. 암세포는 우리의 세포에서 만들어졌고 우리를 죽일 수 있다.

다행히 우리에게는 진화할 수 있는 또 다른 세포 집합이 있으니, 바로 면역계이다.

면역학자는 일반적으로 면역 반응을 선천적 면역과 후천적 면역의 두 가지로 분류한다. 선천적 면역 반응은 언제나 존재하고 늘 준비되어 있으며, 세포 사멸(바이러스는 결국 세포를 죽일 수 있으니까) 같은 일반적인 감염 패턴이나 감염의 전형적인 분자적 특이성(박테리아 표면의 당분이나 바이러스의 이중 가닥 RNA)을 인식한다.

코로나바이러스-19, HIV, 거대세포바이러스, 헤르페스처럼 우리가 한 번도 만난 적 없는 병원균이 인체를 감염하면 선천적 면역계만으로 해결하는 데 약 일주일이 걸린다. 바이러스를 찾아서 제거하는 유일한 방법은 면역계밖에 없기 때문이다.

하지만 선천적 면역계는 학습하지 못한다. 절대 '변하지' 않는다는 뜻이다.

선천적 면역계의 특정 세포(대식세포와 가지세포)가 감염 초기에 죽은 바이러스 일부를 발견하면 흡입하여 림프샘에 가져다준다. 여기에서 마법이 일어난다. 대식세포는 이 바이러스

진화에 관하여

(또는 박테리아 또는 암) 조각을 스스로 학습하고 변할 수 있는 세포에게 보여준다.

이것이 진화하는 세포이자 기억하는 세포이며 바로 후천적 면역계이다.

죽은 바이러스 조각이 T세포와 B세포의 표면에 운반된다. 그런데 T세포는 바이러스 조각에 특이적인 수용기가 있다. 이 세포는 그 바이러스를, 아마도 그 바이러스만을 인지할 것이다. 바이러스와 T세포의 관계는 열쇠와 자물쇠의 관계와 같다.

한편 B세포는 알파벳 Y자 모양의 단백질인 항체를 만드는데 항체는 각각 특정 바이러스와 박테리아에 작용한다. 인식은 빈틈없고 명확하다. 항체는 모두 Y자 모양으로 갈라진 양팔의 끝부분만 빼고 모두 서로 비슷하게 생겼다. 끝부분의 가변부는 항체마다 모두 다르다. 가변부는 코로나바이러스-19의 스파이크 단백질이나 HIV 외부의 gp120 단백질처럼 특정 바이러스에 있는 단백질을 인식한다.

하지만 세상에는 백만 종의 병원체가 있고, 또한 백만 종의 바이러스가 있으며 그중 일부는 우리가 알지 못하는 것들이고, 심지어 아직 진화하지 않은 것들도 있다. 그럼에도 우리 몸은 T세포와 B세포를 통해 아직 존재하지도 않는 바이러스에 대해서까지 면역 기능을 행사할 수 있다. 어떻게 그렇게 할 수 있을까?

당연히 돌연변이를 통해서다. 하지만 이 경우에는 재조합이라는 특정한 종류의 돌연변이가 일어난다. DNA가 통째로 뒤바뀌는 것이다. 믹스 앤드 매치라고나 할까? 몸을 아프게 하는 것은 무엇이든 잡아내야 하는 T세포와 B세포 단백질은 각각 V, D, J라고 불리는 단백질 부위로 만들어진다.

지금부터 약간의 산수를 할 테니 잘 따라오길 바란다. 이세 부위가 하나로 모일 때만 T세포나 B세포가 만들어질 수 있다. 그런데 각 부위에는 하위 옵션이 있다. V는 44개의 옵션이, D는 27개의 옵션이, J는 6개의 옵션이 있다. 각각은 회전 상자에서 돌고 있는 복권공처럼 무작위로 선택된다. 그래서 VDJ의 조합은 총 300억 가지가 가능하고 그중 하나라도 우리 몸에 들어온 바이러스를 인지하길 바라는 것이다. 코로나-19 같은 새로운 바이러스를 포함해서 말이다.

자, 이제 우리에게는 선택지가 있다. 두 살 때 만난 거대세포바이러스에 대한 선택지, 평생 끌어안고 살아야 할 헤르페스바이러스에 대한 선택지, 현재는 박쥐의 몸을 감염하면서 미처 인간의 몸까지 들어가지 못한 코로나바이러스에 대한 선택지도 있다. 우리는 준비돼 있다. 우리는 면역계와 함께 진화하도록 진화했다.

만약 며칠 전에 코로나바이러스-19에 감염되었다고 하자. 코와 목과 허파의 감염이 선천적 면역계에 발각되었다. 이중가닥 RNA는 바이러스가 복제를 하고 있다는 신호이다. 대식세포가 그 장소로 출동해 죽은 세포와 바이러스의 일부를 퍼 간다.

그리고 림프샘에 가서 아직 완벽한 짝꿍, 즉 자물쇠를 열어줄 열쇠를 만나지 못한 미접촉 T세포와 B세포를 만난다.

몸속에 새로운 바이러스에 맞는 T세포와 B세포가 있기를 바라자. 하지만 그 적합도는 아직 완벽할 필요가 없다.

왜 그럴까? 후천적 면역세포는 재조합 후에도 몸속의 다른 어떤 세포도 할 수 없는 일을 한다. 즉 변이하고 진화한다. 후천적 면역세포에는 엄청난 양의 전체 게놈 중에서도 이 작디작은 구역에만 돌연변이를 일으키는 특별한 장비가 있다. 바로 바이러스나 박테리아를 인지하는 단백질의 가변부가 있는 곳이다. 우리는 지금까지도 이 진화가 어떻게 일어나며, 또 어떻게 세포 사멸과 암을 야기할 수 있는 DNA의 나머지 구역은 건드리지 않은 채 그렇게 국소적으로 돌연변이가 유도되는지 잘알지 못한다. 돌연변이는 위험하기 때문에 적절한 방식으로만 사용되어야 한다.

T세포와 바이러스 사이에 엉성한 결합이 일어나면 그때부터 돌연변이가 발생한다. 여기서도 대부분의 돌연변이는 아무 일도 하지 않는다. 그러나 극소수의 돌연변이는 둘의 결합을 더 단단하게 만든다. 그리고 저 특정한 인식 단백질을 가진 T세포와 B세포는 계속해서 수를 불린다. 그것들은 선별 과정에서 선택된다. 그들은 모두 좋은 재료와 신호를 받는다. 화이자든 모더나든 첫 번째 백신 접종 이후에 두세 번의 추가 접종이 필요한 이유가 그것이다. 첫 번째 접종은 코로나바이러

스-19의 스파이크 단백질에 대한 일반 면역 반응을 활성화한다. 그리고 두 번째 접종(과 세 번째 이상)은 항체와 T세포 안에서 돌연변이를 통해 미세한 조율에 돌입한 다음 바이러스를 정확히 인식한다. 분자적인 것은 매우 자주 의학이 된다.

이 진화와 선택, 그리고 세포성 확장에 며칠이 걸린다. 선천적 면역계가 약 일주일 동안 고군분투하는 이유도 그래서다. 일주일이 지난 다음에야 후천적 면역계인 T세포와 B세포가 진화, 분열하여 증식한 다음 출동한다. 운이 좋다면, 세포를 골라 내 미래의 감염에 대항하도록 활성화하는 것은 바이러스가 아니라 백신이 될 것이다.

나는 옥타비아 버틀러의 소설 속 로런이 분자생물학자였을 거라고 생각한다. "지능은 개체의 지속적인 적응력을 말한다"라고 버틀러는 썼다. "지적인 종이 한 세대 만에 이룰 적응을 다른 종은 여러 세대의 선택적 교배와 죽음을 거쳐 이뤄낸다." 우리의 지능은 분자적이다. 진화하고 증식하는 것은 후천적 면역계의 능력이다. 행동상의 적응은 기억과 학습을 통해서 증가하며, 기억과 학습 모두 DNA를 바꾸지 않고도 가능하다.

바이러스를 만나는 것보다 평범한 일은 없다. 우리는 매일 바이러스를 만난다. 현재 39세인 내가 앞으로 만나게 될 대부분의 바이러스는 아마 전에 만난 것과 비슷할 것이다. 그래서 그놈들이 도착해도 내 몸속의 항체와 T세포는 이미 맞이할 준비가 되어 있다. 내가 이미 몸속에 지니고 있는 바이러스들을,

수두바이러스와 HSV-1바이러스와 거대세포바이러스를 영원히 간직하게 될까? 내 몸은 이들에 대해 이미 오래전에 배웠고, 면역계에는 이들의 존재를 지속적으로 확인하는 세포가 있어서 섣불리 소란을 일으키지 못하게 한다. 대화는 끊임없이 계속된다. 나는 인간헤르페스바이러스8에 감염되었을지도 모르지만 카포시 육종은 없다. 내 T세포가 이 바이러스가 사는 세포와 항상 교신하면서 피부의 붉은 암세포를 청소하기 때문이다. 만약 헤르페스 바이러스 한 종이 1~2주 정도 T세포보다 목청을 높인다면 그땐 단순 포진에 걸릴지도 모른다. 그런 일이 없기를 바라지만 어린 시절에 수두를 일으켰던 수두대상포진바이러스가 재활성화하면서 대상포진에 걸릴 수도 있다. 내 수두대상포진바이러스가 재활성화하지 않는 가장 확실하고 유일한 방법은 내가 바이러스와 함께 죽는 것뿐이다.

우리는 매일 바이러스를 만난다. 그보다 평범한 일도 없을 것이다. 바이러스가 침입하여 기침하고 가렵고 출혈이 있는 것은 평범하지 않은 일이다. 개별 인간은 진화하지 않는다. 하지만 때로는 진화한다. 몸속의 T세포와 B세포는 변화하고, 신의 뜻에 따라 우리가 그 바이러스를 또 만난다면 그때는 단백질과 세포를 통해 바이러스에게 조용히 말을 걸 것이다. 그러면 기침도 가려움도 출혈도 고열도 없을 것이다.

양파와 마늘, 케일을 썰면서 라흐마니노프 피아노 협주곡 3번을 들었다. 2020년, 코로나 때문에 집안에서 일주일에 다섯 번씩 요리를 하게 된 후, 이유는 모르겠지만 어린 시절 사랑했던 클래식을 다시 듣기 시작했다. 그때는 클래식을 듣는다는 이유로 나는 괴짜, 따돌림의 대상, 호모가 되었다. 그 불량배들이 지금 내 모습을 볼 수 있다면…….

나는 클래식 음악과 제인 오스틴과 찰스 디킨스의 소설을 좋아했다. '그들'과는 다른 사람이고 싶었고 또 그래야 했기 때문이다. 나는 그 애들이 저 마을을 절대 떠나지 않을 노동자 계급의 아이들이라는 게 싫었다. 아니, 나를 사물함에 밀어넣고 내 셔츠에 침을 뱉는 게 싫었다. 내 머리카락에 불을 붙이려 드는 게 싫었다. 그 애들 때문에 나는 고향을 떠나야 했다. 그래서 나 자신을 그들과 다른 사람으로 만들었다. 그 애들은 나를 놀림거리로 만들었으나 나는 내가 그 애들보다 낫다는 걸 알았다.

나는 가족의 지인한테서 200달러를 주고 산 고물 마쓰다 GLC를 몰았다. 싼값을 하는 차였다. 에어컨은 고사하고 문이 꼭 닫히지 않아 빗속을 운전할 때는 (워싱턴주 시골에서는 1년의 절반은 비가 온다) 왼쪽 다리가 항상 젖었다. 창문은 수동으로 돌려서 열어야 했다. 시속 100킬로미터가 넘어가면 문짝이 흔들리기 시작하면서 물이 더 많이 들어왔다. 당시의 제한 속도

진화에 관하여

는 113킬로미터였다. 부모님은 10대 남자 운전자에게 적합한 보험 같은 차라고 하셨다. 속도를 올리고 싶어도 마음대로 안 되니까. 나는 일해서 번 돈으로 차에 원래 달려 있던 다이얼식 라디오를 카세트 플레이어로 바꾸었다. 그리고 돈을 더 벌어서 스킵 기능이 있는 CD 플레이어를 샀다(건전지로 작동했기 때문에 운전 중에는 차의 시가잭에 꽂아서 썼다). 자동차 오디오에 넣을 수 있는 테이프 인서트도 샀다. "자동차 연결 팩"이라고 하는데 월마트 온라인몰에서 18.19달러에 판매한다(품절 임박, 재고 1개. 지금 구매하세요).

나는 여름이면 우리 고등학교나 세이프웨이에서 우체국을 지나 집으로 향하는 마을의 중심 도로를 차를 몰고 오가곤 했다. 2도어 마쓰다 GLC의 양쪽 창문을 수동으로 연 다음, 라흐마니노프의 피아노 협주곡 3번(한때 피아노로 쳐보려고 시도했지만 실패했다)을 크게 틀어놓고 펑크록을 듣고 있는 것처럼 머리를 흔들었다. 어떤 의미에서는 진짜 펑크록이기도 했다. 다른 아이들은 같은 식으로 컨트리 음악을 들었다. 나는 그들과는 다르다는 걸 알리고 싶었다.

"나는 여기서 탈출할 거야." 나는 내 방식으로 말하고 있었다. "나는 저 재수 없는 것들이 절대 이해하지 못하는 세계를 즐기고 있어."

그게 나였다. 고물 자동차 안에서 클래식에 맞춰 머리를 흔들었고, 심지어 지금도 남자와 함께 사는 브루클린 아파트에서 양파와 마늘과 케일을 썰면서 그러고 있다.

오늘 밤 나는 글을 썼고 우리의 완벽한 강아지를 끌어안았다. 새벽 4시도 아니고, 꿈자리 사나운 밤도 아니었다. 그 옛날 조지프는 조금 더 오래 퇴장해 있어도 좋다. 오늘 저녁 나는 요리를 하고 있고, 라흐마니노프가 끝나자 쇼스타코비치—대학 때 5번 교향곡을 연주한 적이 있다—를 튼다. 데번은 내 하루가 어땠는지 묻는다. 음식을 하는 동안 데번은 내가 작년에 선물한 미러볼을 켠다. 조명이 천천히 돌아가며 벽에 별을 쏘아 올린다. 미러볼의 움직임이 끝날 무렵 크레센도가 절정에 달한다. 내 피에는 렉사프로가 흐르고 있다. 몇 달 만에 가장 클럽과 비슷한 밤이다. 밖에서 보내는 밤 같다.

"자기야," 한 손은 엉덩이에 척 얹고 다른 손은 나무 숟가락을 들고 파스타 소스를 천천히 저으면서 내가 말한다. 그 사람들이 지금의 나를 볼 수 있다면……. 내가 얼마나 달라졌는지……. 내 어린 자아는 절대로 내가 이런 식의 자세를 하거나 하이힐을 신거나 남자를 "자기야" 같은 간지러운 호칭으로 부르게 두지 않았을 것이다.

"자기야?" 그가 되묻는다.

"같이 춤추자."

"이런 곡에 어떻게 춤을 춰!" 그는 나를 이상하다는 듯이 쳐다본다.

나는 과거의 나와 얼마나 같을까?

"내 사랑, 당신은 어느 곡에든 춤출 수 있어."

～

우리는 코로나-19, 인플루엔자, HIV를 통해 바이러스의 진화를 실시간으로 관찰할 수 있다. 우리는 장소와 사람, 심지어 한 사람 안에서도 돌연변이가 축적되는 것을 보았다. 인간의 진화, 우리 안에서 벌어지는 변화를 오랜 시간에 걸쳐 추론해야 한다. 우리는 바로 다음 세대가 어떤 변화를 가져올지 알지 못하고, 바이러스나 박테리아, 효모, 심지어 쥐나 벌레나 원숭이에게 하듯 사람에게 실험할 수 없고 해서도 안 된다.

하지만 우리는 사람이 세대를 거듭하며 진화한다는 것을 알고 그 방식도 잘 알고 있다. 바이러스나 박테리아 같은 병원체가 변화를 강요한다. 생물학에서는 이를 숙주-병원체 공진화라고 부른다. 나는 숙주다. 코로나-19나 HIV, 거대세포바이러스, 단순포진바이러스가 복제하는 데 내가 필요하다. 온순하든 치명적이든 이 바이러스들은 병원체이고 자신을 복제하기 위해 무슨 짓이든 할 것이다. 하지만 어찌 보면 이는 어디까지나 분자생물학적 현상에 불과하다. 복제 과정에 실수가 생기고 그런 실수가 선택되거나 도태된다.

숙주-병원체의 공진화는 분자 수준에서 질병 감수성과 관련한 인체의 유전자가 유난히 다양하다는 것을 보여준다. 유전적 차이가 있을 때 사람들은 병원체 앞에서 아주 다른 반응을 보일 것으로 예상된다. 약 1퍼센트의 사람들은 HIV 감염이나 증상 악화에 완전히 면역되어 있지만, 대다수의 사람들은 감염 후 2~3년 내에 꽤 심각하고 위험한 면역결핍에 이를 것이다.

코로나-19에 걸린 일부 사람들은 전혀 아프지 않을 테지만, 다른 사람들은 심하게 앓다가 죽을 것이다. 몸속에 거대세포바이러스가 있는 아이들 대부분이 아무 증상을 보이지 않지만 실제로 소수의 사람들에게는 위험하다. 이는 자신과 아주 다른 생명체로 뒤덮인 행성에 살면서 치러야 할 대가다. 우리는 미생물이 없었더라면 지금보다는 덜 성공적으로 살아남았거나 아예 살아남지 못했을 것이다. 우리는 그들 곁에서 진화했고, 그들 없이는 아예 생존하지 못했을 것이다. 그렇다, 나는 이런 끔찍한 무작위성에 따르는 감정적 비용을 잘 안다. 죽으면 안 되는 친구들을 바이러스 때문에 잃었다. 그들은 두 번 다시 내게 돌아오지 않을 것이다.

코로나-19 바이러스가 돌연변이를 거의 일으키지 않아 진화적으로 안정되었다 하더라도 우리 면역계는 그것이 진화하도록 엄청난 압력을 가한다. 이 바이러스가 한동안 머문다면 생물학적 특징이나 전염성, 증상의 심각도, 백신이나 치료의 효과 등 중요한 측면에서 실제로 큰 변화가 일어날 수 있다. 지구상에 바이러스가 많을수록 진화하고 변화하고 공격을 피할 가능성이 커진다.

진화에 관하여

바이러스가 진화적으로 안정되고 1년 만에 우리는 새로운 일이 벌어진 것을 실시간으로 알았다. B.1.1.7는 이제 우리가 알파 변이라고 부르는 것이다. 한마디로 돌연변이라는 것이다. 베타 변이인 B.1.351는 감염성이 더 높은가? 그렇다. 그럼 더 치명적인가? 그럴지도. 정확히 어떻게 되고 있는 것인가? P.1은 우리가 이제 감마 변이라고 부르는 것이다. 어떻게 이런 변이가 일어났을까? B.1.427는 엡실론, 그리고 B.1.617.2는 델타다. 아직도 확실하지는 않지만 저 새로운 변이체들은 바이러스가 사람들 '사이에서' 전파되면서 생긴 게 아니라 바이러스가 몇 주이상 머문 사람들 '속에서' 발생한 거라고 추정된다. 예를 들어 암 때문에 면역계가 약해진 사람들은 살아 있는 코로나바이러스-19를 몇 개월이나 보유하고 있을 수 있다. 그 사람 몸속에서는 바이러스가 진화할 수 있었을 것이다.

변이체들이 나타날 때는 동시다발적으로 발생한다. 하지만 발원지를 따져보면 서로 연관이 없는 것처럼 보인다. 그럼에도 바이러스의 RNA 염기서열 분석을 하면 모두 비슷한 돌연변이를 공유하는데 이런 현상을 수렴 진화(convergent evolution)라고 부른다. 수렴 진화란 서로 다른 환경에 있는 서로 다른 유기체가 동일한 문제를 동일한 방식으로 해결하는 것을 말한다. 일반적으로 변이를 공유한다는 것은 어미한테서 물려받았거나 자식에게 물려준 경우다. 하지만 수렴 진화는 다르다. 가장 쉬운 예가 수중 생물이다. 고래와 물고기를 비교해볼까?

고래는 포유류고 물고기는 어류다. 고래는 물고기가 아니다. 다른 포유류처럼 고래도 원래는 바다에서 나와 뭍에서 살았다. 그러다가 바다가 다시 그들을 불러들였고, 물속에서 헤엄치며 사는 법을 또 한 번 익혔지만 허파를 버리지도 아가미가 다시 자라지도 않았다. 헤엄칠 수 있다는 하나의 형질만 보면 고래는 물고기다. 그러나 보다 자세히 DNA 차원에서, 또는 허파와 태생, 젖과 태반처럼 더 많은 형질을 보면 육지로 올라가는 진화의 역사를 추적할 수 있다. 물고기와 고래는 '물속에서 어떻게 헤엄칠까'라는 문제를 각자 따로 해결했다.

서로 다른 장소에 나타난 코로나-19 변종들은 더 빠르게 잘 복제하고, 인간의 면역계를 더 잘 피해보고자 하는 열망을 각자 따로 해결했다.

우리는 아직 알지 못하지만, 실시간으로 바이러스를 관찰했을 때 이 바이러스가 정말 변화한다면 새로운 변종이 나타나더라도 흔한 감기보다 증상이 약한 계절성 코로나바이러스처럼 행동하기를 바랄 것이다. 오직 시간과 운과 자연선택만이 결과를 말해줄 것이다.

인간의 생명 활동은 우리 삶의 토대이다. 그러나 그것이 우리를 전부 설명하지는 못하며, 우리가 가진 전부도 아니고, 우리가 될 수 있는 전부도 아니다. 전 세계적으로 인간의 면역계가 바이러스가 아닌 백신을 만나게 될 때까지 우리는 다른 무엇보다 보살핌을 중시하면서 자신과 서로를 보호하는 실천을 선택할 수 있다.

언젠가는 코로나바이러스-19도 거대세포바이러스처럼 우리에게 아무 해도 끼치지 않는 바이러스처럼 될 수도 있다. 거기까지 어떻게 도달할지는 전적으로 우리에게 달렸다. 백신과 감염은 앞으로 나가는 유일한 두 가지 방식이지만 둘 중 하나는 우리를 죽일 수 있다.

또한 앞으로 또다시 새로운 바이러스가 인간에서 인간으로 퍼질 수 있다. 인간이 지구를 덮고 있는 한 우리는 아직 인체의 면역계가 충분히 대화를 나눠보지 못한 새로운 바이러스를 만나게 될 것이다. 우리의 생명 활동이 곧 우리 자신인 것은 아니다. 우리는 그 이상으로 진화할 수 있다. 하지만 DNA의 변화는 너무 느리다. 우리는 달라질 수 있다. 우리가 자신의 몸을 어디에 누구 옆에 둘 것인지는 생물학적 결정이자, 도덕적인 결정이고, 정치적인 결정이기도 하다.

HIV 팬데믹에 대한 대응으로 미국의 일부 주에서는 HIV 감염자가 콘돔 같은 특정한 예방책이나, 법으로 강제된 바 감염 상태 공개 없이 섹스하는 것을 불법으로 만들었다. 이는 바이러스에 대한 인간의 치명적인 적응법이다. HIV가 처음에 퀴어, 아이티 이민자, 주사약 사용자들을 강타한 탓에 이러한 끔찍한 반응이 돌아왔다. 인종차별주의와 동성애 혐오가 아주 많은 사람들로 하여금 HIV는 자신들의 바이러스가 아니라고 느끼게 만들었고, 그것은 곧 그 바이러스가 감금되고 격리될 수 있다는 것을 뜻했다.

인유두종바이러스(HPV) 중에서도 어떤 균주는 생식기 사마귀를 일으키고 또 어떤 균주는 암을 일으킬 수 있다. 이 바이러스는 HIV처럼 성을 매개로 전파되고 놀라울 정도로 흔하지만, 대개 증상이 없고 사마귀나 암을 유발하지 않는다. HPV와 긴 세월을 함께 보낸 후 우리는 특정 균주와 맞서는 백신을 개발했다. 우리는 인유두종바이러스를, 섹스를 범죄화하는 구실로 사용하지 않는다. 그저 바이러스가 일으키는 암을 예방하려고 애쓸 뿐이다. 이런 적응 방식이 바로 생명을 구하는 방식이다.

인간의 목숨은 어떤 유전자를 가졌든, 또 어떤 기저 질환을 가졌든 상관없이 구해야 할 가치가 있다. 이런 문장을 글로 써야 한다는 사실 자체가 마음이 아프다. 사람이나 생각을 바꾸기는 어렵다. 문화를 바꾼다는 것은 불가능한 수준이다. 그러나 목숨보다 돈을 더 가치 있게 생각해야 하는지 아닌지, 또 누군가가 어떤 바이러스를 갖고 있다는 이유만으로 감금당하는 것이 옳은지 아닌지의 문제에서는 아무리 힘들어도 변화가 필요하다. 그리고 변화가 도래하는 날까지 우리는 계속해서 변해야 한다.

⟨❧⟩

나는 달라질 수 있다. 렉사프로를 복용하고도 남자친구를

진화에 관하여

되찾지는 못했지만 나는 변했다. 나는 여전히 불안한 사람이지만(이 세상을 좀 봐라) 나의 불안을 타인이 자기 행동에 대한 빌미로 삼게 두지는 않을 것이다. 그는 외국으로 나가길 원했고 나는 그를 가로막는 짐이었다. 만약 그런 일이 다시 벌어진다면 나는 그가 나 때문에 떠나는 것이었다고 해도 헤어지지 말자고 애원하지 않을 것이다. 만약 끝내 애원하게 된다면 그때는 심리치료사의 눈을 보고 내가 무슨 일을 했는지 말해야 하리라. 그 이야기를 입 밖에 내야 한다는 수치심이 나를 막을 것이다. 그렇다고 믿는다.

나는 2017년의 내가 아니다. 옛 세포는 새로운 세포로 대체되었다. 오늘 내 몸속에 있는 43조 개 세포 중에서 아마도 절반 이상은 2017년에 태어나지도 않았을 것이다. 나는 더 친절해질 수 있다. 내 DNA는 자신을 복제하고 있고, 복제된 세포가 또 자신을 복제할 것이다. 실수가 일어난다. 나는 내 실수든 남의 실수든 용서할 수 있다. 셀 수도 없이 많은 고유한 T세포와 B세포가 버터색 림프액 속을 떠다니며 바이러스와 박테리아와 암을 만나기를 기다린다. 나는 여전히 렉사프로를 복용한다. 나는 내 모든 일, 그러니까 학생들을 가르치고, 글을 쓰고, 친구를 사랑하는 일을 더 잘, 더 열심히 할 수 있다. 나 자신을 계속 사랑하는 일도 마찬가지다. T세포와 B세포가 몸속에서 바이러스를 만날 때, 그것들이 수를 불리고 변화하는 것 말고 달리 무엇을 하겠는가? 나는 여전히 불안하다. 나는 더 많이 쉬고 휴대전화를 내려놓고 내 평발 아래로 땅을 느낄 수 있다. 나는 여전히 불안하다. 나는 진화할 수 있다. 나는 적응할 수 있다. 나는 성장할 수 있다. 내가 평생 만난 대부분의 바이러스는 나에게 해를 끼치지 않았다. 나는 변화할 것이다. 내 세포는 몸속에서 만난 바이러스에 대응해 변화한다. 나는 망가진 세상이나 상처 입은 마음에 대한 내 불안을 병적이라 생각하는 남성(혹은 누구든)과는 함께하지 않을 것이다. 차라리 혼자가 낫다. 나는 할 수만 있다면 내 DNA에 이 다짐을 지울 수 없는 분자 문신으로 새길 것이다. 나는 아무리 많은 고통을 주었더라도 과거의 나를 원망하지 않는다. 지금 내 몸속에 있는 1조 개 이상의 세포가 진화하여, 지금 지구에 존재하고 또 앞으로 존재할 모든 바이러스를 만날 준비가 되어 있다는 사실에 위로받는다. 나는 크고 내 몸은 다수로 이루어졌다. 그건 내가 진화했기 때문이다. 나는 더 친절해지려고 노력 중이고, 나 역시 그 보답으로 그러한 친절함을 요청한다. 내 몸에는 지금 내 몸에 없는 바이러스에 대응할 준비를 마친 세포들이 있다. 내 안에는 아직 지구상에 존재하지도 않는 바이러스에 대응할 준비를 마친 세포들이 있다. 당신이 나를 아주 상세히, 내 분자까지 들여다본다면 내가 지금도 변화하고 있음을 알게 될 것이다.

감사의 말

무엇보다 우리 가족, 그리고 내가 선택한 가족에게 감사한다. 이들이 없었다면 이 책을 끝내지 못했을 것이다. 콜린, 제프, 케이티. 그리고 내 파트너 데번 라이트. 내 영원한 가족인 휘트니 리처즈-칼라테스, 할라 이크발, 엥거핀 엠푸터벨레, 라일라 페드로, 우카시 코발리크, 제시 아프리이에게 감사한다.

나와 함께 이 책을 쓴 사람들에게도 깊은 감사를 전한다. 패트릭 네이선은 "전쟁에 관하여"를, 스티븐 D. 부스는 "액티비즘과 아카이브에 관하여"를 함께 썼다. 코로나 격리팟 멤버였던 데번, 엥거핀, 라일라, 안드레이의 공동 집필로 "개인적 글쓰기에 관하여"가 완성되었다. 함께 생활하며 보여준 관대함에 사랑과 감사를 전한다. 우리는 함께 글을 쓰고 함께 수정했다. 우리 모두의 삶의 속내를 쓸 수 있게 해준 것에 감사한다. 당신들이 없었다면 우리가 함께 경험한 공포와 기쁨에서 의미를 찾기는커녕 살아남지도 못했을 것이다. 우리의 퀴어 우정이 내게는 '가족'이고 그게 내가 여기 있는 이유다.

모 크리스트는 내가 상상할 수 있는, 이 책을 위한 최고의 편집자였다. 이 책을 믿고 투자한 알레인 메이슨에게도 고맙다는 인사를 전한다. W. W. 노튼 사의 모든 분들, 특히 미셸 워터스, 레이철 샐즈먼, 지나 사보이, 베스 스타이들, 수전 샌프리, 새러메이 윌킨슨과 멋진 표지를 디자인해준 맷 도프먼에게 감사한다. 케이티 코츠먼은 나의 친구이자 에이전트로서 이 책의 마케팅을 담당했고 수년간의 집필 기간 동안 항상 나를 응원해주었다. 나는 모, 알레인, 케이티와 함께 이 책을 구상했다. 그들의 중력이 자연계의 힘처럼 글을 밀고 당겼다. 특히 모에게 감사를 표한다.

출간 전에 나와 함께 원고 작업을 해준 편집자들, 〈게르니카〉의 에드 윈스테드, 〈빌리지 보이스〉의 마크 기마인, 〈뉴 리퍼블릭〉의 애덤 와인스타인에게 감사하는 바다. 이들이 부지런히 임해준 덕분에 내 글과 생각이 더 탄탄해질 수 있었다.

글쓰기 모임에서 친구이자 멘토이자 최초이자 최고의 독자들, 그리고 나와 서신을 나누어준 모든 분들에게 감사한다. 다넬 L. 무어(나에게 처음으로 대중을 상대로 글을 쓰도록 독려한 사람이다. 이게 다 당신 탓이야.), 키에세 레이몬, 알렉산더 지, 레이시 M. 존슨, 찬다 프레스코드-와인스타인, 엥거핀과 패트릭, 멜리사 페보스, 타미 피코, 알렉산드라 디팔마, 케냐 앤더슨, 프랜 티라도, 덴 미셸 노리스, 조슈아 푀브케, T. J. 탈리, 야나 칼로우, 리카르도 에르난데스, 에이리얼 케이츠, 리즈 라티, 제니 그루버, 케이디 다이아몬드, 세스 피셔, C. 러센 프라이스, 나탈리 에일버트, 데이비드 그로프, 미아 제프라, 윌리엄 존슨, 데이비드 키트리지, 클레어 앳킨스, 크리스틴 아넷, 애디 사이, 존 실버, 폴 세푸야, 알렉스 마자노-레스네비치 프로미티 이슬람, 타나이스, 가스 그린웰, 거라드 콘리, 롭 스필먼, 그리고 엘리사 스카펠(당신의 응원은 정말 소중합니다)에게 깊은 감사를 전한다. 내 에이전트인 켄트 울프에게 감사한다. 시블링 라이벌리 출판사 작가들에게 무한한 사랑을 보여주신 브라이언 보랜드와 세스 페닝턴에게 고마운 마음을 전한다. 우리 개 맥스! 너의 장난기 덕분에 늘 즐거워.

나의 심리치료사 에릭 박사님. 에릭 박사님은 작가들, 그중에서도 우리가 죽었다 깨어나도 하지 않을 수 없는 일, 즉 책 쓰기를 하려는 작가들로부터 특별한 감사를 받아야 한다.

내 바이러스학/전염병 친구들, 마이무나 마줌더, 제이슨 킨드라축, 조 워커, 줄리엣 모리슨, 라이언 맥나마라, 마이클 바자코, 니니, 무뇨스, 코디 밍크스, 파스키아 파페스쿠, 사라 바자코, 애나 멀둔, 타라 스미스, 에밀리 리코타, 특히 앤절라 라스무센에게 감사한다. 그대들은 이 책의 내용과 사실들을 확인해주었고 내 작업을 전적으로 지원해주었으며 무엇보다 예상치 못했던 우정을 베풀고, 안전하게 분출하고 슬퍼할 공간, 그리고 이런 힘든 상황에서 가능하리라 생각한 것보다 훨씬 많은 웃음을 주었다. 나는 당신들로부터 정말 많은 것을 배웠어요. 박사 과정 지도교수였던 세스 다스트, 탁월한 미생물학자인 리즈 캠벨, 내 논문 심사위원이자 미생물학 교사인 찰리 라이스는 바이러스 세계에 대한 내 이해를 확장해주었다.

코로나-19 워킹그룹 구성원들, 특히 내가 가깝게 일한 사람들(또한 이 책에 등장을 허락한 사람들)에게 감사한다. 와파 엘-사드르, 데이비드 바, 제임스 크렐렌스타인, 주디 아우어바스, 예레미아 존슨, 맷 로즈, 케네스 메이어, 크리스천 우루샤, 제시카 저스트먼, 피터 스테일리, 마크 해링턴, 찰리 카인드, 멜리사 베이커 앨리 봄. 나는 우리 작업을 통해 내가 준 것보다 더 많이 받았다. 내가 할 수 있는 최선을 다한 것이기를 바랄 따름이다.

마지막으로 여기까지 이 책을 읽어주신(조금만 읽었어도 상관없다) 모든 분들께 감사한다. 이 책에 시간을 내어준 것, 나와 함께 생각해준 것, 살아 있는 모든 것을 돌보기 위해 앞장서고 모든 죽은 이들을 기억하고, 그 사이에 있는 저 작은 바이러스들을 다시 생각하기 위해 애써준 것에 감사한다. 아마도 영영 이 작은 바이러스들을 제거하지 못할 것이다. 언젠가는 그들이 우리를 제거할 테지만 그들은 그 사실을 알아채지도 못할 것이다.

Virology

바이러스, 퀴어, 보살핌

**뉴욕의 백인 게이 바이러스 학자가 써내려간
작은 존재에 관한 에세이**

지은이 조지프 오스먼슨
옮긴이 조은영

1판 1쇄 펴냄 2023년 9월 19일

펴낸 곳 곰출판
출판신고 2014년 10월 13일 제2021-00049호
전자우편 book@gombooks.com
전화 070-8285-5829
팩스 02-6305-5829

종이 영은페이퍼
제작 미래상상

ISBN 979-11-89327-24-8 (03470)